量子ウォークの数理

Norio Konno

今野 紀雄 著

産業図書

はしがき

　ランダムウォークやブラウン運動は，拡散現象，ノイズを含む問題など，物理学，工学，生物学，経済学など様々な分野で現象を記述し解析するのに現れ，非常に重要な役割を担っているのは，良く知られたところである．本書のタイトルの「量子ウォーク（quantum walk）」は，このランダムウォークの量子版として，量子系においてそのような立場になりえる可能性が強く期待されている[*1]．実は量子ウォークには，離散時間と連続時間の 2 種類があり，両者の関係の詳細は最近解明されつつあるが，古典系に比べ明確でない部分も残っている．本書では，離散時間を第 I 部で，連続時間を第 II 部で解説する．

　離散時間の量子ウォークのプライオリティに関しては諸説があり，論文によっては異なることもある．1980 年代後半に，Gudder (1988) で導入され，その後，Meyer (1996) によって量子セルオートマトンとして研究は行われていたが，Nayak and Vishwanath (2000), Ambainis et al. (2001), Aharonov et al. (2001) の論文などに代表されるように，量子コンピュータ周辺の研究により，2001 年前後から活発に研究がされ始めたことは，間違いが無いだろう．一方，連続時間の量子ウォークに関しては，例えば，Childs, Farhi and Gutmann (2002) によって導入され，本格的な研究が始まった．量子ウォークに関する総説や解説として，Kempe (2003), Tregenna et al. (2003), Ambainis, (2003), 今野 (2004, 2006c), Kendon (2007) などをあげておく．

　著者が量子ウォークについて知ったのは，2002 年の正月休みのことであった．当時興味を持っていた別件の内容について調べようと，検索サイトで様々な単語を入力していた．ほんの遊び心で「quantum random walk」と入力したとたん，私にとっては無縁の分野の未知の論文が幾つかヒットしたので，驚きと共に異常な程の好奇心を持って，ダウンロードを開始した．あの時の気の迷いが無ければ，本書は存在しなかったであろう．まだ始まったばかりの量子ウォークの研究にふれ，その時期以降，様々な分野の研究者により量子ウォーク関連の論文が量産されていることを思うと，なお更に不思議な気持ちは強くなる．

　さて本書のもとになる原稿は，2007 年 2 月から 3 月にかけてドイツで行われた数理物理関係の下記スクールにおいて，大学院生，ポスドク，研究者達を対象に量子ウォークに関する集中講義を約 1 週間行う機会を得たが，その際に作成した英語のテキストである．

Quantum Potential Theory: Structure and Applications to Physics at the Alfried Krupp Kolleg, Greifswald, February 26 - March 10, 2007, http://www.math-inf.uni-greifswald.de/algebra/qpt/

[*1] この量子ウォークは「量子ランダムウォーク（quantum random walk）」と呼ばれることもあるが，本書では量子ウォークとして統一する．また本書とは違う定義による量子ウォークもあるが，ここでは扱わないことにする．例えば，Biane (1991) 等がある．

そのテキストでは，数学的な立場より主に我々の研究を中心に，離散時間及び連続時間の量子ウォークが解説されている．本書では，さらに理数系の学部学生でも分かりやすく理解できるよう構成も修正し，練習問題（解答も含む），図や表なども取り入れた[*2]．また，量子ウォークに関係が深く，日本語の文献ではあまり扱われていない相関付ランダムウォークの章も新たに付け加えている．最終章では，今後の研究課題となり得るものをまとめた．参考文献は，本文で引用していないものも含め，量子ウォークに関連する最近の文献まで入れるように心がけた．

最後になったが，産業図書編集部の鈴木正昭氏は，和書・洋書共に存在しないような未知のテーマに関する著者からの執筆企画案を快諾して下さった．原稿のチェック，図の作成などは，共同研究者の香取眞理さんと乾徳夫さん，そして，梶原健さん，増田直紀さん，今野研究室の濱田昌寿君，瀬川悦生君，町田拓也君，知崎恒太君，井手勇介君に手伝って頂いた．これら皆さんの後押しがなければ，本書は完成しなかった．ここに深く感謝したい．

2008 年 1 月，横浜本牧にて

今野 紀雄

[*2] 量子ウォークと量子アルゴリズムとの関係，量子ウォークの実現方法の詳細も重要なテーマであるが，本書では割愛した．また別の機会に譲りたい．

目 次

はしがき i

第 I 部　離散時間量子ウォーク

1. 1 次元格子（2 状態） 3
   1.1 序 3
   1.2 ランダムウォーク 3
   1.3 量子ウォークの概観 4
   1.4 量子ウォークの定義 13
   1.5 組合せ論的アプローチ 16
   1.6 分布の対称性 25
   1.7 弱収束の極限定理 26
   1.8 フーリエ解析 29
   1.9 Grimmett, Janson and Scudo (2004) の手法 32

2. 1 次元格子（多状態） 35
   2.1 序 35
   2.2 3 状態グローヴァーウォークの定義 36
   2.3 時間平均 39
   2.4 定常分布 41
   2.5 弱収束の極限定理 43
   2.6 2 状態と 3 状態の比較 45
   2.7 多状態の場合 46

3. 乱雑な系 51
   3.1 序 51
   3.2 乱雑な量子ウォークの定義 51
   3.3 結果 53
   3.4 例 56

4. 可逆セルオートマトン ... 59
  4.1 序 ... 59
  4.2 可逆セルオートマトンの定義 ... 59
  4.3 分布の対称性 ... 61
  4.4 可逆セルオートマトンの保存量 ... 63
  4.5 量子ウォークとの関連 ... 68

5. 量子セルオートマトン ... 71
  5.1 序 ... 71
  5.2 量子セルオートマトンの定義 ... 71
  5.3 量子ウォークの定義 ... 73
  5.4 量子セルオートマトンとA型量子ウォークとの関係 ... 74
  5.5 量子セルオートマトンとB型量子ウォークとの関係 ... 76
  5.6 タイプVの量子セルオートマトンと2ステップ量子ウォークとの関係 ... 77

6. サイクル ... 81
  6.1 序 ... 81
  6.2 定　義 ... 82
  6.3 時間平均標準偏差 ... 84
  6.4 $\sigma_N(x)$の場所と総格子点数（奇数）の依存性 ... 87
  6.5 $\sigma_N(x)$の初期状態依存性 ... 88
  6.6 総格子点数が偶数の場合 ... 88

7. 吸収問題 ... 91
  7.1 序 ... 91
  7.2 定　義 ... 91
  7.3 古典系と量子系に関する先行結果 ... 93
  7.4 結　果 ... 95

第II部　連続時間量子ウォーク

8. 1次元格子 ... 105
  8.1 序 ... 105
  8.2 古 典 系 ... 105
  8.3 量子系の定義と行列表現 ... 106
  8.4 離散時間モデルとの比較 ... 110
  8.5 弱収束の極限定理 ... 112
  8.6 命題8.3.1の証明 ... 113

8.7　定理 8.5.1 の証明 ………………………………………………………………… 115
　　8.8　議　　論 ……………………………………………………………………………… 117

9. サイクル ……………………………………………………………………………………… 119
　　9.1　序 ………………………………………………………………………………………… 119
　　9.2　定義と性質 …………………………………………………………………………… 119
　　9.3　古　典　系 …………………………………………………………………………… 123
　　9.4　量　子　系 …………………………………………………………………………… 124
　　9.5　時間平均標準偏差 …………………………………………………………………… 126

10. ツ　リ　ー ………………………………………………………………………………… 131
　　10.1　序 ……………………………………………………………………………………… 131
　　10.2　定　　義 ……………………………………………………………………………… 131
　　10.3　例 ……………………………………………………………………………………… 132
　　　　10.3.1　M が有限の場合 …………………………………………………………… 133
　　　　10.3.2　$p=3, M=2$ の場合 ……………………………………………………… 133
　　　　10.3.3　$M \to \infty$ の場合 ……………………………………………………… 134
　　　　10.3.4　$p=2, M \to \infty$ の場合 ……………………………………………… 135
　　10.4　量子中心極限定理 …………………………………………………………………… 136
　　10.5　新しいタイプの極限定理 …………………………………………………………… 138

11. ウルトラ距離空間 ………………………………………………………………………… 141
　　11.1　序 ……………………………………………………………………………………… 141
　　11.2　定　　義 ……………………………………………………………………………… 141
　　11.3　結　　果 ……………………………………………………………………………… 144
　　11.4　古　典　系 …………………………………………………………………………… 148
　　11.5　他のグラフの場合 …………………………………………………………………… 149
　　　　11.5.1　サイクル ……………………………………………………………………… 149
　　　　11.5.2　$\mathbb{Z}$ ……………………………………………………………………… 150
　　　　11.5.3　超立方体 ……………………………………………………………………… 150
　　　　11.5.4　完全グラフ …………………………………………………………………… 153
　　11.6　結　　論 ……………………………………………………………………………… 155

第III部　補　　遺

12. 相関付ランダムウォーク ………………………………………………………………… 159
　　12.1　序 ……………………………………………………………………………………… 159
　　12.2　定　　義 ……………………………………………………………………………… 160

	12.3 特性関数と極限定理	163
	12.4 吸収問題	169

13. 練習問題の解答 ········· 175

14. 公式，定理等 ········· 183
  14.1 特殊関数の性質 ········· 183
  14.2 基本的な定理等 ········· 184

15. 今後の研究課題 ········· 187

参考文献 ········· 189
索　引 ········· 207

第I部

離散時間量子ウォーク

第1章　1次元格子（2状態）

1.1　序

本書の最初の章では，量子ウォークの中でも最も研究がされている，$\mathbb{Z}$ 上の最近接に量子ウォーカーがジャンプする2状態の場合について解説する．尚，それを一般化した多状態，特に3状態の場合は次の章で扱う．

最初の章なので，離散時間量子ウォークに関するその実現方法と応用について簡単にふれる．離散時間の量子ウォークの実現方法としては，イオントラップされた原子を用いた方法が Travaglione and Milburn (2002) により提案されている．この場合，原子の内部状態がコインの表裏に対応し，原子は内部状態と相関を持ちながら左右に移動する．また，最近では原子を用いない光学的な方法も提案されている．この系ではウォーカーの位置は光の振動数に対応し内部状態は光の偏光である．電気光学変調器により周波数を上下させたのちに 1/4 波長板によりアダマール変換を行うことで量子ウォークが実現できる（Knight, Roldán and Sipe (2003a)，Kendon and Sanders (2005) を参照のこと）．さらに量子ウォークの顕著な応用の一例として，Oka et al. (2005) による強相関電子系の Landau-Zener 遷移への応用がある．

1.2　ランダムウォーク

まず最初に，本章で扱う量子ウォークに対応する古典系のモデルについて手短かに述べる．このモデルは，左へ1単位動く確率が p で，右へ1単位動く確率が $q = 1-p$ のランダムウォーク (random walk) である[*1]．一般的な設定でのランダムウォークに関する理論は，例えば，Spitzer (1976) に詳しい．

原点から出発するランダムウォークの時刻 n での場所を S_n で表す．ここで，$S_n = x$ となる一つのパスを考える．そのパスの左に移動した回数を l とし，右に移動した回数を m とすると，$l + m = n$, $-l + m = x$ の関係式が成立する．1つのパスが生起する確率は，$p^l q^m$ であるので，後はその総数を求めればよい．その数は n 個の中から l 個をとる組合せの数に等しいので，事象 "$S_n = x$" の確率は以下で与えられることが分かる．

[*1] 酔歩，乱歩，また，ベルヌイ・ランダムウォーク (Bernoulli random walk) とも呼ばれることがある．

$$P(S_n = x) = \binom{n}{l} p^l q^m. \tag{1.2.1}$$

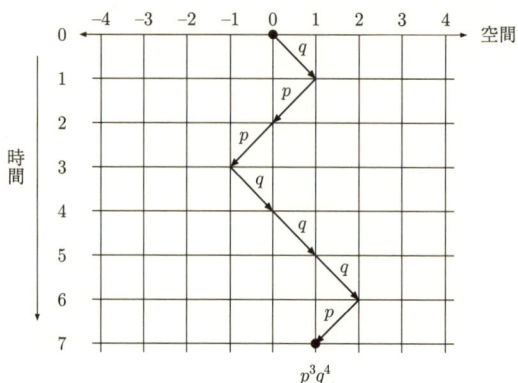

図 1.2.1　$n=7,\ x=1,\ l=3,\ m=4$ の場合

式 (1.2.1) の右辺を n, x で表すと，$(n-x)/2$ が整数のとき（このとき，$(n+x)/2$ も整数になる），

$$P(S_n = x) = \binom{n}{(n-x)/2} p^{(n-x)/2} q^{(n+x)/2} \tag{1.2.2}$$

となり，$(n-x)/2$ が整数で無いときは，$P(S_n = x) = 0$ となる．離散時間の場合には，この様な偶奇性が生ずることに注意（量子ウォークでも同様）．対称な場合 $(p = q = 1/2)$ には，$(n-x)/2$ が整数のとき，

$$P(S_n = x) = \binom{n}{(n-x)/2} (1/2)^n. \tag{1.2.3}$$

特に，原点に戻る確率は，n が偶数のとき，

$$P(S_n = 0) = \binom{n}{n/2} (1/2)^n \tag{1.2.4}$$

となる．

1.3　量子ウォークの概観

この節の後に詳細を述べるが，そのときの理解を深めるために，ここで量子ウォークの定義と性質について概説する．

この節で考える 2 状態の場合は，下記で述べるように 2×2 のユニタリ行列 U で定義される．組合せ論的なアプローチを行うために[*2]，U から決まる 4 つの行列 P, Q, R, S を導入する．そ

[*2] その後，フーリエ解析による手法を学ぶ．

れらを用いて，特性関数の組合せ論的な表現を求め，k 次モーメントと，分布の対称性に関する U と初期の**量子ビット** (qubit)[*3]状態 φ に対する依存性を明らかにする．さらに，古典のランダムウォークの中心極限定理に対応する新しいタイプの極限定理を紹介する．この節の結果は主に Konno (2002a, 2005a) にもとづいている．

離散時間の $\mathbb{Z}$ 上の最近接に移動する量子ウォークのダイナミクスを定義するために，以下のユニタリ行列を考える．

$$U = \begin{bmatrix} a & b \\ c & d \end{bmatrix} \in U(2).$$

但し，$a, b, c, d \in \mathbb{C}$. ここで，$\mathbb{C}$ は複素数全体の集合で，$U(2)$ は 2×2 のユニタリ行列全体の集合である．このとき，U のユニタリ性から

$$|a|^2 + |c|^2 = |b|^2 + |d|^2 = 1, \quad a\bar{b} + c\bar{d} = 0, \quad c = -\triangle \bar{b}, \quad d = \triangle \bar{a} \tag{1.3.5}$$

が成立する．但し，$\bar{z}$ は $z \in \mathbb{C}$ の複素共役で，$\triangle = \det U = ad - bc$. また，$U$ のユニタリ性より，$|\triangle| = 1$ が導かれる．

[**注意 1.3.1**] 式 (1.3.5) 以外にも下記の関係も得られる．

$$|a|^2 + |b|^2 = |c|^2 + |d|^2 = 1, \quad a\bar{c} + b\bar{d} = 0. \tag{1.3.6}$$

量子ウォークは，どの方向から移動してきたかに依存して次の移動する確率が決まる古典系の**相関付ランダムウォーク** (correlated random walk) と構造が非常に類似している．それに関しては，第 12 章を参照のこと．

この量子ウォーカーは，「左向き」$|L\rangle$ と「右向き」$|R\rangle$ の 2 つの**カイラリティ** (chirality) をもち，それぞれ，量子ウォーカーの動く向きに対応している．より正確に述べると，ユニタリ行列 U に 2 つのカイラリティ $|L\rangle, |R\rangle$ が以下のように作用している．

$$|L\rangle \rightarrow a|L\rangle + c|R\rangle, \quad |R\rangle \rightarrow b|L\rangle + d|R\rangle.$$

実際，

$$|L\rangle = \begin{bmatrix} 1 \\ 0 \end{bmatrix}, \quad |R\rangle = \begin{bmatrix} 0 \\ 1 \end{bmatrix}$$

とおくと，

$$U|L\rangle = a|L\rangle + c|R\rangle, \quad U|R\rangle = b|L\rangle + d|R\rangle$$

となる．ダイナミクスについては，図 1.3.1 を参照のこと．

初期量子ビットの状態が特性関数，k 次モーメント，極限定理などにどのように依存してくるかを明らかにすることは，量子ウォークの研究では極めて重要である．従ってそのために初期量

[*3] quantum bit の短縮形である．キュービット，キュビットとも呼ばれる．

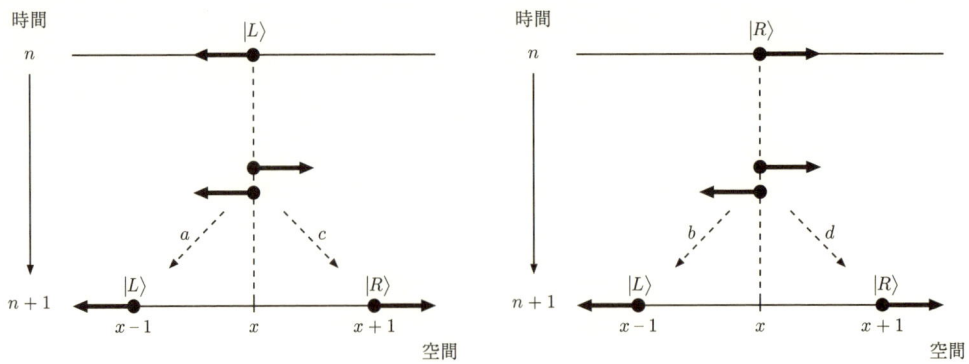

図 1.3.1　ダイナミクスの詳細

子ビットの状態を決める以下の集合を定義する．

$$\Phi = \left\{ \varphi = \begin{bmatrix} \alpha \\ \beta \end{bmatrix} \in \mathbb{C}^2 : |\alpha|^2 + |\beta|^2 = 1 \right\}.$$

ここで，原点での初期量子ビット状態が $\varphi \in \Phi$ で，時刻 n での量子ウォークを X_n とおく．但し，$P(X_0 = 0) = 1$ に注意．古典のランダムウォークの場合のように X_n は独立同分布 (independent and identically distributed)[*4)] の確率変数 $Y_1, Y_2, \ldots$ を用いて，$X_n = Y_1 + \cdots + Y_n$ のように表すことは出来ない．X_n の定義の詳細は次の 1.4 節で与えられるが，X_n を簡単に説明するために，古典のランダムウォークの確率 p, q に対して，次の行列 P, Q を与える．

$$P = \begin{bmatrix} a & b \\ 0 & 0 \end{bmatrix}, \quad Q = \begin{bmatrix} 0 & 0 \\ c & d \end{bmatrix}.$$

ここで，下記の関係に注意．

$$U = P + Q.$$

逆に，最初に与えられたユニタリ行列 U を上のように分解することによって，P, Q を定義するともいえる．

今考えている量子ウォークの場合には，古典の場合の重み $p, q\, (= 1-p)$ の代わりに，左下へ向かうボンド（エッジ）の上には行列 P の重みが，また右下へ向かうボンドの上には行列 $Q\, (= U - P)$ の重みがおかれていると考えられる．そう解釈すると，量子ウォークは可換から非可換への最も単純（で自然）なモデル化の一つとも言えよう．

ここで，l, m を $l + m = n$, $-l + m = x$ を満たすように固定し，次の量を考える．

$$\Xi_n(l, m) = \sum_{l_j, m_j} P^{l_1} Q^{m_1} P^{l_2} Q^{m_2} \cdots P^{l_n} Q^{m_n}.$$

但し，上式の和は $l_1 + \cdots + l_n = l$, $m_1 + \cdots + m_n = m$, $l_j + m_j = 1$ を満たす全ての $l_j, m_j \geq 0$ に関する和とする．例えば，

[*4)] 略して，i.i.d. と書かれることもある．

$$\Xi_2(2,0) = P^2, \quad \Xi_2(1,1) = PQ + QP, \quad \Xi_2(0,2) = Q^2.$$

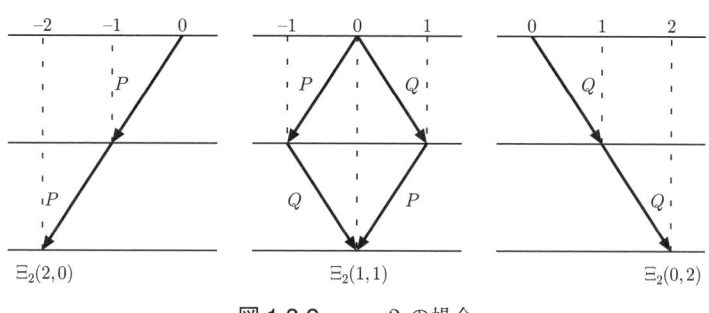

図 1.3.2 $n=2$ の場合

また，以下の関係が一般に成り立つ．

$$\Xi_{n+1}(l,m) = P\,\Xi_n(l-1,m) + Q\,\Xi_n(l,m-1). \tag{1.3.7}$$

[問題 1.3.1] 上の式 (1.3.7) を確かめよ．

さらに，$P(X_n = x)$ を計算するために以下の行列を導入する．

$$R = \begin{bmatrix} c & d \\ 0 & 0 \end{bmatrix}, \quad S = \begin{bmatrix} 0 & 0 \\ a & b \end{bmatrix}.$$

このとき，$\Xi_n(l,m)$ は P, Q, R, S を用いることによって一意的に表せ，その具体的表現が得られる（補題 1.5.1）．そして，"$X_n = x$" の確率を次で定義する．

$$P(X_n = x) = (\Xi_n(l,m)\varphi)^* (\Xi_n(l,m)\varphi) = \|\Xi_n(l,m)\varphi\|^2.$$

但し，$n = l+m, x = -l+m$ かつ $*$ は随伴作用素（即ち，行列の場合は共役転置）を表す．これより量子ウォーク X_n の確率分布が定義される．

[注意 1.3.2] この量子ウォークは，時刻 n ごとの確率分布の列 $\{P(X_n = \cdot) : n = 0, 1, 2, \ldots\}$ が与えられているだけで，確率過程として定義されてはいない．

古典の場合には，p, q が実数のため当然可換であり，時刻 n で場所 x に達する各パスの重みはすべて等しいので，1 本のパスの重みにそこに到るパスの個数倍するとそこでの確率が得られる．しかし，量子ウォークの場合には，行列 P, Q が非可換なため，各パスの重みは一般に異なり単純に個数倍するわけにはいかない．

例えば $P(X_4^\varphi = -2)$ を計算するためには，左に「3」，右に「1」移動する（結果として左に「2」，つまり場所は「-2」となる）パス全ての重みの和を計算する必要がある．実際，その確率を計算するのに必要な $\Xi_4(3,1)$ は，以下のようになる．

$$\Xi_4(3,1) = QP^3 + PQP^2 + P^2QP + P^3Q.$$

この確率 $P(X_n = x)$ を具体的に計算することにより，X_n の特性関数[*5]（定理 1.5.3）と k 次モーメント（系 1.5.4）を得る．興味深い結果の一つとして，k が偶数のとき，k 次モーメントは初期量子ビット $\varphi \in \Phi$ に依存しない．しかし，k が奇数のときはその限りではない．従って，X_n の標準偏差は一般に初期量子ビットに依存する．

量子ウォーク X_n の特性関数から，$abcd \neq 0$ の場合には下記の新しいタイプの極限定理が得られる（定理 1.7.1）．

$$\frac{X_n}{n} \Rightarrow Z \quad (n \to \infty). \tag{1.3.8}$$

ここで，Z の密度関数は以下で与えられる．

$$f(x) = f(x; \varphi = {}^T[\alpha, \beta]) = \frac{\sqrt{1-|a|^2}}{\pi(1-x^2)\sqrt{|a|^2-x^2}} \left\{ 1 - \left(|\alpha|^2 - |\beta|^2 + \frac{a\overline{\alpha}\overline{b}\beta + \overline{a}\alpha b\overline{\beta}}{|a|^2} \right) x \right\}.$$

但し，$x \in (-|a|, |a|)$．また，$f(x) = 0$ $(|x| \geq |a|)$ である．さらに，$Y_n \Rightarrow Y$ は，Y_n が Y に弱収束することを，T は転置作用素を表す[*6]．同じことであるが，密度関数は定義関数 I_A を用いてまとめた，次の形の方が見やすい場合もある．

$$f(x) = \frac{\sqrt{1-|a|^2}}{\pi(1-x^2)\sqrt{|a|^2-x^2}} \left\{ 1 - \left(|\alpha|^2 - |\beta|^2 + \frac{a\overline{\alpha}\overline{b}\beta + \overline{a}\alpha b\overline{\beta}}{|a|^2} \right) x \right\} I_{(-|a|,|a|)}(x).$$

ここで，$I_A(x) = 1$ $(x \in A)$，$= 0$ $(x \notin A)$．また，上記の極限定理より，Z は初期量子ビット $\varphi = {}^T[\alpha, \beta]$ に依存することが分かる．

[**注意 1.3.3**] 上の弱収束の結果は，以下のようにも書き直せる．$-|a| \leq u < v \leq |a|$ に対して，$n \to \infty$ としたとき，

$$P\left(u \leq \frac{X_n}{n} \leq v \right) \to \int_u^v \frac{\sqrt{1-|a|^2}}{\pi(1-x^2)\sqrt{|a|^2-x^2}} \left\{ 1 - \left(|\alpha|^2 - |\beta|^2 + \frac{a\overline{\alpha}\overline{b}\beta + \overline{a}\alpha b\overline{\beta}}{|a|^2} \right) x \right\} dx. \tag{1.3.9}$$

以下，なぜ式 (1.3.8) や式 (1.3.9) で与えられるような弱収束（分布の収束）が量子ウォークの場合に適しているのか，次の簡単な例で考えてみよう．

確率変数 Y_n $(n = 1, 2, \ldots)$ の分布関数が $F_n(x) = P(Y_n \leq x) = x - 0.1 \times \sin(2n\pi x)/(2n\pi)$ $(x \in [0,1])$ で与えられるとする．このとき，Y_n の密度関数は $f_n(x) = dF_n(x)/dx = 1 - 0.1 \times \cos(2n\pi x)$ となる．$f_n(x)$ のグラフは図 1.3.3 のように定数 1 $(= f_*(x))$ の周りを振動している．

この $f_*(x) = 1$ $(x \in [0,1])$ は $[0,1]$ 上の一様分布の密度関数であるが，n を大きくしたとき，確率変数 Y_n の密度関数 $f_n(x)$ の振動はどんどん激しくなり，一様分布の密度関数には収束はしない．しかしこの振動を平均すると一様分布に収束すると予想されるが，まさにそれを数学的に表

[*5] 確率変数 X に対する特性関数とは，$E(e^{i\xi X})$ のことである．但し，ξ は実数．この量子ウォークの場合には，$E(e^{i\xi X_n}) = \sum_{x=-n}^n e^{i\xi x} P(X_n = x)$ と表せる．

[*6] 共役転置 $*$ の場合は，A^* と右肩に乗せたが，T は T 乗と区別するため，本書では ${}^T A$ とした．

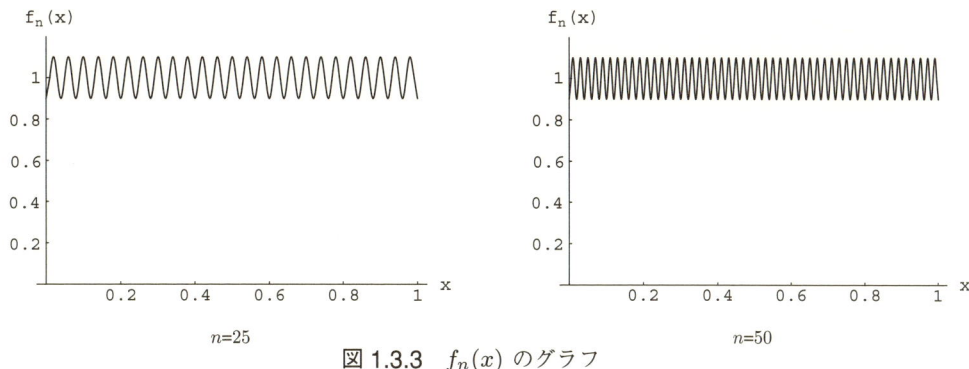

図 1.3.3 $f_n(x)$ のグラフ

現したのがこの「分布の収束」である．つまり，Y_n の密度関数 $f_n(x)$ の代わりにそれを積分した分布関数 $F_n(x)$ を考えると，実際 $F_n(x) \to x\,(n \to \infty)$ となる．分布関数では確かに振動部分が綺麗にぬぐわれて，$[0,1]$ 上の一様分布に収束することが分かる．数式を用いると，$0 \leq u < v \leq 1$ に対して，

$$\lim_{n\to\infty} P(u \leq Y_n \leq v) = \int_u^v 1\,dx$$

が成立する．量子ウォークの収束もまさに上の例が示すように，充分時間がたっても極限の分布関数 $f(x)$ の周りに振動が残り収束はしないので，分布の収束を考えることにより同様に上手くとらえられるのである．量子系の場合には，このような密度関数が収束しない場合に，分布の収束を考えることにより，現象を的確に捉えられる場合が少なからずあるのではないかと思われる．

一方，$b = 0$ のときは，$c = 0$ かつ $|a| = |d| = 1$ となる．この場合には自明な結果となる．実際，定理 1.5.3 (ii) より，$X_n/n \Rightarrow W^{(1)}$ で，$W^{(1)}$ は $P(W^{(1)} = -1) = |\alpha|^2$ かつ $P(W^{(1)} = 1) = |\beta|^2$ によって定まる確率変数である．同様に，$a = 0$ のときは，$d = 0$ かつ $|b| = |c| = 1$ となる．このときも自明で，定理 1.5.3 (iii) から，$X_n/n \Rightarrow W^{(2)}$ で，$W^{(2)}$ は $\delta_0(x)$ になる．但し，$\delta_a(x)$ は点 a にポイントマスをもつ点測度[*7]である．

[問題 1.3.2] 上記の $b = 0$ の場合と $a = 0$ の場合を，直接 $P(X_n = x)$ を計算する，或いは X_n の挙動を考察することによって求めよ．

さて，$abcd \neq 0$ の場合の弱収束定理より，次の量子ウォークの分布の対称性に関する結果が得られる (定理 1.6.1)．まず以下の量子ビットの集合を定義する．

$$\Phi_s = \{\varphi \in \Phi : \text{任意の } n \in \mathbb{Z}_+,\, x \in \mathbb{Z} \text{ に対して}, \ P(X_n = x) = P(X_n = -x)\},$$
$$\Phi_0 = \{\varphi \in \Phi : \text{任意の } n \in \mathbb{Z}_+ \text{ に対して}, \ E(X_n) = 0\},$$
$$\Phi_\perp = \left\{\varphi = {}^T[\alpha, \beta] \in \Phi : |\alpha| = |\beta| = 1/\sqrt{2},\ a\alpha\overline{b\beta} + \overline{a\alpha}b\beta = 0\right\}.$$

[*7] ディラック測度 (Dirac measure) とも呼ばれる．

但し，$\mathbb{Z}$ は整数全体の集合で，$\mathbb{Z}_+$ は非負整数全体の集合である．

[注意 1.3.4]　$\varphi \in \Phi_s$ に対しては，X_n の分布は任意の時刻 $n \in \mathbb{Z}_+$ について原点対称になる．

X_n の分布（補題 1.5.2）と $E(X_n)$（補題 1.5.4 (i) $m=1$ の場合）の具体的な形より，以下の結論を得る．

$$\Phi_s = \Phi_0 = \Phi_\perp.$$

Nayak and Vishwanath (2000) は，**アダマールウォーク**（Hadamard walk）の場合に分布の対称性を議論し，$^T[1/\sqrt{2}, \pm i/\sqrt{2}] \in \Phi_s$ のときに分布が対称であることを示した．上述のアダマールウォークは，量子ウォークの中で最も研究が多くなされているモデルで，そのユニタリ行列 U は以下のアダマールゲート（Hadamard gate）で決まる．

$$U = \frac{1}{\sqrt{2}} \begin{bmatrix} 1 & 1 \\ 1 & -1 \end{bmatrix}.$$

アダマールゲートについては，Nielsen and Chuang (2000) を参照のこと．

以下，アダマールウォークに限って議論する．アダマールウォークのダイナミクスは，U の各成分の絶対値の 2 乗が $1/2$ となるので，古典の対称なランダムウォークに対応する量子ウォークと考えられる．しかし，その分布の対称性は初期の量子ビットの状態に強く依存する (Konno, Namiki and Soshi (2004))．

例えば，初期量子ビットが $\varphi = {}^T[1/\sqrt{2}, i/\sqrt{2}]$ の場合には分布が対称となり，具体的には以下のように計算できる．

$$P(X_4 = -4) = P(X_4 = 4) = 1/16,$$
$$P(X_4 = -2) = P(X_4 = 2) = 6/16, \quad P(X_4 = 0) = 2/16.$$

[問題 1.3.3]　上記の結果を確かめよ．

それとは対照的に，原点から出発する古典の対称ランダムウォーク S_n の場合には，

$$P(S_4 = -4) = P(S_4 = 4) = 1/16,$$
$$P(S_4 = -2) = P(S_4 = 2) = 4/16, \quad P(S_4 = 0) = 6/16$$

となる．

[問題 1.3.4]　上記の結果を確かめよ．

[問題 1.3.5]　任意の $n = 0, 1, 2, 3$ かつ $x \in \mathbb{Z}$ に対して，$P(X_n = x) = P(S_n = x)$ が成り立つことを確かめよ．

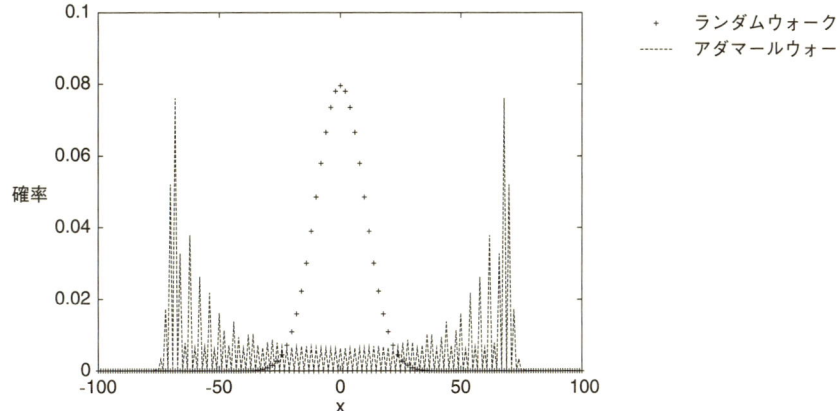

図 1.3.4 時刻 100 でのアダマールウォークとランダムウォークの分布の違い

ところで，量子ウォークはランダムウォークと挙動が全く異なる．ランダムウォークの場合その分布は 2 項分布タイプ（式 (1.2.1) 参照）であるが，量子ウォークの分布は後でみるように（補題 1.5.2 参照）複雑で振動している．

アダマールウォークの場合に，解析的な結果 (定理 1.7.1) と数値的な結果 Mackay et al. (2002) との比較を行なう．先に紹介した極限定理（定理 1.7.1，或いは式 (1.3.9)）より，$-1/\sqrt{2} \leq a < b \leq 1/\sqrt{2}$ に対して，$n \to \infty$ としたとき，

$$P(a \leq X_n/n \leq b) \to \int_a^b \frac{1 - (|\alpha|^2 - |\beta|^2 + \alpha\overline{\beta} + \overline{\alpha}\beta)x}{\pi(1-x^2)\sqrt{1-2x^2}} dx$$

が任意の初期量子ビット $\varphi = {}^T[\alpha,\beta]$ に対して成立する．一方，原点から出発する対称なランダムウォーク S_n の場合は，よく知られた**中心極限定理** (central limit theorem) から，$-\infty < a < b < \infty$ に対して，$n \to \infty$ としたとき，

$$P(a \leq S_n/\sqrt{n} \leq b) \to \int_a^b \frac{e^{-x^2/2}}{\sqrt{2\pi}} dx$$

が成立する．この結果は，ド・モアブル-ラプラスの定理 (de Moivre-Laplace theorem) とも呼ばれ，極限分布は平均 0，分散 1 の正規（ガウス）分布である．初期量子ビットとして $\varphi = {}^T[1/\sqrt{2}, i/\sqrt{2}]$（対称な場合）をとると，この古典の場合に対応する以下の結果が得られる．$-1/\sqrt{2} \leq a < b \leq 1/\sqrt{2}$ に対して，$n \to \infty$ としたとき，

$$P(a \leq X_n/n \leq b) \to \int_a^b \frac{1}{\pi(1-x^2)\sqrt{1-2x^2}} dx.$$

対称な $\varphi = {}^T[1/\sqrt{2}, i/\sqrt{2}]$ の場合ですら，量子ウォーク X_n とランダムウォーク S_n の間には大きな違いがある．任意の $\varphi \in \Phi_s$ に対して，$E(X_n) = 0\ (n \geq 0)$ であることに注意すると，

$$sd(X_n)/n \to \sqrt{(2-\sqrt{2})/2} = 0.54119\ldots$$

が得られる．但し，$sd(X)$ は X の標準偏差である．

上記の結果からも，古典の場合には，標準偏差 $sd(S_n)$ が $\sqrt{n}$ のオーダーで大きくなるのに対

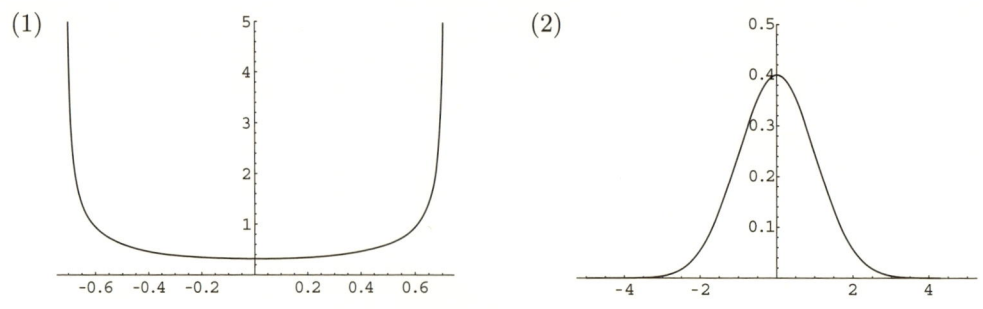

図 1.3.5 (1) アダマールウォークの極限分布（対称な場合，$\varphi = {}^T[1/\sqrt{2}, i/\sqrt{2}]$），
(2) 正規分布（平均 0，分散 1）

し，量子ウォークの場合は標準偏差 $sd(X_n)$ が n のオーダーで大きくなることが分かる．そして，この違いなどを上手く利用し，空間構造を持った探索問題（Ambainis, Kempe and Rivosh (2005)）や element distinctness の問題（Ambainis (2003), Szegedy (2004)）への応用が試み始められている．

同様に初期量子ビットとして $\varphi = {}^T[0, e^{i\theta}]$ ($\theta \in [0, 2\pi)$)（非対称な場合）をとると，$-1/\sqrt{2} \leq a < b \leq 1/\sqrt{2}$ に対して，$n \to \infty$ としたとき，以下が得られる．

$$P(a \leq X_n/n \leq b) \to \int_a^b \frac{1}{\pi(1-x)\sqrt{1-2x^2}} dx.$$

この結果より，

$$E(X_n)/n \to (2-\sqrt{2})/2 = 0.29289\ldots, \quad sd(X_n)/n \to \sqrt{(\sqrt{2}-1)/2} = 0.45508\ldots$$

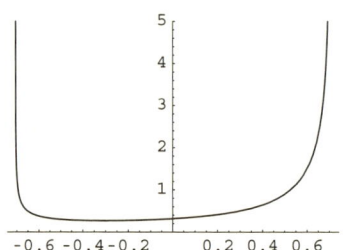

図 1.3.6 アダマールウォークの極限分布（非対称な場合，$\varphi = {}^T[0, 1]$）

初期量子ビットが $\varphi = {}^T[0, 1]$ ($\theta = 0$) のとき，Nayak and Vishwanath (2000) と Ambainis et al. (2001) は類似の結果を得ているが，弱収束の極限定理までは得ていない．前者の論文ではフーリエ解析の手法を，後者の論文ではフーリエ解析と組合せ論的な（経路積分の）手法を用いて研究している．しかし組合せ論的な手法の詳細は明らかではないので，本書では詳しく扱いたい．

他方の非対称な場合 $\varphi = {}^T[e^{i\theta}, 0]$ ($\theta \in [0, 2\pi)$)，同様の議論により，$-1/\sqrt{2} \leq a < b \leq 1/\sqrt{2}$ に対して，$n \to \infty$ としたとき，下記が得られる．

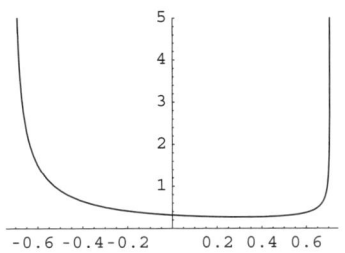

図 1.3.7 アダマールウォークの極限分布（非対称な場合，$\varphi = {}^T[1,0]$）

$$P(a \leq X_n/n \leq b) \to \int_a^b \frac{1}{\pi(1+x)\sqrt{1-2x^2}} dx.$$

任意の $x \in (-1/\sqrt{2}, 1/\sqrt{2})$ に対して，$f(-x; {}^T[e^{i\theta}, 0]) = f(x; {}^T[0, e^{i\theta}])$ が成立することに注意．この対称性から，極限の確率変数 Z の標準偏差に関しては，$\varphi = {}^T[0, e^{i\theta}]$ の場合と同じ結論，$\sqrt{(\sqrt{2}-1)/2} = 0.45508\ldots$ が得られる．Mackay et al. (2002)（彼らの場合は $\theta = 0$）の数値的な結果は 0.4544 ± 0.0012 で極限定理から導かれる結果と矛盾しない．

関連する結果として，Carteret, Ismail and Richmond (2003) では，漸近挙動の詳細な解析が行われている．また，Bressler and Pemantle (2007) は，母関数を用いた簡単な導出法を提案している．

1.4 量子ウォークの定義

この節では，より詳細な，しかも何種類かの同値な量子ウォークの定義を与え，理解を深める．実は，$\mathbb{Z}$ 上の最近接格子点に移動する 2 状態量子ウォークの場合ですら，その定義は唯一ではない．ここで紹介している定義が Ambainis et al. (2001) で導入された，左と右のカイラリティに分離してから，それぞれ移動する量子ウォークであるのに対し，Gudder (1988) の本で与えられている定義は，移動してから，左と右のカイラリティに分離する．後者の場合には前者の P, Q に対して，以下の P_G, Q_G で定義する（第 5 章でもふれる）．

$$P_G = \begin{bmatrix} a & 0 \\ c & 0 \end{bmatrix}, \quad Q_G = \begin{bmatrix} 0 & b \\ 0 & d \end{bmatrix}.$$

また図式化すると，図 1.4.1 のようになる．但し，極限定理や吸収問題などの定性的な性質は変わらない．詳しくは，Konno (2002b) を参照のこと．

さて，量子ウォークの定義で重要な点は，前述のように，2 次のユニタリ行列 U から $U = P + Q$ と分解された，2 次正方行列 P が量子ウォーカーの左への移動に対応し，同様に，2 次正方行列 Q が量子ウォーカーの右への移動に対応することである．この P と Q を用いて，1 次元の最近接点に移動する量子ウォークのダイナミクスを定義するために，次の $2(2N+1) \times 2(2N+1)$ 行列 $\overline{U}_N : (\mathbb{C}^2)^{2N+1} \to (\mathbb{C}^2)^{2N+1}$ を定める．

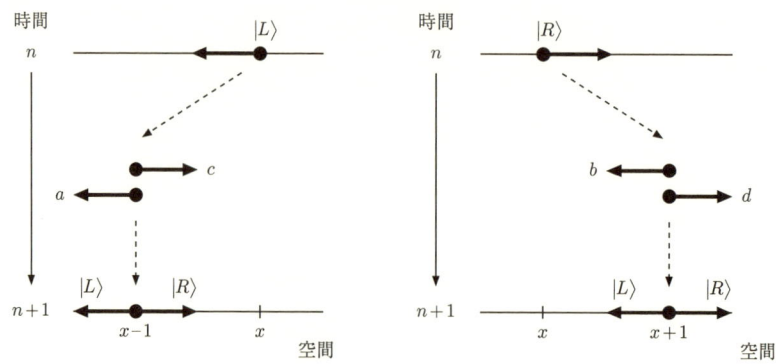

図 1.4.1 ダイナミクスの詳細

$$\overline{U}_N = \begin{bmatrix} 0 & P & 0 & \ldots & \ldots & 0 & Q \\ Q & 0 & P & 0 & \ldots & \ldots & 0 \\ 0 & Q & 0 & P & 0 & \ldots & 0 \\ \vdots & \ddots & \ddots & \ddots & \ddots & \ddots & \vdots \\ 0 & \ldots & 0 & Q & 0 & P & 0 \\ 0 & \ldots & \ldots & 0 & Q & 0 & P \\ P & 0 & \ldots & \ldots & 0 & Q & 0 \end{bmatrix}, \quad \text{但し、} \quad 0 = \begin{bmatrix} 0 & 0 \\ 0 & 0 \end{bmatrix}.$$

以下の議論では，まず有限系を考え，後に無限系を考えるという流れである．次に，場所 x で時刻 n の量子ウォーカーの確率振幅を定めるベクトルを定義する．

$$\Psi_n(x) = \begin{bmatrix} \Psi_n^L(x) \\ \Psi_n^R(x) \end{bmatrix} = \Psi_n^L(x)|L\rangle + \Psi_n^R(x)|R\rangle \in \mathbb{C}^2.$$

但し，上の成分が左向きのカイラリティを表し，下の成分が右向きのカイラリティを表す．さらに，以下で時刻 n での系の量子ビット状態を表す．

$$\Psi_n = {}^T[\Psi_n(-N), \Psi_n(-(N-1)), \ldots, \Psi_n(N)] \in (\mathbb{C}^2)^{2N+1}.$$

ここで考える初期の量子ビット状態は

$$\Psi_0 = {}^T[\overbrace{0, \ldots, 0}^{N}, \varphi, \overbrace{0, \ldots, 0}^{N}] \in \mathbb{C}^{2(2N+1)}$$

である．但し，

$$0 = \begin{bmatrix} 0 \\ 0 \end{bmatrix}, \quad \varphi = \begin{bmatrix} \alpha \\ \beta \end{bmatrix}.$$

次の関係式が量子ウォークの時間発展を定義する．

$$\Psi_{n+1}(x) = (\overline{U}_N \Psi_n)_x = P\Psi_n(x+1) + Q\Psi_n(x-1).$$

但し, $(\Psi_n)_x = \Psi_n(x)$, $(-N \le x \le N, 0 \le n < N)$. ここで, P, Q は以下を満たす.

$$PP^* + QQ^* = P^*P + Q^*Q = \begin{bmatrix} 1 & 0 \\ 0 & 1 \end{bmatrix}, \quad PQ^* = QP^* = Q^*P = P^*Q = \begin{bmatrix} 0 & 0 \\ 0 & 0 \end{bmatrix}. \quad (1.4.10)$$

上記の関係式より, $\overline{U}_N$ もユニタリ行列であることが分かる.

初期状態 $\overline{\varphi} = {}^T[\overbrace{0,\ldots,0}^{N}, \varphi, \overbrace{0,\ldots,0}^{N}]$ に対して, 以下が得られる.

$$\overline{U}_N \overline{\varphi} = {}^T[\overbrace{0,\ldots,0}^{N-1}, P\varphi, 0, Q\varphi, \overbrace{0,\ldots,0}^{N-1}],$$

$$\overline{U}_N^2 \overline{\varphi} = {}^T[\overbrace{0,\ldots,0}^{N-2}, P^2\varphi, 0, (PQ+QP)\varphi, 0, Q^2\varphi, \overbrace{0,\ldots,0}^{N-2}],$$

$$\overline{U}_N^3 \overline{\varphi} = {}^T[\overbrace{0,\ldots,0}^{N-3}, P^3\varphi, 0, (P^2Q+PQP+QP^2)\varphi, 0,$$
$$(Q^2P+QPQ+PQ^2)\varphi, 0, Q^3\varphi, \overbrace{0,\ldots,0}^{N-3}].$$

このことは, ランダムウォークに対する $1^n = (p+q)^n$ の展開が, 量子ウォークの場合には, $U^n = (P+Q)^n$ の展開に対応していることを示している.

確率振幅 $\Psi_n(x)$ を用いて, "$X_n = x$" の確率を以下で定義する.

$$P(X_n = x) = \|\Psi_n(x)\|^2 = |\Psi_n^L(x)|^2 + |\Psi_n^R(x)|^2.$$

ここで, $\overline{U}_N$ のユニタリ性より, 任意の $1 \le n \le N$ に対して,

$$\sum_{x=-n}^{n} P(X_n = x) = \|\overline{U}_N^n \overline{\varphi}\|^2 = \|\overline{\varphi}\|^2 = |\alpha|^2 + |\beta|^2 = 1$$

が成り立つ. 即ち, 量子ウォークの確率振幅は常に空間に関する確率測度を定める.

以下同様な別の表現の定義を与える. 尚, 多くの物理系や情報系の論文では, ここでの定義が採用されている. 量子ウォークのシステムは, ヒルベルト空間 $H_p \otimes H_c$ に属する. 但し, $H_p = \ell^2(\mathbb{Z})$ は場所に対応する空間で, $H_c = \mathbb{C}^2$ は内部自由度 (コイン空間 (coin space) とも呼ばれる) に対応する空間である. このとき, $|x\rangle \in H_p (x \in \mathbb{Z})$ は量子ウォークの場所を表す. ユニタリの移動作用素 (shift operator) を以下で定義する.

$$\hat{S} = \sum_{x \in \mathbb{Z}} |x+1\rangle\langle x|, \quad \hat{S}^{-1} = \hat{S}^* = \sum_{x \in \mathbb{Z}} |x-1\rangle\langle x|.$$

このとき,

$$\hat{S}|x\rangle = |x+1\rangle, \quad \hat{S}^{-1}|x\rangle = |x-1\rangle.$$

具体的な行列表示は,

$$\hat{S} = \begin{bmatrix} \ddots & \vdots & \vdots & \vdots & \vdots & \vdots & \cdots \\ \cdots & 0 & 0 & 0 & 0 & 0 & \cdots \\ \cdots & 1 & 0 & 0 & 0 & 0 & \cdots \\ \cdots & 0 & 1 & 0 & 0 & 0 & \cdots \\ \cdots & 0 & 0 & 1 & 0 & 0 & \cdots \\ \cdots & 0 & 0 & 0 & 1 & 0 & \cdots \\ \cdots & \vdots & \vdots & \vdots & \vdots & \vdots & \ddots \end{bmatrix}, \quad \hat{S}^{-1} = \begin{bmatrix} \ddots & \vdots & \vdots & \vdots & \vdots & \vdots & \cdots \\ \cdots & 0 & 1 & 0 & 0 & 0 & \cdots \\ \cdots & 0 & 0 & 1 & 0 & 0 & \cdots \\ \cdots & 0 & 0 & 0 & 1 & 0 & \cdots \\ \cdots & 0 & 0 & 0 & 0 & 1 & \cdots \\ \cdots & 0 & 0 & 0 & 0 & 0 & \cdots \\ \cdots & \vdots & \vdots & \vdots & \vdots & \vdots & \ddots \end{bmatrix}$$

で与えられる．もし $\hat{P} = |L\rangle\langle L|$ かつ $\hat{Q} = |R\rangle\langle R|$ がコインの 2 状態への作用素だとすると，量子ウォークの 1 ステップの挙動は以下で定められる．

$$\overline{U} = (\hat{S} \otimes \hat{Q} + \hat{S}^{-1} \otimes \hat{P})(I \otimes U).$$

ここで $\hat{P}U = P$ かつ $\hat{Q}U = Q$ に注意すると，$\overline{U} = \hat{S} \otimes Q + \hat{S}^{-1} \otimes P$ なので，

$$\overline{U} = \begin{bmatrix} \ddots & \vdots & \vdots & \vdots & \vdots & \vdots & \cdots \\ \cdots & O & P & O & O & O & \cdots \\ \cdots & Q & O & P & O & O & \cdots \\ \cdots & O & Q & O & P & O & \cdots \\ \cdots & O & O & Q & O & P & \cdots \\ \cdots & O & O & O & Q & O & \cdots \\ \cdots & \vdots & \vdots & \vdots & \vdots & \vdots & \ddots \end{bmatrix}. \quad \text{但し，} \quad O = \begin{bmatrix} 0 & 0 \\ 0 & 0 \end{bmatrix}.$$

従って，n ステップ後の状態は，

$$\Psi_n = \overline{U}^n \Psi_0$$

となる．次の節で，確率振幅 $\Psi_n(x)$ を組合せ論的な手法で具体的に計算する．

1.5 組合せ論的アプローチ

ここでは，量子ウォーク X_n の特性関数の組合せ論的な表現を与える．そのために，$n+x$ が偶数のとき，$P(X_n = x)$ の組合せ論的表現を求める必要がある．尚，それを用いて，例えば任意の次数のモーメントを求めることができる．

まず，$l + m = n$ かつ $-l + m = x$ を満たす l, m に対して，次の量を考える．

$$\Xi_n(l, m) = \sum_{l_j, m_j} P^{l_1} Q^{m_1} P^{l_2} Q^{m_2} \cdots P^{l_n} Q^{m_n}.$$

但し，上式の和は $l_1 + \cdots + l_n = l, m_1 + \cdots + m_n = m, l_j + m_j = 1$ を満たす全ての $l_j, m_j \geq 0$ に関する和とする．このとき，以下の重要な関係に注意．

$$\Psi_n(x) = \Xi_n(l, m)\varphi.$$

何故なら，$\Psi_n(x) = {}^T[\Psi_n^L(x), \Psi_n^R(x)](\in \mathbb{C}^2)$ は，初期量子ビット $\varphi \in \Phi$ に対する，場所 x で時刻 n の量子ウォーカーの確率振幅で，一方 $\Xi_n(l, m)$ は，$l = (n-x)/2$ かつ $m = (n+x)/2$ を満たす l と m に対して，l 回左に，m 回右に移動するパスの可能な全ての和であるからである．

例えば，$P(X_4 = -2)$ の場合には，次を得る．

$$\Xi_4(3, 1) = QP^3 + PQP^2 + P^2QP + P^3Q.$$

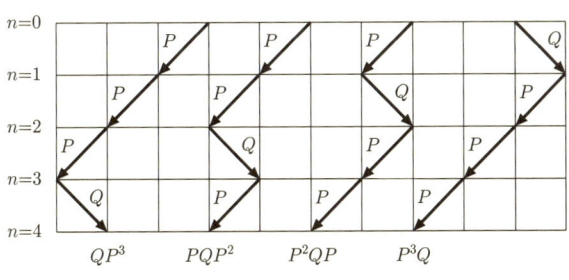

図 1.5.1　上式に対応する図

[問題 1.5.1]　上記の結果を確かめよ．

ここで，下記の性質に着目する．

$$P^2 = aP.$$

これを用いると，次が導かれる．

$$\Xi_4(3, 1) = a^2QP + aPQP + aPQP + a^2PQ.$$

一般に，行列 P, Q, R, S の積の間に下記のような関係式が成立している．

表 1.1

	P	Q	R	S
P	aP	bR	aR	bP
Q	cS	dQ	cQ	dS
R	cP	dR	cR	dP
S	aS	bQ	aQ	bS

但し，表の見方は例えば $PQ = bR$ である．

このとき，P, Q, R, S は，トレース内積 $\langle A|B \rangle = \mathrm{tr}(A^*B)$ に関する複素数成分を持つ 2×2 の行列の空間 $U(2)$ の正規直交基底になっている．

[問題 1.5.2] 上記のことを確かめよ．

従って，$\Xi_n(l,m)$ は次の形に一意的に表されることが分かる．
$$\Xi_n(l,m) = p_n(l,m)P + q_n(l,m)Q + r_n(l,m)R + s_n(l,m)S.$$
よって，次の問題は $p_n(l,m), q_n(l,m), r_n(l,m), s_n(l,m)$ の具体的な形を求めることである．例えば先の $n=l+m=4$ の場合には，以下のようになる．
$$\Xi_4(4,0) = a^3 P, \quad \Xi_4(3,1) = 2abcP + a^2bR + a^2cS,$$
$$\Xi_4(2,2) = bcdP + abcQ + b(ad+bc)R + c(ad+bc)S,$$
$$\Xi_4(1,3) = 2bcdQ + bd^2R + cd^2S, \quad \Xi_4(2,2) = d^3 Q.$$
従って，
$$p_4(3,1) = 2abc, \quad q_4(3,1) = 0, \quad r_4(3,1) = a^2b, \quad s_4(3,1) = a^2c$$
などが得られる．

[問題 1.5.3] 上記のことを確かめよ．

[問題 1.5.4] $p_n(l,m), q_n(l,m), r_n(l,m), s_n(l,m)$ を求めるには，それぞれ対応する次の 4 種類のパスを考えればよいことを示せ．

$$p_n(l,m): \overbrace{PP\cdots P}^{w_1} \overbrace{QQ\cdots Q}^{w_2} \overbrace{PP\cdots P}^{w_3} \cdots \overbrace{QQ\cdots Q}^{w_{2\gamma}} \overbrace{PP\cdots P}^{w_{2\gamma+1}},$$

$$q_n(l,m): \overbrace{QQ\cdots Q}^{w_1} \overbrace{PP\cdots P}^{w_2} \overbrace{QQ\cdots Q}^{w_3} \cdots \overbrace{PP\cdots P}^{w_{2\gamma}} \overbrace{QQ\cdots Q}^{w_{2\gamma+1}},$$

$$r_n(l,m): \overbrace{PP\cdots P}^{w_1} \overbrace{QQ\cdots Q}^{w_2} \overbrace{PP\cdots P}^{w_3} \cdots \overbrace{QQ\cdots Q}^{w_{2\gamma}},$$

$$s_n(l,m): \overbrace{QQ\cdots Q}^{w_1} \overbrace{PP\cdots P}^{w_2} \overbrace{QQ\cdots Q}^{w_3} \cdots \overbrace{PP\cdots P}^{w_{2\gamma}}.$$

但し，$w_1, w_2, \ldots, w_{2\gamma+1} \geq 1$ かつ $\gamma \geq 1$．

一般の場合には，次の補題が鍵となる．

補題 1.5.1 $abcd \neq 0$ を満たす量子ウォークを考える．ここで，
$$P = \begin{bmatrix} a & b \\ 0 & 0 \end{bmatrix}, \quad Q = \begin{bmatrix} 0 & 0 \\ c & d \end{bmatrix}, \quad R = \begin{bmatrix} c & d \\ 0 & 0 \end{bmatrix}, \quad S = \begin{bmatrix} 0 & 0 \\ a & b \end{bmatrix},$$
かつ，$\triangle = \det U$，但し，$U = P+Q$．$l, m \geq 0$ が $l+m=n$ を満たすとき，次が成立する．

(i) $l \wedge m (= \min\{l,m\}) \geq 1$ に対して，

$$\Xi_n(l,m) = a^l \overline{a}^m \triangle^m \sum_{\gamma=1}^{l \wedge m} \left(-\frac{|b|^2}{|a|^2}\right)^\gamma \binom{l-1}{\gamma-1}\binom{m-1}{\gamma-1}\left[\frac{l-\gamma}{a\gamma}P + \frac{m-\gamma}{\triangle \overline{a}\gamma}Q - \frac{1}{\triangle \overline{b}}R + \frac{1}{b}S\right],$$

(ii) $l(=n) \geq 1, m = 0$ に対して,

$$\Xi_n(l,0) = a^{n-1}P,$$

(iii) $l = 0, m(=n) \geq 1$ に対して,

$$\Xi_n(0,m) = \triangle^{n-1}\overline{a}^{n-1}Q.$$

証明 (a) $p_n(l,m)$ の場合. 最初に, $l \geq 2, m \geq 1$ を仮定する. 表 1.1 より, $p_n(l,m)$ を計算するには次のようなパスだけを考えればよいことが分かる.

$$C(P,w)_n^{(2\gamma+1)}(l,m) = \overbrace{PP\cdots P}^{w_1}\overbrace{QQ\cdots Q}^{w_2}\overbrace{PP\cdots P}^{w_3}\cdots \overbrace{QQ\cdots Q}^{w_{2\gamma}}\overbrace{PP\cdots P}^{w_{2\gamma+1}}.$$

ここで, $w = (w_1, w_2, \ldots, w_{2\gamma+1}) \in \mathbb{Z}_+^{2\gamma+1}$. 但し, $w_1, w_2, \ldots, w_{2\gamma+1} \geq 1, \gamma \geq 1$. 例えば, PQP の場合には, $w_1 = w_2 = w_3 = 1$ かつ $\gamma = 1$ となる. このとき, l は P の数を, m は Q の数を表していることに注意すると,

$$l = w_1 + w_3 + \cdots + w_{2\gamma+1}, \qquad m = w_2 + w_4 + \cdots + w_{2\gamma}$$

が得られる. さらに, $2\gamma+1$ が P と Q のクラスターの数を表している.

次に γ の範囲について考える. 明らかに $\gamma = 1$ が最小で, このときは 3 つのクラスターより成っている. 実際に, 以下のような場合である.

$$P\cdots PQ\cdots QP\cdots P.$$

一方, 最大値は $\gamma = (l-1) \wedge m$ で, この場合は, 例えば,

$$PQPQPQ\cdots PQPQPP\cdots PP \ (l-1 \geq m), \quad PQPQPQ\cdots PQPQQ\cdots QQP \ (l-1 \leq m)$$

である.

[問題 1.5.5] 最大値が $\gamma = (l-1) \wedge m$ であることを, 上記の例を踏まえ確かめよ.

ここで, $\gamma \in [1, (l-1) \wedge m]$ に対して, $2\gamma+1$ のクラスターをもつパス全体の集合を考える.

$$W(P, 2\gamma+1) = \{w = (w_1, w_2, \cdots, w_{2\gamma+1}) \in \mathbb{Z}_+^{2\gamma+1} : w_1 + w_3 + \cdots + w_{2\gamma+1} = l,$$
$$w_2 + w_4 + \cdots + w_{2\gamma} = m, w_1, w_2, \ldots, w_{2\gamma}, w_{2\gamma+1} \geq 1\}.$$

表 1.1 より,

$$C(P,w)_n^{(2\gamma+1)}(l,m) = a^{w_1-1}Pd^{w_2-1}Qa^{w_3-1}P\cdots d^{w_{2\gamma}-1}Qa^{w_{2\gamma+1}-1}P$$
$$= a^{l-(\gamma+1)}d^{m-\gamma}(PQ)^\gamma P$$
$$= a^{l-(\gamma+1)}d^{m-\gamma}b^\gamma R^\gamma P$$
$$= a^{l-(\gamma+1)}d^{m-\gamma}b^\gamma c^{\gamma-1}RP$$
$$= a^{l-(\gamma+1)}d^{m-\gamma}b^\gamma c^\gamma P.$$

但し,$w \in W(P, 2\gamma+1)$. 従って,$l \geq 2, m \geq 1$ に対して,即ち,$\gamma \geq 1$ に対して,以下が成立する.

$$C(P,w)_n^{(2\gamma+1)}(l,m) = a^{l-(\gamma+1)}b^\gamma c^\gamma d^{m-\gamma} P.$$

上式の右辺は $w \in W(P, 2\gamma+1)$ に依存していないので,$C(P)_n^{(2\gamma+1)}(l,m) = C(P,w)_n^{(2\gamma+1)}(l,m)$ と書くことができる.最後に,$w \in W(P, 2\gamma+1)$ を満たす $w = (w_1, w_2, \ldots, w_{2\gamma}, w_{2\gamma+1})$ の数を計算する.標準的な組合せ論的な議論より,下記が得られる.

$$|W(P, 2\gamma+1)| = \binom{l-1}{\gamma}\binom{m-1}{\gamma-1}.$$

[問題 1.5.6] 上式を確かめよ.

従って,

$$p_n(l,m)P = \sum_{\gamma=1}^{(l-1)\wedge m} \sum_{w \in W(P, 2\gamma+1)} C(P,w)_n^{(2\gamma+1)}(l,m)$$
$$= \sum_{\gamma=1}^{(l-1)\wedge m} |W(P, 2\gamma+1)| C(P)_n^{(2\gamma+1)}(l,m)$$
$$= \sum_{\gamma=1}^{(l-1)\wedge m} \binom{l-1}{\gamma}\binom{m-1}{\gamma-1} a^{l-(\gamma+1)}b^\gamma c^\gamma d^{m-\gamma} P.$$

故に,以下の結論を得る.

$$p_n(l,m) = \sum_{\gamma=1}^{(l-1)\wedge m} \binom{l-1}{\gamma}\binom{m-1}{\gamma-1} a^{l-(\gamma+1)}b^\gamma c^\gamma d^{m-\gamma}.$$

また,$l \geq 1, m = 0$ の場合には,以下がすぐに分かる.

$$p_n(l,0)P = P^l = a^{l-1}P.$$

さらに,$l = 1, m \geq 1$,または,$l = 0, m \geq 0$ の場合には,明らかに $p_n(l,m) = 0$ である.

(b) $q_n(l,m)$ の場合.(a) の場合と同様に,$l \geq 1, m \geq 2$ の場合についてまず考える.このときは,以下のパスを考えれば充分である.

$$\overbrace{QQ\cdots Q}^{w_1}\overbrace{PP\cdots P}^{w_2}\overbrace{QQ\cdots Q}^{w_3}\cdots\overbrace{PP\cdots P}^{w_{2\gamma}}\overbrace{QQ\cdots Q}^{w_{2\gamma+1}}.$$

ここで, $w = (w_1, w_2, \ldots, w_{2\gamma+1}) \in \mathbb{Z}_+^{2\gamma+1}$. 但し, $w_1, w_2, \ldots, w_{2\gamma+1} \geq 1$, $\gamma \geq 1$. また, 以下の関係に注意.

$$l = w_2 + w_4 + \cdots + w_{2\gamma}, \qquad m = w_1 + w_3 + \cdots + w_{2\gamma+1}.$$

このとき, $2\gamma + 1$ は P と Q のクラスターの数である. (a) と同様に, 下記が成り立つ.

$$q_n(l, m) = \sum_{\gamma=1}^{l \wedge (m-1)} \binom{l-1}{\gamma-1} \binom{m-1}{\gamma} a^{l-\gamma} b^\gamma c^\gamma d^{m-(\gamma+1)}.$$

一方, $l = 0$ かつ $m \geq 1$ の場合は,

$$q_n(0, m)Q = Q^m = d^{m-1}Q.$$

さらに, $m = 1, l \geq 1$ かつ $m = 0, l \geq 0$ の場合は, $q_n(l, m) = 0$ となる.

(c) $r_n(l, m)$ の場合. $l \geq 1$ かつ $m \geq 1$ のときは, 次のパスを考えれば充分である.

$$\overbrace{PP\cdots P}^{w_1}\overbrace{QQ\cdots Q}^{w_2}\overbrace{PP\cdots P}^{w_3}\cdots\overbrace{QQ\cdots Q}^{w_{2\gamma}}.$$

ここで, $w = (w_1, w_2, \ldots, w_{2\gamma+1}) \in \mathbb{Z}_+^{2\gamma}$. 但し, $w_1, w_2, \ldots, w_{2\gamma} \geq 1$, $\gamma \geq 1$. 例えば, $PQPQ$ の場合は, $w_1 = w_2 = w_3 = w_4 = 1$ かつ $\gamma = 2$ となる. このとき, l は P の数で, m は Q の数であるので,

$$l = w_1 + w_3 + \cdots + w_{2\gamma-1}, \qquad m = w_2 + w_4 + \cdots + w_{2\gamma}.$$

そして, 2γ は, P と Q のクラスターの数である. γ の範囲は, 最小値が $\gamma = 1$ で, 以下の場合に対応する.

$$P\cdots P Q\cdots Q.$$

最大値は $\gamma = l \wedge m$ で, 例えば,

$$PQPQPQ\cdots PQPP\cdots PPQ \ (l \geq m), \quad PQPQPQ\cdots PQPQQ\cdots QQ \ (m \geq l)$$

である. 先の (a) と同様に, 次の結果を得る.

$$r_n(l, m) = \sum_{\gamma=1}^{l \wedge m} \binom{l-1}{\gamma-1} \binom{m-1}{\gamma-1} a^{l-\gamma} b^\gamma c^{\gamma-1} d^{m-\gamma}.$$

もし $l \wedge m = 0$ ならば, $r_n(l, m) = 0$ である.

(d) $s_n(l, m)$ の場合. まず, $l \geq 1$ かつ $m \geq 1$ を仮定する. このとき, 以下のパスを考えれば充分である.

$$\overbrace{QQ\cdots Q}^{w_1}\overbrace{PP\cdots P}^{w_2}\overbrace{QQ\cdots Q}^{w_3}\cdots\overbrace{PP\cdots P}^{w_{2\gamma}}.$$

ここで，$w = (w_1, w_2, \ldots, w_{2\gamma+1}) \in \mathbb{Z}_+^{2\gamma}$. 但し，$w_1, w_2, \ldots, w_{2\gamma} \geq 1$, $\gamma \geq 1$. また，以下の関係に注意．

$$l = w_2 + w_4 + \cdots + w_{2\gamma}, \qquad m = w_1 + w_3 + \cdots + w_{2\gamma-1}.$$

上記の (c) の場合と同様に，

$$s_n(l,m) = \sum_{\gamma=1}^{l \wedge m} \binom{l-1}{\gamma-1}\binom{m-1}{\gamma-1} a^{l-\gamma} b^{\gamma-1} c^{\gamma} d^{m-\gamma}.$$

また $l \wedge m = 0$ の場合は，$s_n(l,m) = 0$ が導かれる．

以上より，$abcd \neq 0$ かつ $l \wedge m \geq 1$ の場合，上記の (a) - (d) の場合全てをまとめると，

$$\Xi_n(l,m) = a^l d^m \sum_{\gamma=1}^{l \wedge m} \left(\frac{bc}{ad}\right)^{\gamma} \binom{l-1}{\gamma-1}\binom{m-1}{\gamma-1} \left[\frac{l-\gamma}{a\gamma}P + \frac{m-\gamma}{d\gamma}Q + \frac{1}{c}R + \frac{1}{b}S\right].$$

関係式 $c = -\triangle \overline{b}, d = \triangle \overline{a}$ に注意すると，補題 1.5.1 (i) の証明が終わる．さらに，(ii) と (iii) は容易に示せるので，証明は略す． □

量子ウォーク X_n の分布は補題 1.5.1 より直接計算することにより得られる．

補題 1.5.2 $k = 1, 2, \ldots, [n/2]$, に対して，

$$P(X_n = n - 2k)$$
$$= |a|^{2(n-1)} \sum_{\gamma=1}^{k} \sum_{\delta=1}^{k} \left(-\frac{|b|^2}{|a|^2}\right)^{\gamma+\delta} \binom{k-1}{\gamma-1}\binom{k-1}{\delta-1}\binom{n-k-1}{\gamma-1}\binom{n-k-1}{\delta-1}$$
$$\times \left(\frac{1}{\gamma\delta}\right) \Big[\{k^2|a|^2 + (n-k)^2|b|^2 - (\gamma+\delta)(n-k)\}|\alpha|^2$$
$$+ \{k^2|b|^2 + (n-k)^2|a|^2 - (\gamma+\delta)k\}|\beta|^2$$
$$+ \frac{1}{|b|^2}\Big[\{(n-k)\gamma - k\delta + n(2k-n)|b|^2\}a\alpha\overline{b\beta}$$
$$+ \{-k\gamma + (n-k)\delta + n(2k-n)|b|^2\}\overline{a\alpha}b\beta + \gamma\delta\Big]\Big],$$

$$P(X_n = -(n - 2k))$$
$$= |a|^{2(n-1)} \sum_{\gamma=1}^{k} \sum_{\delta=1}^{k} \left(-\frac{|b|^2}{|a|^2}\right)^{\gamma+\delta} \binom{k-1}{\gamma-1}\binom{k-1}{\delta-1}\binom{n-k-1}{\gamma-1}\binom{n-k-1}{\delta-1}$$
$$\times \left(\frac{1}{\gamma\delta}\right) \Big[\{k^2|b|^2 + (n-k)^2|a|^2 - (\gamma+\delta)k\}|\alpha|^2$$
$$+ \{k^2|a|^2 + (n-k)^2|b|^2 - (\gamma+\delta)(n-k)\}|\beta|^2$$
$$+ \frac{1}{|b|^2}\Big[\{k\gamma - (n-k)\delta - n(2k-n)|b|^2\}a\alpha\overline{b\beta}$$

$$+\{-(n-k)\gamma + k\delta - n(2k-n)|b|^2\}\overline{a\alpha}b\beta + \gamma\delta\bigg]\bigg],$$

$$P(X_n = n) = |a|^{2(n-1)}\{|b|^2|\alpha|^2 + |a|^2|\beta|^2 - (a\alpha\overline{b\beta} + \overline{a\alpha}b\beta)\},$$

$$P(X_n = -n) = |a|^{2(n-1)}\{|a|^2|\alpha|^2 + |b|^2|\beta|^2 + (a\alpha\overline{b\beta} + \overline{a\alpha}b\beta)\}.$$

但し，$[x]$ は x の整数部分である．

この補題 1.5.2 を用いて，量子ウォーク X_n の特性関数の組合せ論的表現を得ることが可能となる．この結果より後に X_n の極限定理が導かれる．

定理 1.5.3 (i) $abcd \neq 0$ のとき，

$$E(e^{i\xi X_n}) = |a|^{2(n-1)}\bigg[\bigg[\cos(n\xi) - \big\{(|a|^2 - |b|^2)(|\alpha|^2 - |\beta|^2) + 2(a\alpha\overline{b\beta} + \overline{a\alpha}b\beta)\big\}i\sin(n\xi)\bigg]$$

$$+ \sum_{k=1}^{[\frac{n-1}{2}]}\sum_{\gamma=1}^{k}\sum_{\delta=1}^{k}\left(-\frac{|b|^2}{|a|^2}\right)^{\gamma+\delta}\binom{k-1}{\gamma-1}\binom{k-1}{\delta-1}\binom{n-k-1}{\gamma-1}\binom{n-k-1}{\delta-1}$$

$$\times \left(\frac{1}{\gamma\delta}\right)\bigg[\bigg\{(n-k)^2 + k^2 - n(\gamma+\delta) + \frac{2\gamma\delta}{|b|^2}\bigg\}\cos((n-2k)\xi)$$

$$+ (n-2k)\bigg\{-\{n(|a|^2 - |b|^2) + \gamma + \delta\}(|\alpha|^2 - |\beta|^2)$$

$$+ \left(\frac{\gamma+\delta}{|b|^2} - 2n\right)(a\alpha\overline{b\beta} + \overline{a\alpha}b\beta)\bigg\}i\sin((n-2k)\xi)\bigg]$$

$$+ I\left(\frac{n}{2} - \left[\frac{n}{2}\right], 0\right) \times \sum_{\gamma=1}^{\frac{n}{2}}\sum_{\delta=1}^{\frac{n}{2}}\left(-\frac{|b|^2}{|a|^2}\right)^{\gamma+\delta}\binom{\frac{n}{2}-1}{\gamma-1}^2\binom{\frac{n}{2}-1}{\delta-1}^2$$

$$\times \left(\frac{1}{4\gamma\delta}\right)\bigg[n^2 - 2n(\gamma+\delta) + \frac{4\gamma\delta}{|b|^2}\bigg]\bigg].$$

但し，$x = y$ のとき，$I(x,y) = 1$ で，$x \neq y$ のとき，$I(x,y) = 0$.

(ii) $b = 0$ のとき，即ち，

$$U = \begin{bmatrix} e^{i\theta} & 0 \\ 0 & \triangle e^{-i\theta} \end{bmatrix}$$

のときを考える．但し，$\theta \in \mathbb{R}$ かつ $\triangle = \det U \in \mathbb{C}$ で $|\triangle| = 1$. このとき，

$$E(e^{i\xi X_n}) = \cos(n\xi) + i(|\beta|^2 - |\alpha|^2)\sin(n\xi).$$

(iii) $a = 0$ のとき，即ち，

$$U = \begin{bmatrix} 0 & e^{i\theta} \\ -\triangle e^{-i\theta} & 0 \end{bmatrix}$$

のときを考える．但し，$\theta \in \mathbb{R}$ かつ $\triangle = \det U \in \mathbb{C}$ で $|\triangle| = 1$．このとき，

$$E(e^{i\xi X_n}) = \begin{cases} \cos\xi + i(|\alpha|^2 - |\beta|^2)\sin\xi, & \text{但し, } n \text{ は奇数,} \\ 1, & \text{但し, } n \text{ は偶数.} \end{cases}$$

上記の特性関数の表現 (i) は勿論一意的ではない．この定理から，X_n の m 次モーメントを求めることができる．次の結果は X_n の分布の対称性を研究するのにも用いられる．

系 1.5.4 (i) $abcd \neq 0$ を仮定する．m が奇数のとき，

$$E((X_n)^m) = |a|^{2(n-1)}\Bigg[\Big[-n^m\big\{(|a|^2-|b|^2)(|\alpha|^2-|\beta|^2) + 2(a\alpha\overline{b\beta} + \overline{a\alpha}b\beta)\big\}\Big]$$

$$+ \sum_{k=1}^{[\frac{n-1}{2}]}\sum_{\gamma=1}^{k}\sum_{\delta=1}^{k}\left(-\frac{|b|^2}{|a|^2}\right)^{\gamma+\delta}\binom{k-1}{\gamma-1}\binom{k-1}{\delta-1}\binom{n-k-1}{\gamma-1}\binom{n-k-1}{\delta-1}$$

$$\times \frac{(n-2k)^{m+1}}{\gamma\delta}\bigg[-\{n(|a|^2-|b|^2)+\gamma+\delta\}(|\alpha|^2-|\beta|^2)$$

$$+\left(\frac{\gamma+\delta}{|b|^2}-2n\right)(a\alpha\overline{b\beta}+\overline{a\alpha}b\beta)\bigg]\Bigg].$$

次に，$abcd \neq 0$ で，m が偶数のとき，

$$E((X_n)^m) = |a|^{2(n-1)}\Bigg[n^m$$

$$+ \sum_{k=1}^{[\frac{n-1}{2}]}\sum_{\gamma=1}^{k}\sum_{\delta=1}^{k}\left(-\frac{|b|^2}{|a|^2}\right)^{\gamma+\delta}\binom{k-1}{\gamma-1}\binom{k-1}{\delta-1}\binom{n-k-1}{\gamma-1}\binom{n-k-1}{\delta-1}$$

$$\times\frac{(n-2k)^m}{\gamma\delta}\bigg\{(n-k)^2+k^2-n(\gamma+\delta)+\frac{2\gamma\delta}{|b|^2}\bigg\}\Bigg].$$

(ii) $b = 0$ のとき，即ち，

$$U = \begin{bmatrix} e^{i\theta} & 0 \\ 0 & \triangle e^{-i\theta} \end{bmatrix}.$$

ここで，$\theta \in [0, 2\pi)$ かつ $\triangle = \det U \in \mathbb{C}$．但し，$|\triangle| = 1$．このとき，

$$E((X_n)^m) = \begin{cases} n^m(|\beta|^2 - |\alpha|^2), & m \text{ は奇数,} \\ n^m, & m \text{ は偶数.} \end{cases}$$

(iii) $a = 0$ のとき，即ち，

$$U = \begin{bmatrix} 0 & e^{i\theta} \\ -\triangle e^{-i\theta} & 0 \end{bmatrix}.$$

ここで，$\theta \in [0, 2\pi)$ かつ $\triangle = \det U \in \mathbb{C}$．但し，$|\triangle| = 1$．このとき，

$$E((X_n)^m) = \begin{cases} |\alpha|^2 - |\beta|^2, & n \text{ かつ } m \text{ は共に奇数}, \\ 1, & n \text{ が奇数で}, m \text{ は偶数}, \\ 0, & n \text{ は偶数}. \end{cases}$$

いずれの場合も，m が偶数なら，$E((X_n)^m)$ は初期量子ビット φ に依存しない．

1.6 分布の対称性

この節では，X_n の分布の対称性に対する必要充分条件を与える．

定理 1.6.1 $abcd \neq 0$ を仮定する．このとき，
$$\Phi_s = \Phi_0 = \Phi_\perp.$$
但し，
$$\Phi_s = \{\varphi \in \Phi : \text{任意の } n \in \mathbb{Z}_+ \text{ と } x \in \mathbb{Z} \text{ に対して}, \ P(X_n = x) = P(X_n = -x)\},$$
$$\Phi_0 = \{\varphi \in \Phi : \text{任意の } n \in \mathbb{Z}_+ \text{ に対して}, \ E(X_n) = 0\},$$
$$\Phi_\perp = \left\{\varphi = {}^T[\alpha,\beta] \in \Phi : |\alpha| = |\beta| = 1/\sqrt{2}, \ a\alpha\overline{b\beta} + \overline{a\alpha}b\beta = 0\right\}.$$

この結果は，アダマールウォークに対する，Konno, Namiki and Soshi (2004) の結果を拡張したものである．

証明．(i) $\Phi_s \subset \Phi_0$ は，Φ_s と Φ_0 の定義から直ちに導かれる．

(ii) 次に，$\Phi_0 \subset \Phi_\perp$ を示す．系 1.5.4 (i) ($m=1$ の場合) より，
$$E(X_1) = E(X_2) = 0$$
は次と同値であることが分かる．
$$\left(|a|^2 - |b|^2\right)\left(|\alpha|^2 - |\beta|^2\right) + 2(a\alpha\overline{b\beta} + \overline{a\alpha}b\beta) = 0. \tag{1.6.11}$$
このとき，式 (1.6.11) より，$n \geq 3$ に対して，系 1.5.4 (i) ($m=1$ の場合) は以下のように書き直せる．
$$E(X_n) = -(|\alpha|^2 - |\beta|^2)\frac{|a|^{2(n-1)}}{2|b|^2}$$
$$\times \sum_{k=1}^{[\frac{n-1}{2}]}\sum_{\gamma=1}^{k}\sum_{\delta=1}^{k}\left(-\frac{|b|^2}{|a|^2}\right)^{\gamma+\delta}\binom{k-1}{\gamma-1}\binom{k-1}{\delta-1}\binom{n-k-1}{\gamma-1}\binom{n-k-1}{\delta-1}$$
$$\times \frac{(n-2k)^2(\gamma+\delta)}{\gamma\delta}.$$

故に，$E(X_n) = 0$ ($n \geq 3$) から，$|\alpha| = |\beta|$ が得られる．よって，$|\alpha| = |\beta|$ と式 (1.6.11) を用い

ると，求めたい結論が導かれる．

(iii) 以下，$\Phi_\perp \subset \Phi_s$ を示す．まず，次を仮定する．

$$|\alpha| = |\beta|, \qquad a\alpha\overline{b\beta} + \overline{a\alpha}b\beta = 0. \tag{1.6.12}$$

補題 1.5.2 と式 (1.6.12) を用いると，$k = 1, 2, \ldots, [n/2]$, に対して，以下が成り立つ．

$$P(X_n = n - 2k) = P(X_n = -(n - 2k))$$
$$= |a|^{2(n-1)} \sum_{\gamma=1}^{k} \sum_{\delta=1}^{k} \left(-\frac{|b|^2}{|a|^2}\right)^{\gamma+\delta} \binom{k-1}{\gamma-1}\binom{k-1}{\delta-1}\binom{n-k-1}{\gamma-1}\binom{n-k-1}{\delta-1}$$
$$\times \left[\frac{|\alpha|^2}{\gamma\delta}\{(n-k)^2 + k^2 - n(\gamma+\delta)\} + \frac{1}{|b|^2}\right],$$

かつ

$$P(X_n = n) = P(X_n = -n) = |a|^{2(n-1)}|\alpha|^2.$$

故に，証明が終わる． □

[注意 1.6.1] この定理に対応する，非対称な分布の初期状態依存性に関する詳しい結果は知られていない．

1.7 弱収束の極限定理

この節では，$abcd \neq 0$ を満たす X_n に対する新しいタイプの弱収束の極限定理について考える．

定理 1.7.1 $n \to \infty$ のとき，

$$\frac{X_n}{n} \Rightarrow Z.$$

ここで，Z の密度関数は，$x \in (-|a|, |a|)$ に対して，

$$f(x) = f(x; \varphi = {}^T[\alpha, \beta]) = \frac{\sqrt{1 - |a|^2}}{\pi(1 - x^2)\sqrt{|a|^2 - x^2}} \left\{1 - \left(|\alpha|^2 - |\beta|^2 + \frac{a\alpha\overline{b\beta} + \overline{a\alpha}b\beta}{|a|^2}\right) x\right\}$$

で，$|x| \geq |a|$ に対しては，$f(x) = 0$ が成り立つ．但し，$Y_n \Rightarrow Y$ は Y_n がある極限の確率変数 Y に弱収束することを表す．また，

$$E(Z) = -\left(|\alpha|^2 - |\beta|^2 + \frac{a\alpha\overline{b\beta} + \overline{a\alpha}b\beta}{|a|^2}\right) \times (1 - \sqrt{1 - |a|^2}),$$
$$E(Z^2) = 1 - \sqrt{1 - |a|^2}$$

となる．

証明． まずヤコビ多項式 (Jacobi polynomial) $P_n^{\nu,\mu}(x)$ を導入する．但し，$P_n^{\nu,\mu}(x)$ は $[-1, 1]$

上の重み関数 $(1-x)^\nu(1+x)^\mu$ $(\nu,\mu > -1)$ に対する直交多項式 (orthogonal polynomial) である[*8]．このとき，以下が成り立つ．

$$P_n^{\nu,\mu}(x) = \frac{\Gamma(n+\nu+1)}{\Gamma(n+1)\Gamma(\nu+1)} {}_2F_1(-n, n+\nu+\mu+1; \nu+1; (1-x)/2). \quad (1.7.13)$$

但し，${}_2F_1(a,b;c;z)$ は，**超幾何関数** (hypergeometric function) で，$\Gamma(z)$ は，**ガンマ関数** (gamma function) である．そして，以下が成立する．

$$\sum_{\gamma=1}^{k} \left(-\frac{|b|^2}{|a|^2}\right)^{\gamma-1} \frac{1}{\gamma}\binom{k-1}{\gamma-1}\binom{n-k-1}{\gamma-1} = {}_2F_1(-(k-1), -\{(n-k)-1\}; 2; -|b|^2/|a|^2)$$

$$= |a|^{-2(k-1)} {}_2F_1(-(k-1), n-k+1; 2; 1-|a|^2)$$

$$= \frac{1}{k}|a|^{-2(k-1)} P_{k-1}^{1,n-2k}(2|a|^2-1).$$

但し，最初の等式は超幾何関数の定義から導かれる．2 番目の等式は，次の関係式から得られる．

$${}_2F_1(a,b;c;z) = (1-z)^{-a} {}_2F_1(a, c-b; c; z/(z-1)).$$

最後の等式は，式 (1.7.13) による．同様にして，以下が成り立つ．

$$\sum_{\gamma=1}^{k}\left(-\frac{|b|^2}{|a|^2}\right)^{\gamma-1}\binom{k-1}{\gamma-1}\binom{n-k-1}{\gamma-1} = |a|^{-2(k-1)}P_{k-1}^{0,n-2k}(2|a|^2-1).$$

上記の関係式と定理 1.5.3 から，特性関数 $E(e^{i\xi X_n/n})$ に関する次の漸近挙動に関する結果を得る．

補題 1.7.2 $k/n = x \in (-(1-|a|)/2, (1+|a|)/2)$ を満たしながら $n \to \infty$ としたとき，

$$E(e^{i\xi X_n/n}) \sim \sum_{k=1}^{[(n-1)/2]} |a|^{2n-4k-2}|b|^4$$

$$\times \Bigg[\left\{\frac{2x^2-2x+1}{x^2}(P_{k-1}^{1,n-2k})^2 - \frac{2}{x}P_{k-1}^{1,n-2k}P_{k-1}^{0,n-2k} + \frac{2}{|b|^2}(P_{k-1}^{0,n-2k})^2\right\}\cos((1-2x)\xi)$$

$$+ \left(\frac{1-2x}{x}\right)\Bigg\{-\frac{1}{x}\{(|a|^2-|b|^2)(|\alpha|^2-|\beta|^2) + 2(a\alpha\overline{b\beta} + \overline{a\alpha}b\beta)\}(P_{k-1}^{1,n-2k})^2$$

$$- 2\left\{|\alpha|^2-|\beta|^2 - \frac{a\alpha\overline{b\beta} + \overline{a\alpha}b\beta}{|b|^2}\right\}P_{k-1}^{0,n-2k}P_{k-1}^{1,n-2k}\Bigg\} i\sin((1-2x)\xi)\Bigg].$$

但し，$f(n) \sim g(n)$ は $f(n)/g(n) \to 1$ $(n \to \infty)$ であり，また $P_{k-1}^{i,n-2k} = P_{k-1}^{i,n-2k}(2|a|^2-1)$ $(i=0,1)$ とおく．

次に Chen and Ismail (1991) によって得られたヤコビ多項式 $P_n^{\alpha+an,\beta+bn}(x)$ に関する漸近挙動の結果を用いる．彼らの論文の式 (2.16) で，$\alpha \to 0$ か 1, $a \to 0$, $\beta = b \to (1-2x)/x$, $x \to 2|a|^2-1$ かつ $\triangle \to 4(1-|a|^2)(4x^2-4x+1-|a|^2)/x^2$ と読みかえることにより，次の補題を得る．但し，式 (2.16) には幾つかの誤りがあるので注意を要する．例えば，$\sqrt{(-\triangle)} \to \sqrt{(-\triangle)}^{-1}$．

[*8] 直交多項式を扱った本として例えば，Andrews, Askey and Roy (1999), 時弘 (2006) がある．

補題 1.7.3 もし $n \to \infty$ で $k/n = x \in (-(1-|a|)/2, (1+|a|)/2)$ を満たすようにすると，

$$P_{k-1}^{0,n-2k} \sim \frac{2|a|^{2k-n}}{\sqrt{\pi n \sqrt{-\Lambda}}} \cos(An+B),$$

$$P_{k-1}^{1,n-2k} \sim \frac{2|a|^{2k-n}}{\sqrt{\pi n \sqrt{-\Lambda}}} \sqrt{\frac{x}{(1-x)(1-|a|^2)}} \cos(An+B+\theta).$$

但し，$\Lambda = (1-|a|^2)(4x^2-4x+1-|a|^2)$. A と B は (n に依存しない) 定数. また $\theta \in [0, \pi/2]$ は $\cos\theta = \sqrt{(1-|a|^2)/4x(1-x)}$ によって定まる．

ここで，リーマン-ルベーグの補題 (Riemann-Lebesgue lemma)[*9]，補題 1.7.2 と補題 1.7.3 を用いると，$n \to \infty$ のとき，以下が成り立つ．

$$E(e^{i\xi X_n/n}) \to$$
$$\frac{1-|a|^2}{\pi} \int_{\frac{1-|a|}{2}}^{\frac{1}{2}} dx \frac{1}{x(1-x)\sqrt{(|a|^2-1)(4x^2-4x+1-|a|^2)}}$$
$$\times \left[\cos((1-2x)\xi) - (1-2x)\left\{|\alpha|^2-|\beta|^2 + \frac{a\alpha\overline{b\beta}+\overline{a\alpha}b\beta}{|a|^2}\right\} i\sin((1-2x)\xi)\right]$$
$$= \frac{\sqrt{1-|a|^2}}{\pi} \int_{-|a|}^{|a|} dx \frac{1}{(1-x^2)\sqrt{|a|^2-x^2}}$$
$$\times \left[\cos(x\xi) - x\left\{|\alpha|^2-|\beta|^2 + \frac{a\alpha\overline{b\beta}+\overline{a\alpha}b\beta}{|a|^2}\right\} i\sin(x\xi)\right]$$
$$= \int_{-|a|}^{|a|} \frac{\sqrt{1-|a|^2}}{\pi(1-x^2)\sqrt{|a|^2-x^2}} \left\{1 - \left(|\alpha|^2-|\beta|^2 + \frac{a\alpha\overline{b\beta}+\overline{a\alpha}b\beta}{|a|^2}\right)x\right\} e^{i\xi x} dx$$
$$= \phi(\xi).$$

このとき，$\phi(\xi)$ は $\xi = 0$ で連続なので，連続性定理 (continuity theorem)[*10] より，X_n/n は Z に弱収束することが導かれる．但し，Z の特性関数は ϕ で与えられる．さらに，Z の密度関数は，$x \in (-|a|,|a|)$ に対して，

$$f(x; {}^T[\alpha,\beta]) = \frac{\sqrt{1-|a|^2}}{\pi(1-x^2)\sqrt{|a|^2-x^2}} \left\{1 - \left(|\alpha|^2-|\beta|^2 + \frac{a\alpha\overline{b\beta}+\overline{a\alpha}b\beta}{|a|^2}\right)x\right\}.$$

以上より，定理 1.7.1 の証明が終わる． □

ここで，$f(x; {}^T[\alpha,\beta])$ が実際に密度関数の性質を満たしていることを確かめる．まず，$f(x; {}^T[\alpha,\beta]) \geq 0$ であることは，以下より分かる．

$$1 \geq \pm \left(|\alpha|^2-|\beta|^2 + \frac{a\alpha\overline{b\beta}+\overline{a\alpha}b\beta}{|a|^2}\right)|a|. \tag{1.7.14}$$

さらに，

[*9] リーマン-ルベーグの定理とも呼ばれる．例えば，補題 14.2.1，或いは，Durrett (2004) を参照のこと．
[*10] 定理 14.2.2，或いは，例えば，Durrett (2004) を参照のこと．

$$\int_{-|a|}^{|a|} f(x; {}^T[\alpha,\beta]) \, dx = \frac{\sqrt{1-|a|^2}}{\pi} \int_0^1 t^{-1/2}(1-t)^{-1/2}(1-|a|^2 t)^{-1} \, dt$$
$$= \frac{\sqrt{1-|a|^2}}{\pi} \Gamma(1/2)^2 \, {}_2F_1(1/2,1;1;|a|^2)$$
$$= 1.$$

最後の等式は，$\Gamma(1/2) = \sqrt{\pi}$ と ${}_2F_1(1/2,1;1;|a|^2) = 1/\sqrt{1-|a|^2}$ より導かれる．

さらに，式 (1.7.14) を用いると，任意の $m \geq 1$ に対して，

$$|E(Z^m)| \leq 2|a|^m$$

が成立することが簡単に分かる．

例えば，対称なアダマールウォークの場合，モーメントの具体的な形として，以下の結果が得られる．

命題 1.7.4 任意の $n \geq 1$ に対して，

$$E(Z^{2n}) = 1 - \frac{1}{\sqrt{2}} \sum_{k=0}^{n-1} \frac{1}{2^{3k}} \binom{2k}{k}, \qquad E(Z^{2n-1}) = 0.$$

特に，$E(Z^2) = (2-\sqrt{2})/2$ が成り立つ．

[問題 1.7.1] 上の命題を証明せよ．

1.8 フーリエ解析

これまでは組合せ論的な手法での解析が中心であったが，この節と次の節ではフーリエ解析による手法について紹介する．量子ウォークを扱うときも，ランダムウォークのときと同様に，どちらの解析が有効であるかは，場合による．

時刻 n，場所 x の量子ウォークの確率振幅を以下で定める．

$$\Psi_n(x) = \begin{bmatrix} \Psi_n^L(x) \\ \Psi_n^R(x) \end{bmatrix}.$$

定義より，

$$\Psi_{n+1}(x) = P\,\Psi_n(x+1) + Q\,\Psi_n(x-1). \tag{1.8.15}$$

具体的に成分表示すると，

$$\Psi_{n+1}(x) = \begin{bmatrix} a\Psi_n^L(x+1) + b\Psi_n^R(x+1) \\ c\Psi_n^L(x-1) + d\Psi_n^R(x-1) \end{bmatrix} \tag{1.8.16}$$

となる．但し，$U = \begin{bmatrix} a & b \\ c & d \end{bmatrix} \in \mathrm{U}(2)$ である．さらに，$j = L, R$ に対して，$\Psi_n^j(x)$ のフーリエ変

換（Fourier transform）$\hat{\Psi}_n^j(k)$ を以下で定める．

$$\hat{\Psi}_n^j(k) = \sum_{x \in \mathbb{Z}} e^{-ikx} \Psi_n^j(x). \tag{1.8.17}$$

このとき，

$$\Psi_n^j(x) = \int_{-\pi}^{\pi} \frac{dk}{2\pi} e^{ikx} \hat{\Psi}_n^j(k) \tag{1.8.18}$$

となる．ここで，

$$\hat{\Psi}_n(k) = \begin{bmatrix} \hat{\Psi}_n^L(k) \\ \hat{\Psi}_n^R(k) \end{bmatrix}$$

とおくと，

$$\hat{\Psi}_n(k) = \sum_{x \in \mathbb{Z}} e^{-ikx} \Psi_n(x), \tag{1.8.19}$$

$$\Psi_n(x) = \int_{-\pi}^{\pi} \frac{dk}{2\pi} e^{ikx} \hat{\Psi}_n(k) \tag{1.8.20}$$

と書ける．上記の設定の下，式 (1.8.15) より，$k \in [-\pi, \pi)$ に対して，フーリエ変換の波数空間（k-空間）として，下記が成り立つ．

補題 1.8.1 任意の $n = 0, 1, 2, \ldots$ に対して，

$$\hat{\Psi}_{n+1}(k) = U(k)\,\hat{\Psi}_n(k). \tag{1.8.21}$$

但し，$U(k)$ は以下で与えられる．

$$U(k) = e^{ik} P + e^{-ik} Q = \begin{bmatrix} e^{ik} & 0 \\ 0 & e^{-ik} \end{bmatrix} U.$$

証明． 式 (1.8.15) より，

$$\begin{aligned}
\hat{\Psi}_{n+1}(k) &= \sum_{x \in \mathbb{Z}} e^{-ikx} \Psi_{n+1}(x) \\
&= \sum_{x \in \mathbb{Z}} e^{-ikx} \{P\,\Psi_n(x+1) + Q\,\Psi_n(x-1)\} \\
&= e^{ik} P \sum_{x \in \mathbb{Z}} e^{-ik(x+1)} \Psi_n(x+1) + e^{-ik} Q \sum_{x \in \mathbb{Z}} e^{-ik(x-1)} \Psi_n(x-1) \\
&= (e^{ik} P + e^{-ik} Q) \hat{\Psi}_n(k) \\
&= U(k)\,\hat{\Psi}_n(k).
\end{aligned}$$

□

[問題 1.8.1] $U(k)$ はユニタリ行列であることを示せ．

波数空間で初期状態は，
$$\hat{\Psi}_0(k) = \begin{bmatrix} \alpha \\ \beta \end{bmatrix} \quad (1.8.22)$$

となる．但し，$\alpha, \beta \in \mathbb{C}, |\alpha|^2 + |\beta|^2 = 1$. このとき，補題 1.8.1 から，時刻 n での状態は，次で与えられる．

$$\hat{\Psi}_n(k) = U(k)^n \hat{\Psi}_0(k). \quad (1.8.23)$$

また，時刻 n での波動関数はその逆フーリエ変換で下記のように得られる．

$$\Psi_n(x) = \int_{-\pi}^{\pi} \frac{dk}{2\pi} e^{ikx} \hat{\Psi}_n(k) = \int_{-\pi}^{\pi} \frac{dk}{2\pi} e^{ikx} U(k)^n \hat{\Psi}_0(k).$$

従って，時刻 n でのもとの実空間での分布は

$$P_n(x) = ||\Psi_n(x)||^2 = \int_{-\pi}^{\pi} \frac{dk'}{2\pi} \int_{-\pi}^{\pi} \frac{dk}{2\pi} e^{i(k-k')x} \left(\hat{\Psi}_0^*(k')(U(k')^*)^n \right) \left(U(k)^n \hat{\Psi}_0(k) \right) \quad (1.8.24)$$

となる．但し，$\hat{\Psi}_n^*(k) = (\hat{\Psi}_n(k))^*$. ここで，$X_n$ が時刻 n での量子ウォークであったことを思い出すと，$x \in \mathbb{Z}$ の関数 f に対して，$f(X_n)$ の期待値は

$$E(f(X_n)) = \sum_{x \in \mathbb{Z}} f(x) P_n(x) = \sum_{x \in \mathbb{Z}} f(x) \int_{-\pi}^{\pi} \frac{dk'}{2\pi} e^{-ik'x} \hat{\Psi}_n^*(k') \int_{-\pi}^{\pi} \frac{dk}{2\pi} e^{ikx} \hat{\Psi}_n(k)$$

で与えられる．特に，$f(x) = x^m$ の場合（m 次モーメント），

$$E((X_n)^m) = \sum_{x \in \mathbb{Z}} \int_{-\pi}^{\pi} \frac{dk'}{2\pi} e^{-ik'x} \hat{\Psi}_n^*(k') \int_{-\pi}^{\pi} \frac{dk}{2\pi} \left\{ \left(-i \frac{d}{dk} \right)^m e^{ikx} \right\} \hat{\Psi}_n(k)$$

となる．ここで，$\hat{\Psi}_n(k)$ は $k \in [-\pi, \pi]$ の周期関数であることに注意すると，部分積分を行うことにより，

$$\int_{-\pi}^{\pi} \frac{dk}{2\pi} \left\{ \left(-i \frac{d}{dk} \right)^m e^{ikx} \right\} \hat{\Psi}_n(k) = \int_{-\pi}^{\pi} \frac{dk}{2\pi} e^{ikx} \left(i \frac{d}{dk} \right)^m \hat{\Psi}_n(k)$$

となり，

$$E((X_n)^m) = \int_{-\pi}^{\pi} \frac{dk}{2\pi} \hat{\Psi}_n^*(k) \left(i \frac{d}{dk} \right)^m \hat{\Psi}_n(k) \quad (1.8.25)$$

が導かれる．そして，$f(x)$ が $x = 0$ で解析的，即ち，$f(x) = \sum_{j=0}^{\infty} a_j x^j$ のようにテイラー展開できるならば，

$$E(f(X_n)) = \int_{-\pi}^{\pi} \frac{dk}{2\pi} \hat{\Psi}_n^*(k) f\left(i \frac{d}{dk} \right) \hat{\Psi}_n(k) \quad (1.8.26)$$

が得られる．

1.9 Grimmett, Janson and Scudo (2004) の手法

この節では，前節のフーリエ解析による，Grimmett, Janson and Scudo (2004) が用いた手法について解説を行う．

まず，ユニタリ行列 $U(k)$ の固有値を $\lambda_1(k), \lambda_2(k)$ とおく．またそれぞれに対応する固有ベクトルを $v_1(k), v_2(k)$ とする．この固有ベクトルは，$H = L^2(\mathbb{K}) \otimes H_c$ の正規直交基底になる．但し，$\mathbb{K} = [-\pi, \pi)$ かつ $H_c = \mathbb{C}^2$．ここで，$D = id/dk$ とおくと，

$$D^m \Psi_n(k) = \sum_{j=1}^{2} (n)_m \lambda_j(k)^{n-m} (D\lambda_j(k))^m \langle v_j(k), \Psi_0(k)\rangle v_j(k) + O(n^{m-1}) \tag{1.9.27}$$

となる．但し，$(n)_m = n(n-1)\cdots(n-m+1)$．他方，式 (1.8.25) は

$$E((X_n)^m) = \int_{-\pi}^{\pi} \hat{\Psi}_n^*(k) D^m \hat{\Psi}_n(k) \frac{dk}{2\pi} \tag{1.9.28}$$

と書きかえられる．式 (1.9.27) と式 (1.9.28) より，以下が導かれる．

$$\begin{aligned} E((X_n)^m) &= \int_{-\pi}^{\pi} \sum_{j=1}^{2} (n)_m \lambda_j(k)^{-m} (D\lambda_j(k))^m \langle v_j(k), \Psi_0(k)\rangle \langle \Psi_0(k), v_j(k)\rangle \frac{dk}{2\pi} + O(n^{-1}) \\ &= \int_{-\pi}^{\pi} \sum_{j=1}^{2} (n)_m \left(\frac{D\lambda_j(k)}{\lambda_j(k)}\right)^m |\langle v_j(k), \Psi_0(k)\rangle|^2 \frac{dk}{2\pi} + O(n^{-1}). \end{aligned} \tag{1.9.29}$$

ここで，$\Omega = \mathbb{K} \times \{1, 2\}$ とおき，μ を Ω 上の確率測度とする．但し，μ は $\mathbb{K} \times \{j\}$ 上，$dk/2\pi \times |\langle v_j(k), \Psi_0(k)\rangle|^2$ で与えられる．さらに，

$$h_j(k) = \frac{D\lambda_j(k)}{\lambda_j(k)}$$

とおき，関数 $h : \Omega \to \mathbb{R}$ を $h(k, j) = h_j(k)$ で定義する．式 (1.9.29) より，

$$\lim_{n \to \infty} E\left(\left(\frac{X_n}{n}\right)^m\right) = \int_{\Omega} h^m \, d\mu.$$

以上より，Grimmett, Janson and Scudo (2004) の主結果は以下である．

定理 1.9.1 $n \to \infty$ としたとき，

$$\frac{X_n}{n} \Rightarrow Y = h(Z).$$

但し，Z は Ω 上の μ に従う確率変数である．

彼らの方法は一般の多状態の場合にも適用可能であるが，具体的に極限分布が計算できるクラスは限られている．以下，2 状態の典型的な例として，アダマールウォークの場合について考える．このとき $U(k)$ は，

$$U(k) = \frac{1}{\sqrt{2}} \begin{bmatrix} e^{ik} & e^{ik} \\ e^{-ik} & -e^{-ik} \end{bmatrix}$$

となる．その固有値は，

$$\lambda_1(k) = \frac{1}{\sqrt{2}}(\sqrt{I} + i\sin k), \quad \lambda_2(k) = \frac{1}{\sqrt{2}}(-\sqrt{I} + i\sin k) \tag{1.9.30}$$

と計算される．但し，$I = 1 + \cos^2 k$ である．従って，

$$h_1(k) = -\frac{\cos k}{\sqrt{I}}, \quad h_2(k) = \frac{\cos k}{\sqrt{I}},$$

かつ

$$v_1(k) = \sqrt{\frac{\sqrt{I} + \cos k}{2\sqrt{I}}} \begin{bmatrix} e^{ik} \\ \sqrt{I} - \cos k \end{bmatrix}, \quad v_2(k) = \sqrt{\frac{\sqrt{I} - \cos k}{2\sqrt{I}}} \begin{bmatrix} e^{ik} \\ -\sqrt{I} - \cos k \end{bmatrix}$$

が得られる．但し，$\langle v_j(k), v_j(k) \rangle = 1 \, (j = 1, 2)$．このとき，

$$U(k) = \sum_{j=1}^{2} e^{i\theta_{j,k}} |v_j(k)\rangle \langle v_j(k)|$$

と表される．但し，$\lambda_j(k) = e^{i\theta_{j,k}} \, (j = 1, 2)$ とおいた．従って，

$$\hat{\Psi}_n(k) = U(k)^n \hat{\Psi}_0(k) = \left(\sum_{j=1}^{2} e^{i\theta_{j,k} n} |v_j(k)\rangle \langle v_j(k)| \right) \hat{\Psi}_0(k) \tag{1.9.31}$$

となる．

さて，$p_j(k) = |\langle v_j(k), \Psi_0(k) \rangle|^2 \, (j = 1, 2)$ とおく．このとき，$p_1(k) + p_2(k) = 1 \, (k \in [-\pi, \pi))$ に注意．定理 1.9.1 より，以下を得る．

$$P(Y \leq y) = \int_{\{k \in [-\pi, \pi): h_1(k) \leq y\}} p_1(k) \frac{dk}{2\pi} + \int_{\{k \in [-\pi, \pi): h_2(k) \leq y\}} p_2(k) \frac{dk}{2\pi}.$$

ここで，$k = k(y) \in [0, \pi)$ を $-1/\sqrt{2} < y < 1/\sqrt{2}$ に対する $h_1(k) = -\cos k/\sqrt{I} = y$ の唯一の解とする．このとき，

$$P(Y \leq y) = \int_{-k(y)}^{k(y)} p_1(k) \frac{dk}{2\pi} + \left(\int_{-\pi}^{-\pi+k(y)} + \int_{\pi-k(y)}^{\pi} \right) p_2(k) \frac{dk}{2\pi}$$

となり，密度関数は以下で与えられる．

$$\begin{aligned} f(y) &= \frac{d}{dy} P(Y \leq y) \\ &= \frac{1}{2\pi} \{p_1(k(y)) + p_1(-k(y)) + p_2(-\pi + k(y)) + p_2(\pi - k(y))\} \frac{dk(y)}{dy}. \end{aligned} \tag{1.9.32}$$

このとき，

$$\cos(k(y)) = -\frac{y}{\sqrt{1-y^2}} \tag{1.9.33}$$

の関係に注意すると，次の結果を得る．

$$\frac{dk(y)}{dy} = \frac{1}{(1-y^2)\sqrt{1-2y^2}}. \tag{1.9.34}$$

一方,式 (1.9.33) と

$$\sin(k(y)) = \sqrt{\frac{1-2y^2}{1-y^2}}, \quad I = 1 + \cos^2(k(y)) = \frac{1}{1-y^2}$$

から以下が導かれる.

$$v_1(k(y)) = \frac{1}{\sqrt{2(1+y)}} \begin{bmatrix} -y + i\sqrt{1-2y^2} \\ 1+y \end{bmatrix}, v_1(-k(y)) = \frac{1}{\sqrt{2(1+y)}} \begin{bmatrix} -y - i\sqrt{1-2y^2} \\ 1+y \end{bmatrix},$$

$$v_2(-\pi + k(y)) = \frac{1}{\sqrt{2(1+y)}} \begin{bmatrix} y - i\sqrt{1-2y^2} \\ -1-y \end{bmatrix},$$

$$v_2(\pi - k(y)) = \frac{1}{\sqrt{2(1+y)}} \begin{bmatrix} y + i\sqrt{1-2y^2} \\ -1-y \end{bmatrix}.$$

上記と式 (1.9.32) と式 (1.9.34) より,密度関数の具体的な形が得られる.

$$f(y) = \frac{1}{\pi(1-y^2)\sqrt{1-2y^2}} \{1 - (|\alpha|^2 - |\beta|^2 + \alpha\overline{\beta} + \overline{\alpha}\beta)y\} I_{(-1/\sqrt{2}, 1/\sqrt{2})}(y). \tag{1.9.35}$$

但し,$I_A(y) = 1 \, (y \in A)$, $= 0 \, (y \notin A)$. これは組合せ論的な方法から得られた結果と一致する.

[注意 1.9.1] Katori, Fujino and Konno (2005) では,この量子ウォークを波数空間にフーリエ変換したものは,3次元運動量空間において,ある3次元ワイル方程式 (Weyl equation) と対応がつき,上記のような極限の密度関数は,波数 k から運動量空間における軌道を表す極座標の角度の変数変換のヤコビアンとして特徴づけられることも示されている.

第2章　1次元格子（多状態）

2.1　序

前章では2状態の量子ウォークに関して詳しく説明をしたが，この章では多状態，特に，3状態の量子ウォークについて解説する．具体的には，3状態のグローヴァーウォーク（Grover walk）を主に扱う．本章での重要な概念は以下述べるように局在化である．

古典の3状態，即ち，右，左と同じ場所にとどまる1次元ランダムウォークを考えると，とどまる確率が1に近くても，充分時間がたつと，出発点に戻ってくる確率は0に収束する．逆に出発点に戻ってくる確率が正のとき，局在化（localization）が起こる，とここでは呼ぶことにする．この定義より古典の場合には局在化は起こらないが，同様な3状態の1次元グローヴァーウォークの場合には起こることを示すのが，この章の目的の一つである．

この章での結果は Inui, Konno and Segawa (2005) にもとづいている．さらに，3状態グローヴァーウォークの弱収束極限の結果も与え，その結果より局在化についてより詳しい情報を得る．

関連する先行結果について簡単に説明する．最初にシミュレーションでこのような局在化の可能性を Mackay et al. (2002) は2次元グローヴァーウォークで示唆した．その後，より詳しいシミュレーションが Tregenna et al. (2003) によって行われ，Inui, Konishi and Konno (2004) によって示された．一方，1次元の4状態（この場合は，右，その隣の右，左，その隣の左にジャンプする）のグローヴァーウォークでも局在化が起こることはシミュレーションで確かめられ，示されている（Inui and Konno (2005)）．3状態と4状態のグローヴァーウォークの大きな違いの一つは，4状態の場合はその確率振幅が収束しないのに対して，3状態の場合には収束することである．本章では，3状態の定常分布を具体的に計算する．

他方，2状態の連続時間の量子ウォークでは，2状態の離散時間の量子ウォークと同じスケールの弱収束極限が成立し，同様な形の極限分布を持つことが Konno (2005c) によって証明されている（第8章で解説される）．従って2状態の場合は，離散時間，連続時間のいずれの場合も局在化は起こらない．一方，3状態の連続時間の量子ウォークは，2状態の場合の時間スケールを変えたものなので，弱収束極限の極限分布は2状態の場合とそのスケールを無視すれば一致する．従って，3状態の連続時間量子ウォークも局在化が起こらないことが示される．

この点から見ても，3状態の離散時間量子ウォークの一つであるグローヴァーウォークで局在化が起こるかどうか調べることは，意義がある．以上を「局在化」に関して標語的に表にまとめ

ると，表 2.1 のようになる．

表 2.1

	古典系離散時間	古典系連続時間	量子系離散時間	量子系連続時間
2 状態	起こらない	起こらない	起こらない	起こらない
3 状態	起こらない	起こらない	起こる場合がある	起こらない

2.2 3 状態グローヴァーウォークの定義

ここで考える 3 状態グローヴァーウォークは 2 状態のアダマールウォークの拡張になっている．量子ウォーカーは，2 状態の場合同様に，それぞれヒルベルト空間である，位置の空間 $\{|x\rangle : x \in \mathbb{Z}\}$ とカイラリティの空間 $\{|L\rangle, |0\rangle, |R\rangle\}$ の直積によって特徴づけられる．カイラリティ $|L\rangle$ と $|R\rangle$ とはそれぞれ左へのジャンプ，右へのジャンプに対応し，カイラリティ $|0\rangle$ は同じ場所にとどまることを表す．

次に，$\Psi_n(x) = {}^T[\Psi_n^L(x), \Psi_n^0(x), \Psi_n^R(x)]$ をそれぞれ場所 $x \in \mathbb{Z}$ で時刻 $n \in \mathbb{Z}_+$ のカイラリティ状態が $|L\rangle, |0\rangle, |R\rangle$ に対応する量子ウォーカーの確率振幅とする．また，初期状態として量子ウォーカーは原点だけに存在するものと仮定し，その確率振幅を $\Psi_0(0) = {}^T[\alpha, \beta, \gamma]$ とおく．但し，$\alpha, \beta, \gamma \in \mathbb{C}$ は，$|\alpha|^2 + |\beta|^2 + |\gamma|^2 = 1$ を満たす．

波動関数の時間発展を定義する前に，2 状態の場合と同様に以下の行列を導入する．

$$U_L = \frac{1}{3}\begin{bmatrix} -1 & 2 & 2 \\ 0 & 0 & 0 \\ 0 & 0 & 0 \end{bmatrix}, \quad U_0 = \frac{1}{3}\begin{bmatrix} 0 & 0 & 0 \\ 2 & -1 & 2 \\ 0 & 0 & 0 \end{bmatrix}, \quad U_R = \frac{1}{3}\begin{bmatrix} 0 & 0 & 0 \\ 0 & 0 & 0 \\ 2 & 2 & -1 \end{bmatrix}.$$

このとき，U_L が左に，U_R が右にジャンプすることに対応し，U_0 が同じ場所にとどまることに対応する．逆に言えば，3 状態のグローヴァーウォークは以下のユニタリ行列で定義される．

$$U^{(G,3)} = U_L + U_0 + U_R = \frac{1}{3}\begin{bmatrix} -1 & 2 & 2 \\ 2 & -1 & 2 \\ 2 & 2 & -1 \end{bmatrix}.$$

一般に，M 状態のグローヴァーウォークは，$M \times M$ のユニタリ行列 $U^{(G,M)} = [u^{(G,M)}(i,j) : 1 \leq i, j \leq M]$ で定まる．但し，$u^{(G,M)}(i,j)$ は行列 $U^{(G,M)}$ の (i,j) 成分であり，具体的には次で定義される．

$$u^{(G,M)}(i,i) = \frac{2}{M} - 1, \quad u^{(G,M)}(i,j) = \frac{2}{M} \quad (i \neq j).$$

[問題 2.2.1]　$U^{(G,M)}$ がユニタリ行列であることを示せ．

このような準備のもとで，時間発展は以下で与えられる．

$$\Psi_{n+1}(x) = U_L \Psi_n(x+1) + U_0 \Psi_n(x) + U_R \Psi_n(x-1). \tag{2.2.1}$$

2状態の定義を述べた 1.4 節の後半のように，系全体を記述するユニタリ行列を行列表示すると，以下のようになる．

$$\overline{U} = \begin{bmatrix} \ddots & \vdots & \vdots & \vdots & \vdots & \vdots & \cdots \\ \cdots & U_0 & U_L & O & O & O & \cdots \\ \cdots & U_R & U_0 & U_L & O & O & \cdots \\ \cdots & O & U_R & U_0 & U_L & O & \cdots \\ \cdots & O & O & U_R & U_0 & U_L & \cdots \\ \cdots & O & O & O & U_R & U_0 & \cdots \\ \cdots & \vdots & \vdots & \vdots & \vdots & \vdots & \ddots \end{bmatrix}. \quad \text{但し，} \quad O = \begin{bmatrix} 0 & 0 & 0 \\ 0 & 0 & 0 \\ 0 & 0 & 0 \end{bmatrix}.$$

従って，n ステップ後の状態 Ψ_n は，

$$\Psi_n = \overline{U}^n \Psi_0$$

となる．

フーリエ解析は量子ウォークの研究には欠かせない主要な解析手法であり，本章でもそれを用いる．時刻 n の波動関数 $\Psi_n(x)$ のフーリエ変換を以下で定義する．

$$\hat{\Psi}_n(k) = \sum_{x \in \mathbb{Z}} e^{-ikx} \Psi_n(x). \tag{2.2.2}$$

波数空間での時間発展は，2 状態のときと同様に，式 (2.2.1) と式 (2.2.2) を用いて下記のように得られる．

$$\hat{\Psi}_{n+1}(k) = U(k)\hat{\Psi}_n(k). \tag{2.2.3}$$

但し，

$$U(k) = \frac{1}{3} \begin{bmatrix} e^{ik} & 0 & 0 \\ 0 & 1 & 0 \\ 0 & 0 & e^{-ik} \end{bmatrix} \begin{bmatrix} -1 & 2 & 2 \\ 2 & -1 & 2 \\ 2 & 2 & -1 \end{bmatrix}.$$

[問題 2.2.2] 式 (2.2.3) を確かめよ．

従って，式 (2.2.3) より，$\hat{\Psi}_n(k) = U(k)^n \hat{\Psi}_0(k)$ となる．ここで，$j = 1, 2, 3$ に対して，$e^{i\theta_{j,k}}$ を $U(k)$ の固有値，$|v_j(k)\rangle$ をそれぞれ固有値 $e^{i\theta_{j,k}}$ に対応する正規直交化された固有ベクトルとする．行列 $U(k)$ はユニタリ行列であることに注意．ここで，$U(k)$ は 2 状態と同様に，

$$U(k) = \sum_{j=1}^{3} e^{i\theta_{j,k}} |v_j(k)\rangle \langle v_j(k)|$$

となるので，波動関数 $\hat{\Psi}_n(k)$ は，

$$\hat{\Psi}_n(k) = \left(\sum_{j=1}^{3} e^{i\theta_{j,k} n}|v_j(k)\rangle\langle v_j(k)|\right)\hat{\Psi}_0(k)$$

と表される．但し，$\hat{\Psi}_0(k) = {}^T[\alpha,\beta,\gamma] \in \mathbb{C}^3$ で $|\alpha|^2 + |\beta|^2 + |\gamma|^2 = 1$ を満たす．その固有値は，$k \in [-\pi,\pi)$ に対して，具体的に以下のように計算される．

$$\theta_{j,k} = \begin{cases} 0, & j = 1, \\ \theta_k, & j = 2, \\ -\theta_k, & j = 3, \end{cases}$$
$$\cos\theta_k = -\frac{1}{3}(2 + \cos k),$$
$$\sin\theta_k = \frac{1}{3}\sqrt{(5 + \cos k)(1 - \cos k)}. \tag{2.2.4}$$

さらに，$U(k)$ の正規直交化された固有ベクトルは

$$|v_j(k)\rangle = \sqrt{c_k(\theta_{j,k})}\begin{bmatrix} \frac{1}{1+e^{i(\theta_{j,k}-k)}} \\ \frac{1}{1+e^{i\theta_{j,k}}} \\ \frac{1}{1+e^{i(\theta_{j,k}+k)}} \end{bmatrix}. \tag{2.2.5}$$

但し，

$$c_k(\theta) = 2\left\{\frac{1}{1+\cos(\theta-k)} + \frac{1}{1+\cos\theta} + \frac{1}{1+\cos(\theta+k)}\right\}^{-1}$$

となる．3 状態のグローヴァーウォークに関する上記の固有値で最も重要なことは，波数 k に独立な 1 という固有値が存在することである．実際この事実が局在化の存在と密接に関係している．局在化が起こらないアダマールウォークの場合には，2 つの固有値は $e^{i\theta_k}$ と $e^{i(\pi-\theta_k)}$ であった．但し，$\sin\theta_k = \sin k/\sqrt{2}$ の関係が成立していた（式 (1.9.30) 参照のこと）．従って，アダマールウォークの場合には，$k=0$ のような特別な場合以外にはその固有値は 1 の値を取らない．そして，式 (2.2.4) の 1 のような固有値の存在が量子ウォークの局在化の必要条件になっていることが後に示される．同様のことは，2 次元のグローヴァーウォークの場合にもいえる（Inui, Konishi and Konno (2004) を参照のこと）．

以下，各カイラリティ $L, 0, R$ に対して，それぞれ $l = 1, 2, 3$ の数字を割り当てる．逆フーリエ変換すると，もとの実空間での波動関数が得られる．即ち，$|\alpha|^2 + |\beta|^2 + |\gamma|^2 = 1$ を満たす $\alpha,\beta,\gamma \in \mathbb{C}$ に対して，

$$\begin{aligned}\Psi_n(x) = \Psi_n(x;\alpha,\beta,\gamma) &= \frac{1}{2\pi}\int_{-\pi}^{\pi}\hat{\Psi}_n(k)e^{ikx}dk \\ &= \frac{1}{2\pi}\int_{-\pi}^{\pi}\left(\sum_{j=1}^{3}e^{i\theta_{j,k}n}|v_j(k)\rangle\langle v_j(k)|\hat{\Psi}_0(k)\right)e^{ikx}dk \\ &= {}^T[\Psi_n(x;1;\alpha,\beta,\gamma), \Psi_n(x;2;\alpha,\beta,\gamma), \Psi_n(x;3;\alpha,\beta,\gamma)]\end{aligned}$$

第 2 章　1 次元格子（多状態）　　39

$$= \sum_{j=1}^{3} {}^{T}\left[\Psi_n^j(x;1;\alpha,\beta,\gamma), \Psi_n^j(x;2;\alpha,\beta,\gamma), \Psi_n^j(x;3;\alpha,\beta,\gamma)\right]. \quad (2.2.6)$$

但し，
$$\Psi_n^j(x;l;\alpha,\beta,\gamma) = \frac{1}{2\pi}\int_{-\pi}^{\pi} c_k(\theta_{j,k})\varphi_k(\theta_{j,k},l)e^{i(\theta_{j,k}n+kx)}dk \quad (l=1,2,3). \quad (2.2.7)$$

ここで，
$$\varphi_k(\theta,l) = \zeta_{l,k}(\theta)[\alpha\overline{\zeta_{1,k}(\theta)} + \beta\overline{\zeta_{2,k}(\theta)} + \gamma\overline{\zeta_{3,k}(\theta)}] \quad (l=1,2,3)$$
$$\zeta_{1,k}(\theta) = (1+e^{i(\theta-k)})^{-1}, \quad \zeta_{2,k}(\theta) = (1+e^{i\theta})^{-1}, \quad \zeta_{3,k}(\theta) = (1+e^{i(\theta+k)})^{-1}. \quad (2.2.8)$$

しばしば，初期状態 $[\alpha,\beta,\gamma]$ を $\Psi_n^j(x;l) = \Psi_n^j(x;l;\alpha,\beta,\gamma)$ のように省略する．そして，場所 x，時刻 n でカイラリティ l をもつ量子ウォーカーが存在する確率を $P_n(x;l) = |\Psi_n(x;l)|^2$ で定める．従って，場所 x, 時刻 n での量子ウォーカーが存在する確率は $P_n(x) = \sum_{l=1}^{3} P_n(x;l)$ となる．

ここで，「場所 x で局在化が起こる」とは「確率 $P_n(x)$ が $n \to \infty$ としたとき 0 に収束しない」，即ち，「$\lim_{n\to\infty} P_n(x) > 0$」ことと定義する．2 状態のように，時刻 n に対して $P_n(x)$ の値が 0 になったりして偶奇性がある場合には，その定義を少し緩め「$\limsup_{n\to\infty} P_n(x) > 0$」とする．

2.3　時　間　平　均

この節では，原点での量子ウォーカーの存在確率の時間平均について考える．数学的な定義は以下で与えられる．

$$\bar{P}_\infty(0;\alpha,\beta,\gamma) = \lim_{N\to\infty}\left(\lim_{T\to\infty}\frac{1}{T}\sum_{l=1}^{3}\sum_{n=0}^{T-1} P_{n,N}(0;l;\alpha,\beta,\gamma)\right).$$

但し，$P_{n,N}(x;l;\alpha,\beta,\gamma)$ は N 個の点からなるサイクル（周期境界条件を課す）において，場所 x, 時刻 n でカイラリティ l をもつ量子ウォーカーが存在する確率とする．このような量は既にアダマールウォークの場合には研究されていて，N が奇数の場合には，初期条件によらず存在確率の時間平均は一様分布になる，即ち，どの場所でも，$1/N$ の値をとる．例えば，Aharonov et al. (2001), Inui, Konishi, Konno and Soshi (2005) などや本書の第 6 章を参照のこと．故に，アダマールウォークの場合には，$N \to \infty$ の極限では時間平均確率が 0 に収束することが分かる．他方，局在化が起こる量子ウォークの場合にはその値は 0 に収束しない．そのためにまずこの節で時間平均を計算し，次の節で時間平均を取らない確率 $P_n(x)$ が，一般に時刻 n を無限大にしても 0 に収束しないことを示す．

以下，N 点からなるサイクル上の 3 状態グローヴァーウォークの時間平均確率を計算する．ここで，N は奇数と仮定する．$m \in \{-(N-1)/2,\ldots,(N-1)/2\}$ に対して，その固有値の偏角を $\theta_{j,2m\pi/N}$ とおく．このとき，m に対応する固有値と $-m$ に対応する固有値は一致するので，そ

の波動関数は次のように表される．

$$\Psi_{n,N}(0;l;\alpha,\beta,\gamma) = \sum_{j=1}^{3} \sum_{m=0}^{(N-1)/2} c_{j,m,l}(N) e^{i\theta_{N,j,m} n}.$$

但し，$\theta_{N,j,m} = \theta_{j,2m\pi/N}$．ここで，係数 $c_{j,m,l}(N)$ は初期状態 $[\alpha,\beta,\gamma]$ に依存するが記号が煩雑になるので省略する．従って，原点での確率 $P_{n,N}(0;\alpha,\beta,\gamma)$ は以下で与えられる．

$$P_{n,N}(0;\alpha,\beta,\gamma) = \sum_{l_1,l_2,j_1,j_2=1}^{3} \sum_{m_1,m_2=0}^{(N-1)/2} c^*_{j_1,m_1,l_1}(N) c_{j_2,m_2,l_2}(N) e^{i(\theta_{N,j_2,m_2}-\theta_{N,j_1,m_1})n}.$$

係数 $c_{j,m,l}(N)$ は固有値から決まるが，実は，$j=1$ 以外の係数は $P_{n,N}(x)$ には影響しないことが分かる．次の式に注意すると，

$$\lim_{T\to\infty} \frac{1}{T} \sum_{n=0}^{T-1} e^{i\theta n} = \begin{cases} 1, & \theta = 0, \\ 0, & \theta \neq 0, \end{cases}$$

以下が得られる．

$$\bar{P}_N(0;\alpha,\beta,\gamma) = \sum_{l=1}^{3} \left(\left| \sum_{m=0}^{(N-1)/2} c_{1,m,l}(N) \right|^2 \right.$$
$$\left. + \left| \sum_{j=2}^{3} c_{j,0,l}(N) \right|^2 + \sum_{j=2}^{3} \sum_{m=1}^{(N-1)/2} |c_{j,m,l}(N)|^2 \right). \tag{2.3.9}$$

第 1 項とそれ以外の項の違いは対応する固有値の退化の度合いに対応している．

ここで $\phi_{j,k}(N)$ をサイズが $3N \times 3N$ の 3 状態のグローヴァーウォークの時間発展を決める行列の固有値 $e^{i\theta_{j,k} n}$ に対応する固有ベクトルとする．これは，$|v_j(k)\rangle$ より以下のように求められる．

$$|\phi_{j,k}(N)\rangle = \frac{1}{\sqrt{3N}} [|v_j(k)\rangle, \omega|v_j(k)\rangle, \omega^2|v_j(k)\rangle, \ldots, \omega^{N-1}|v_j(k)\rangle].$$

但し，$\omega = e^{2\pi i/N}$．係数 $c_{j,m,l}(N)$ は固有ベクトルの積に比例するので，式 (2.3.9) の第 1 項と第 2 項の N に対するオーダーはそれぞれ $O(1)$ と $O(N^{-1})$ になることが分かる．よって，$N \to \infty$ の極限で，第 2 項は無視できる．式 (2.2.5) の固有ベクトルを用いることにより，

$$\bar{P}_\infty(0;\alpha,\beta,\gamma) = (5-2\sqrt{6})(1+|\alpha+\beta|^2+|\beta+\gamma|^2-2|\beta|^2)$$

が得られる．上の結果より，$\beta = 0$ のとき時間平均確率は最大値 $2(5-2\sqrt{6})$ をとる．さらに，$\bar{P}_\infty(0;\alpha,\beta,\gamma)$ の $l = 1, 2, 3$ に対応する成分はそれぞれ以下で与えられる．

$$\bar{P}_\infty(0;1;\alpha,\beta,\gamma) = \frac{|\sqrt{6}\alpha - 2(\sqrt{6}-3)\beta + (12-5\sqrt{6})\gamma|^2}{36},$$
$$\bar{P}_\infty(0;2;\alpha,\beta,\gamma) = \frac{(\sqrt{6}-3)^2|\alpha+\beta+\gamma|^2}{9},$$
$$\bar{P}_\infty(0;3;\alpha,\beta,\gamma) = \frac{|\sqrt{6}\gamma - 2(\sqrt{6}-3)\beta + (12-5\sqrt{6})\alpha|^2}{36}. \tag{2.3.10}$$

ここで注意すべきは，上記の時間平均確率はいつも正の値をとるわけではないことである．実際，初期状態が $\alpha = 1/\sqrt{6}$, $\beta = -2/\sqrt{6}$, $\gamma = 1/\sqrt{6}$ のとき，時間平均確率は 0 となる．即ち，$\bar{P}_\infty(0; 1/\sqrt{6}, -2/\sqrt{6}, 1/\sqrt{6}) = 0$ である．

2.4 定常分布

この節では，$P_n(x)$ の $n \to \infty$ での極限の存在を示し，その極限分布（ここでは定常分布と呼ぶ）を具体的に求め，前節で紹介した時間平均確率との関係も明らかにする．

まず，式 (2.2.7) の $j = 2, 3$ に対する積分は $n \to \infty$ としたとき 0 に収束することを示す．即ち，

補題 2.4.1 $x \in \mathbb{Z}$ を固定したとき，任意の $l = 1, 2, 3$ と $|\alpha|^2 + |\beta|^2 + |\gamma|^2 = 1$ を満たす $\alpha, \beta, \gamma \in \mathbb{C}$ に対して，

$$\lim_{n \to \infty} \sum_{j=2}^{3} \Psi_n^j(x; l; \alpha, \beta, \gamma) = 0. \tag{2.4.11}$$

証明． ここでは，証明のアウトラインだけを与える．最初に以下が成り立つことに注意．

$$\sum_{j=2}^{3} \begin{bmatrix} \Psi_n^j(x; 1; \alpha, \beta, \gamma) \\ \Psi_n^j(x; 2; \alpha, \beta, \gamma) \\ \Psi_n^j(x; 3; \alpha, \beta, \gamma) \end{bmatrix} = M \begin{bmatrix} \alpha \\ \beta \\ \gamma \end{bmatrix}.$$

ここで，$M = (m_{ij})_{1 \leq i, j \leq 3}$ の各成分は以下で与えられる．

$$m_{11} = 3J_{x,n} + \frac{1}{2}\{J_{x-1,n} + J_{x+1,n} + (K_{x-1,n} - K_{x+1,n})\},$$

$$m_{33} = 3J_{x,n} + \frac{1}{2}\{J_{x-1,n} + J_{x+1,n} - (K_{x-1,n} - K_{x+1,n})\},$$

$$m_{12} = -\{J_{x,n} + J_{x+1,n} + (K_{x,n} - K_{x+1,n})\},$$

$$m_{32} = -\{J_{x,n} + J_{x-1,n} + (K_{x,n} - K_{x-1,n})\},$$

$$m_{13} = -2J_{x+1,n}, \qquad m_{31} = -2J_{x-1,n},$$

$$m_{21} = -\{J_{x,n} + J_{x-1,n} + (K_{x-1,n} - K_{x,n})\},$$

$$m_{23} = -\{J_{x,n} + J_{x+1,n} + (K_{x+1,n} - K_{x,n})\},$$

$$m_{22} = 4J_{x,n}.$$

但し，

$$J_{x,n} = \frac{1}{2\pi}\int_{-\pi}^{\pi} \frac{\cos(kx)}{5 + \cos k}\cos(\theta_k n) dk,$$

$$K_{x,n} = \frac{1}{2\pi}\int_{-\pi}^{\pi} \frac{\cos(kx)}{\sqrt{(5 + \cos k)(1 - \cos k)}}\sin(\theta_k n) dk.$$

リーマン-ルベーグの補題より，任意の $x \in \mathbb{Z}$ に対して次が成立し，証明が終わる．

$$\lim_{n \to \infty} J_{x,n} = 0, \qquad \lim_{n \to \infty} (K_{x,n} - K_{x+1,n}) = 0. \qquad \square$$

ここで，$P_*(x) = \lim_{n \to \infty} P_n(x)$ とおく．この補題より，$P_*(x) = P_*(x; \alpha, \beta, \gamma)$ は固有値 1，即ち，$\theta_{1,k} = 0$（式 (2.2.4) を参照）に対応する固有ベクトルだけで決まることが分かる．さらに，l-成分 $P_*(x; l) = P_*(x; l; \alpha, \beta, \gamma)$ は以下で与えられる．

$$P_*(x; l; \alpha, \beta, \gamma) = \left| \Psi_n^1(x; l; \alpha, \beta, \gamma) \right|^2. \tag{2.4.12}$$

このとき，$\theta_{1,k} = 0$ より，$\Psi_n^1(x; l; \alpha, \beta, \gamma)$ は時刻 n に依存しないことに注意．式 (2.4.12) の左辺を留数を用いて計算すると，

$$P_*(x; 1; \alpha, \beta, \gamma) = |2\alpha I(x) + \beta J_+(x) + 2\gamma K_+(x)|^2,$$
$$P_*(x; 2; \alpha, \beta, \gamma) = \left| \alpha J_-(x) + \frac{\beta}{2} L(x) + \gamma J_+(x) \right|^2,$$
$$P_*(x; 3; \alpha, \beta, \gamma) = |2\alpha K_-(x) + \beta J_-(x) + 2\gamma I(x)|^2 \tag{2.4.13}$$

が得られる．ここで，$c = -5 + 2\sqrt{6} \,(\in (-1, 0))$ で，任意の $x \in \mathbb{Z}$ に対して，

$$I(x) = \frac{2c^{|x|+1}}{c^2 - 1}, \quad L(x) = I(x-1) + 2I(x) + I(x+1),$$
$$J_+(x) = I(x) + I(x+1), \quad J_-(x) = I(x-1) + I(x),$$
$$K_+(x) = I(x+1), \quad K_-(x) = I(x-1). \tag{2.4.14}$$

式 (2.3.10), (2.4.13), (2.4.14) を用いることによって，$l = 1, 2, 3$ に対して，$\bar{P}_\infty(0; l; \alpha, \beta, \gamma) = P_*(0; l; \alpha, \beta, \gamma)$ であることが確かめられる．

次に具体的な例について考える．式 (2.4.13) と式 (2.4.14) より，以下が得られる．

$$P_*(0; i/\sqrt{2}, 0, 1/\sqrt{2}) = \frac{4c^2(5c^2 + 2c + 5)}{(1 - c^2)^2} = 10 - 4\sqrt{6} = 0.202\ldots, \tag{2.4.15}$$

$$P_*(x; i/\sqrt{2}, 0, 1/\sqrt{2}) = \frac{2(5c^4 + 2c^3 + 10c^2 + 2c + 5)}{(1 - c^2)^2} c^{2|x|} \quad (|x| \geq 1). \tag{2.4.16}$$

さらに，

$$0 < \sum_{x \in \mathbb{Z}} P_*(x; i/\sqrt{2}, 0, 1/\sqrt{2}) = 1/\sqrt{6} = 0.408\ldots < 1. \tag{2.4.17}$$

即ち，$P_*(x; i/\sqrt{2}, 0, 1/\sqrt{2})$ は確率測度になっていない．実は，上記の値は初期条件に依存している．例えば，

$$\sum_{x \in \mathbb{Z}} P_*(x; 1/\sqrt{3}, 1/\sqrt{3}, 1/\sqrt{3}) = 3 - \sqrt{6} = 0.550\ldots,$$
$$\sum_{x \in \mathbb{Z}} P_*(x; 1/\sqrt{3}, -1/\sqrt{3}, 1/\sqrt{3}) = (3 - \sqrt{6})/9 = 0.061\ldots.$$

一方，量子ウォークとは対照的に，原点から出発する対称なランダムウォークの場合には，離散時間でも連続時間でも（その極限が存在するとき）全ての $x \in \mathbb{Z}$ に対して，$P_*(x) = 0$ となる．従って，$\sum_{x \in \mathbb{Z}} P_*(x) = 0$．同じ結論は，2 状態の離散時間と連続時間の量子ウォークの場合でも導かれる．

2.5 弱収束の極限定理

この節では，2 状態の場合に紹介した，Grimmett, Janson and Scudo (2004) の方法を用い，任意の初期状態に対する 3 状態のグローヴァーウォークの弱収束の極限定理について考える．まずこの量子ウォークは次のユニタリ行列で定義された．

$$U = \frac{1}{3} \begin{bmatrix} -1 & 2 & 2 \\ 2 & -1 & 2 \\ 2 & 2 & -1 \end{bmatrix}.$$

そして，波数空間でのユニタリ行列は，

$$U(k) = \frac{1}{3} \begin{bmatrix} -e^{ik} & 2e^{ik} & 2e^{ik} \\ 2 & -1 & 2 \\ 2e^{-ik} & 2e^{-ik} & -e^{-ik} \end{bmatrix}$$

と求まった．この $U(k)$ の固有値と固有ベクトルは，

$$\lambda_1(k) = 1, \quad \lambda_2(k) = e^{i\theta_k}, \quad \lambda_3(k) = e^{-i\theta_k}.$$

但し，

$$\cos \theta_k = -\frac{1}{3}(\cos k + 2), \quad \sin \theta_k = \frac{1}{3}\sqrt{(5 + \cos k)(1 - \cos k)},$$

かつ

$$v_1(k) = \frac{2}{5 + \cos k} \begin{bmatrix} 1 \\ (1 + e^{-ik})/2 \\ e^{-ik} \end{bmatrix},$$

$$v_2(k) = \frac{1}{\sqrt{|1/w_1(k)|^2 + |1/w_2(k)|^2 + |1/w_3(k)|^2}} \begin{bmatrix} 1/w_1(k) \\ 1/w_2(k) \\ 1/w_3(k) \end{bmatrix},$$

$$v_3(k) = \frac{1}{\sqrt{|1/w_1(k)|^2 + |1/w_2(k)|^2 + |1/w_3(k)|^2}} \begin{bmatrix} \overline{1/w_3(k)} \\ \overline{1/w_2(k)} \\ \overline{1/w_1(k)} \end{bmatrix}.$$

ここで，

$$w_1(k) = 1 + e^{i(\theta_k - k)}, \quad w_2(k) = 1 + e^{i\theta_k}, \quad w_3(k) = 1 + e^{i(\theta_k + k)}.$$

このとき,
$$h_1(k) = 0, \quad h_2(k) = \frac{\sin k}{\sqrt{(5 + \cos k)(1 - \cos k)}}, \quad h_3(k) = -\frac{\sin k}{\sqrt{(5 + \cos k)(1 - \cos k)}}.$$

以上の準備のもとで, 定理 1.9.1 より, 以下が得られる.
$$P(Y \leq y) = \sum_{j=1}^{3} \int_{\{k \in [-\pi, \pi) : h_j(k) \leq y\}} p_j(k) \frac{dk}{2\pi}.$$

ここで, $k(y) \in (0, \pi]$ を $y \geq 0$ に対する, $h_2(k) = 0$ の唯一の解とすると,
$$P(Y \leq y) = \int_{-\pi}^{\pi} p_1(k) \frac{dk}{2\pi} + \left(\int_{-\pi}^{0} + \int_{k(y)}^{\pi} \right) p_2(k) \frac{dk}{2\pi} + \left(\int_{-\pi}^{-k(y)} + \int_{0}^{\pi} \right) p_3(k) \frac{dk}{2\pi}.$$

同様に, $k(y) \in [-\pi, 0)$ を $y \leq 0$ に対する, $h_2(k) = 0$ の唯一の解とすると,
$$P(Y \leq y) = \int_{k(y)}^{0} p_2(k) \frac{dk}{2\pi} + \int_{0}^{-k(y)} p_3(k) \frac{dk}{2\pi}.$$

従って, 極限の測度は以下で与えられる.
$$f(y) = \frac{d}{dy} P(Y \leq y) = \Delta \delta_0(y) - \frac{1}{2\pi} \left\{ p_2(k(y)) + p_3(-k(y)) \right\} \frac{dk(y)}{dy}.$$

但し,
$$\Delta = \Delta(\alpha, \beta, \gamma) = \int_{-\pi}^{\pi} p_1(k) \frac{dk}{2\pi}.$$

また, 以下のような関係がある.
$$\cos k(y) = \frac{5y^2 - 1}{1 - y^2}, \quad \sin k(y) = \frac{2y \sqrt{2(1 - 3y^2)}}{1 - y^2},$$

$$\cos \theta_{k(y)} = -\frac{1 + 3y^2}{3(1 - y^2)}, \quad \sin \theta_{k(y)} = \frac{2 \sqrt{2(1 - 3y^2)}}{3(1 - y^2)}.$$

さらに,
$$v_2(k(y)) = \frac{1}{2\sqrt{3}} \begin{bmatrix} \sqrt{2(1 - 3y^2)} + i(1 - 3y) \\ \sqrt{2(1 - 3y^2)} - 2i \\ \sqrt{2(1 - 3y^2)} + i(1 + 3y) \end{bmatrix},$$

$$v_3(-k(y)) = \frac{1}{2\sqrt{3}} \begin{bmatrix} \sqrt{2(1 - 3y^2)} - i(1 - 3y) \\ \sqrt{2(1 - 3y^2)} + 2i \\ \sqrt{2(1 - 3y^2)} - i(1 + 3y) \end{bmatrix}.$$

ここで, 次に注意.

$$\frac{dk(y)}{dy} = -\frac{2\sqrt{2}}{(1-y^2)\sqrt{1-3y^2}}.$$

故に，以下の結論を得る．

定理 2.5.1 $n \to \infty$ のとき，

$$\frac{X_n}{n} \Rightarrow Z$$

但し，Z は次の確率測度より定まる．

$$f(y) = \Delta(\alpha, \beta, \gamma)\,\delta_0(y) + \frac{\sqrt{2}(c_0 + c_1 y + c_2 y^2)}{2\pi(1-y^2)\sqrt{1-3y^2}} I_{(-1/\sqrt{3}, 1/\sqrt{3})}(y).$$

ここで，

$$\Delta(\alpha, \beta, \gamma) = \int_{-\pi}^{\pi} p_1(k)\frac{dk}{2\pi} = \left(\left|\alpha + \frac{\beta}{2}\right|^2 + \left|\gamma + \frac{\beta}{2}\right|^2\right)\frac{\sqrt{6}}{6} + \Re\left\{(2\alpha+\beta)(2\overline{\gamma}+\overline{\beta})\right\}\left(1 - \frac{5}{12}\sqrt{6}\right),$$

かつ

$$c_0 = |\alpha + \gamma|^2 + 2|\beta|^2,$$
$$c_1 = 2\left(-|\alpha-\beta|^2 + |\gamma-\beta|^2\right),$$
$$c_2 = |\alpha-\gamma|^2 - 2\Re\{(2\alpha+\beta)(2\overline{\gamma}+\overline{\beta})\}.$$

但し，$\Re(z)$ は $z \in \mathbb{C}$ の実部を表す．

従って，定理 2.5.1 より，以下が確かめられる．

$$\Delta(i/\sqrt{2}, 0, 1/\sqrt{2}) = \sum_{x \in \mathbb{Z}} P_*(x; i/\sqrt{2}, 0, 1/\sqrt{2}) = 1/\sqrt{6},$$
$$\Delta(1/\sqrt{3}, 1/\sqrt{3}, 1/\sqrt{3}) = \sum_{x \in \mathbb{Z}} P_*(x; 1/\sqrt{3}, 1/\sqrt{3}, 1/\sqrt{3}) = 3 - \sqrt{6},$$
$$\Delta(1/\sqrt{3}, -1/\sqrt{3}, 1/\sqrt{3}) = \sum_{x \in \mathbb{Z}} P_*(x; 1/\sqrt{3}, -1/\sqrt{3}, 1/\sqrt{3}) = (3-\sqrt{6})/9.$$

一般に，次の関係が成立することが分かる．

$$\Delta(\alpha, \beta, \gamma) = \sum_{x \in \mathbb{Z}} P_*(x; \alpha, \beta, \gamma).$$

2.6 2状態と3状態の比較

この節では，2状態のアダマールウォークと3状態のグローヴァーウォークの弱収束極限定理から得られる極限の確率測度について考える．

3状態のグローヴァーウォークで，その初期条件は，簡単のために $^T[1,0,0]$, $^T[0,1,0]$, $^T[0,0,1]$

がそれぞれ確率 1/3 で選ばれる場合とする．このとき，極限の確率測度は定理 2.5.1 より，以下
で与えられる．

$$f_G(x) = \frac{1}{3}\delta_0(x) + \frac{\sqrt{8}\, I_{(-1/\sqrt{3},1/\sqrt{3})}(x)}{3\pi(1-x^2)\sqrt{1-3x^2}} \quad (x \in \mathbb{R}).$$

上式の第 1 項が原点での局在化に対応している項である．

実際，

$$\frac{1}{3}\sum_{n \in \mathbf{Z}}[P_*(n;1,0,0) + P_*(n;0,1,0) + P_*(n;0,0,1)] = \frac{1}{3}$$

となり，この 1/3 はまさに $\delta_0(x)$ の係数の 1/3 と対応する．

一方，第 2 項は，アダマールウォークで，初期条件として $^T[1,0], {^T[0,1]}$ がそれぞれ確率 1/2
で選ばれる場合に極限の密度関数が

$$f_H(x) = \frac{I_{(-1/\sqrt{2},1/\sqrt{2})}(x)}{\pi(1-x^2)\sqrt{1-2x^2}} \quad (x \in \mathbb{R})$$

となる結果に対応している．実際 $f_G(x)$ の右辺第 2 項の密度関数に対応する部分は，定性的に
は原点で最小で，定義されている区間 $(-1/\sqrt{3},1/\sqrt{3})$ の両端点で発散する，$f_H(x)$ と同様の形
になっている．

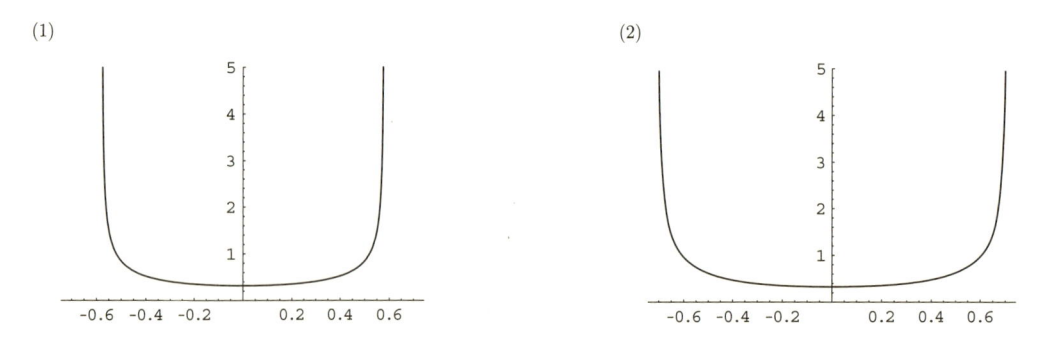

図 2.6.1 (1) $f_G(x)$ のグラフ，(2) $f_H(x)$ のグラフ

2.7 多状態の場合

一般の多状態の量子ウォークに関する結果は現時点では非常に限られている．ここで一般の場合
の定義を簡単に与えよう．U を $M \times M$ のユニタリ行列とし，$P_j\,(j=1,2,\ldots,M)$ を (j,j) 成分だ
け 1 で他の成分は全て 0 の M 次正方行列とする．このとき，P_j は射影 ($P_j^2 = P_j, P_j^* = P_j$) で，
$\sum_{j=1}^{M} P_j = I_M$ となる．但し，I_M は M 次の単位行列である．ここで，$A_j = P_j U\,(j=1,2,\ldots,M)$
を考え，この M 個の行列が 2 状態のように，各点から M 個の異なる場所に移動する P, Q に
対応するものと考えると，一般の場合の量子ウォークが定義できる．

実際，前章の $M=2$ (2 状態) の場合は以下である．

第 2 章　1 次元格子（多状態）

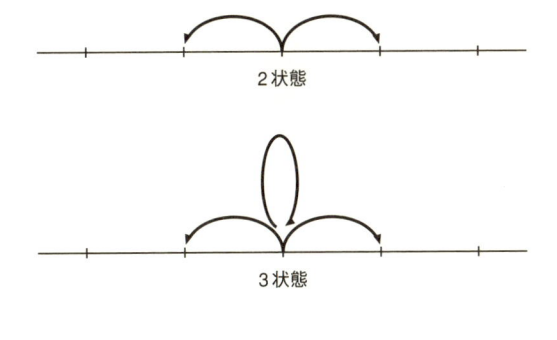

図 2.7.1　多状態の図

$$P_1 = \begin{bmatrix} 1 & 0 \\ 0 & 0 \end{bmatrix}, \quad P_2 = \begin{bmatrix} 0 & 0 \\ 0 & 1 \end{bmatrix}, \qquad P = A_1 = P_1 U, \quad Q = A_2 = P_2 U.$$

また，$M = 3$ の 1 次元 3 状態のグロヴァーウォークの場合は，

$$U = \frac{1}{3} \begin{bmatrix} -1 & 2 & 2 \\ 2 & -1 & 2 \\ 2 & 2 & -1 \end{bmatrix}$$

で，$A_1 = P_1 U, A_2 = P_2 U, A_3 = P_3 U$ としたとき，それぞれ，A_1 が左向きに 1 ステップ移動し，A_2 が元の場所にとどまり，A_3 が右向きに 1 ステップ移動すると解釈した．

同様に，1 次元の 4 状態グローヴァーウォークに関しては，Inui and Konno (2005) で研究がされている．3 状態ほど詳しくは解析がなされていないが，例えば 3 状態同様に，以下の 4×4 のユニタリ行列で決まるグロヴァーウォークを考える．

$$U = \frac{1}{2} \begin{bmatrix} -1 & 1 & 1 & 1 \\ 1 & -1 & 1 & 1 \\ 1 & 1 & -1 & 1 \\ 1 & 1 & 1 & -1 \end{bmatrix}.$$

そして，各点で量子ウォーカーは 4 つの状態を取り，$A_1 = P_1 U, A_2 = P_2 U, A_3 = P_3 U, A_4 = P_4 U$，としたとき，それぞれ，$A_1$ が左向きに 2 ステップ移動し，A_2 が左向きに 1 ステップ移動し，A_3 が右向きに 1 ステップ移動し，A_4 が右向きに 2 ステップ移動すると解釈する．

また同様に，2 次元のグロヴァーウォークの場合には，4 状態を上下左右に対応させる．この 2 次元の 4 状態量子ウォークに関しては，Inui, Konishi and Konno (2004) で研究がされている．

いずれの 4 状態の場合も初期状態によっているものの局在化が存在し得ることを示している．

局在化との関係で重要なことは，3 状態グロヴァーウォークの場合，$U(k)$ の固有値の一つ "1"

が波数 k に依存していないことである．一方，2 状態のアダマールウォークの場合の 2 つの固有値は，$e^{i\theta_k}$ と $-e^{-i\theta_k}$ で与えられる．但し，$\sin\theta_k = \sin k/\sqrt{2}$．従って，この場合には一般に k に依存している．そしてこの固有値 1 のような波数 k に依存しない固有値の存在が，局在化の一因になっていることを示すことが出来た．

同様に，1 次元と 2 次元の各 4 状態のグロヴァーウォークの場合には，$U(k)$ の固有値は $1, -1, e^{i\theta_k}, e^{-i\theta_k}$ の 4 種類出てくる．そして，3 状態と状況が同じく，$1, -1$ の波数 k に依存しない固有値の存在が，局在化の存在を導く．但し，固有値 -1 が存在するため，収束は振動し時間平均をとる必要が出てくる．このようなことは，一般の多状態に関しても同様に成立すると思われる．

2 次元の量子ウォークに関しても厳密に示されていることは少ないが，シミュレーションの結果は知られているので，ここでその幾つかを紹介しておく．具体的には，以下の 3 種類の場合である．

(1) アダマール変換．

$$U_H = \frac{1}{2}\begin{bmatrix} 1 & 1 & 1 & 1 \\ 1 & -1 & 1 & -1 \\ 1 & 1 & -1 & -1 \\ 1 & -1 & -1 & 1 \end{bmatrix} = \frac{1}{\sqrt{2}}\begin{bmatrix} 1 & 1 \\ 1 & -1 \end{bmatrix} \otimes \frac{1}{\sqrt{2}}\begin{bmatrix} 1 & 1 \\ 1 & -1 \end{bmatrix}.$$

(2) グローヴァー．

$$U_G = \frac{1}{2}\begin{bmatrix} -1 & 1 & 1 & 1 \\ 1 & -1 & 1 & 1 \\ 1 & 1 & -1 & 1 \\ 1 & 1 & 1 & -1 \end{bmatrix}.$$

(3) 離散フーリエ変換．$\omega = e^{i\pi/2}$ として，

$$U_F = \frac{1}{2}\begin{bmatrix} 1 & 1 & 1 & 1 \\ 1 & \omega & \omega^2 & \omega^3 \\ 1 & \omega^2 & \omega^4 & \omega^6 \\ 1 & \omega^3 & \omega^6 & \omega^9 \end{bmatrix} = \frac{1}{2}\begin{bmatrix} 1 & 1 & 1 & 1 \\ 1 & i & -1 & -i \\ 1 & -1 & 1 & -1 \\ 1 & -i & -1 & i \end{bmatrix}.$$

それぞれの初期量子ビットは全て同じ

$$\begin{bmatrix} 1/2 \\ i/2 \\ i/2 \\ -1/2 \end{bmatrix} = \begin{bmatrix} 1/\sqrt{2} \\ i/\sqrt{2} \end{bmatrix} \otimes \begin{bmatrix} 1/\sqrt{2} \\ i/\sqrt{2} \end{bmatrix}.$$

ステップ数は 50 で，そのダイナミクスは，各点で量子ウォーカーは 4 つの状態を取り，$A_1 =$

$P_1 U$, $A_2 = P_2 U$, $A_3 = P_3 U$, $A_4 = P_4 U$, としたとき，それぞれ，A_1 が上向きに移動し，A_2 が右向きに移動し，A_3 が左向きに移動し，A_4 が下向きに移動すると解釈する．

(1)

(2)

(3)

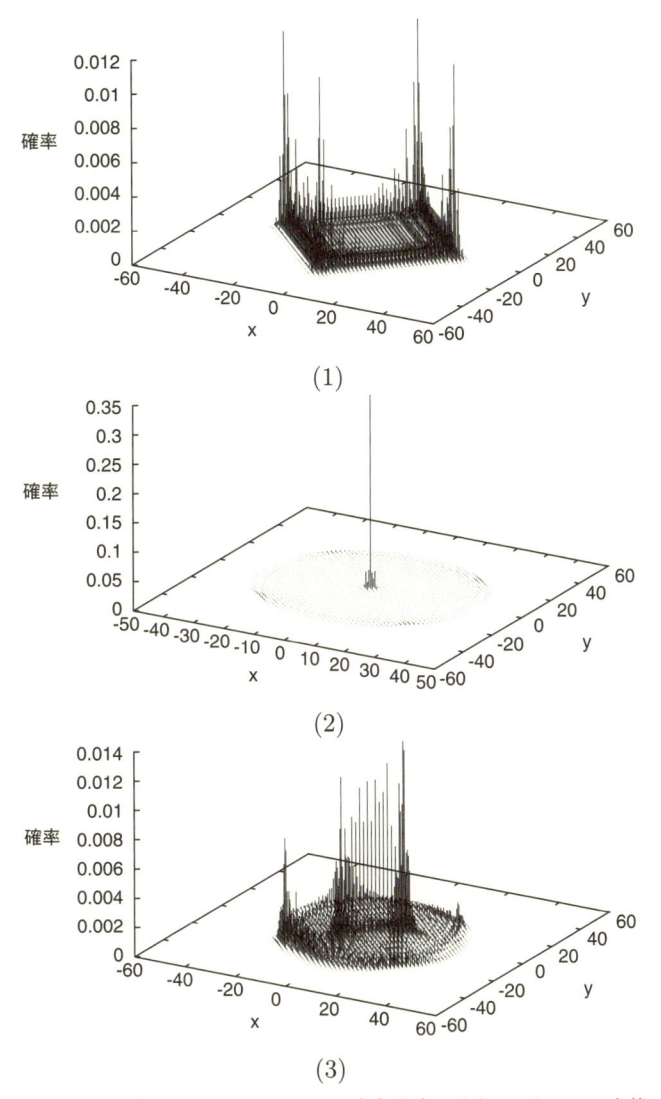

図 2.7.2　2 次元の量子ウォークの確率分布．(1) アダマール変換，(2) グロヴァー，(3) 離散フーリエ変換の場合

一般の多状態の場合に関連して，Miyazaki, Katori and Konno (2007) では，1 次元の多状態量子ウォークのあるクラスについて，弱収束の極限定理を用い，具体的な極限の測度を計算している．

今後に残された重要な問題は，任意の $M \times M$ のユニタリ行列から決まる量子ウォークに対して，その弱収束極限定理の極限測度を具体的に全て求めることである．

第3章 乱雑な系

3.1 序

今まで考えてきた量子ウォークを定義するユニタリ行列は決定論的で，しかも時間に依存せず一定であった．この章では，ユニタリ行列をランダムな行列にした，Mackay et al. (2002) と Ribeiro, Milman and Mosseri (2004) の先行するシミュレーションの結果を厳密に扱うことを目的とする．具体的には，時間に独立にランダムなユニタリ行列によって時間発展する量子ウォークに対して期待値をとると古典ランダムウォークが得られることを，組合せ論的な手法を用い証明する．尚，この章の内容は，Konno (2005b) にもとづいている．

3.2 乱雑な量子ウォークの定義

この章で扱う量子ウォークの時間発展は，次のランダムなユニタリ行列によって与えられる．

$$U_n = \begin{bmatrix} a_n & b_n \\ c_n & d_n \end{bmatrix}.$$

但し，$a_n, b_n, c_n, d_n \in \mathbb{C}$．添え字の n は時刻を表す．行列 U_n のユニタリ性より

$$|a_n|^2 + |c_n|^2 = |b_n|^2 + |d_n|^2 = 1, \ a_n\overline{c_n} + b_n\overline{d_n} = 0, \ c_n = -\triangle_n\overline{b_n}, \ d_n = \triangle_n\overline{a_n} \quad (3.2.1)$$

が成立する．但し，$\overline{z}$ は $z \in \mathbb{C}$ の複素共役で，$\triangle_n = \det U_n = a_n d_n - b_n c_n$，かつ $|\triangle_n| = 1$．ここで，$w_n = (a_n, b_n, c_n, d_n)$ とおく．$\{w_n : n = 1, 2, \ldots\}$ を，ある確率空間での独立同分布な確率変数列とし，さらに以下を満たすとする．

$$E(|a_1|^2) = E(|b_1|^2) = 1/2, \quad (3.2.2)$$

$$E(a_1\overline{c_1}) = 0. \quad (3.2.3)$$

式 (3.2.2) から，$E(|c_1|^2) = E(|d_1|^2) = 1/2$ が導かれる．また，式 (3.2.3) より，式 (3.2.1) を用いると，$E(b_1\overline{d_1}) = 0$ が得られる．量子ウォークの初期量子ビットの集合を以下で与える．

$$\Phi = \left\{ \varphi = {}^T[\alpha, \beta] \in \mathbb{C}^2 : |\alpha|^2 + |\beta|^2 = 1 \right\}.$$

さらに，$\{w_n : n = 1, 2, \ldots\}$ と $\{\alpha, \beta\}$ は独立であると仮定する．この量子ウォークをここでは**乱雑な量子ウォーク**（disordered quantum walk）と呼ぶことにしよう．$\mathbb{R}$ を実数全体の集合としたとき，以下の2つの場合をこの章では考える．

ケース I. $a_n, b_n, c_n, d_n \in \mathbb{R}$ $(n = 1, 2, \ldots)$，かつ $E(\alpha\overline{\beta} + \overline{\alpha}\beta) = 0$.

ケース II. $E(|\alpha|^2) = 1/2$，かつ $E(\alpha\overline{\beta}) = 0$.

ここで，ケース I は，Ribeiro, Milman and Mosseri (2004) の例を，ケース II は，Mackay et al. (2002) の例をそれぞれ特殊な場合として含んでいる．そして，そのどちらの論文のシミュレーションも，乱雑な量子ウォークの確率分布は，その試行を増やしていくと 2 項分布に近づいていることを示唆している．以下本章の目的は，この結果を組合せ論的な（経路積分の）アプローチによって，証明することである．実際，主定理 3.3.1 では，乱雑な量子ウォークの確率分布の期待値が対称なランダムウォークの確率分布に一致することを主張している．

最初に U_n を下記の 2 つの行列に分解する．

$$P_n = \begin{bmatrix} a_n & b_n \\ 0 & 0 \end{bmatrix}, \quad Q_n = \begin{bmatrix} 0 & 0 \\ c_n & d_n \end{bmatrix}.$$

但し，$U_n = P_n + Q_n$ である．重要な点は，各時刻 n で，P_n は量子ウォーカーが左に 1 ステップ動くことを，Q_n は量子ウォーカーが右に 1 ステップ動くことを表している点である．この P_n と Q_n を用いて，1 次元の乱雑な量子ウォークを定義する．具体的には，下記の $2(2N+1) \times 2(2N+1)$ の行列 $\overline{U}_n$ を用いる．

$$\overline{U}_n = \begin{bmatrix} 0 & P_n & 0 & \ldots & \ldots & 0 & Q_n \\ Q_n & 0 & P_n & 0 & \ldots & \ldots & 0 \\ 0 & Q_n & 0 & P_n & 0 & \ldots & 0 \\ \vdots & \ddots & \ddots & \ddots & \ddots & \ddots & \vdots \\ 0 & \ldots & 0 & Q_n & 0 & P_n & 0 \\ 0 & \ldots & \ldots & 0 & Q_n & 0 & P_n \\ P_n & 0 & \ldots & \ldots & 0 & Q_n & 0 \end{bmatrix}.$$

但し，$0 = O_2$ は，2×2 の零行列である．また，P_n と Q_n の間には次の関係式が成立する．

$$P_n P_n^* + Q_n Q_n^* = P_n^* P_n + Q_n^* Q_n = I_2, \quad P_n Q_n^* = Q_n P_n^* = Q_n^* P_n = P_n^* Q_n = O_2.$$

ここで，$*$ は随伴作用素を表し，I_2 は，2×2 の単位行列を表す．この関係式より，$\overline{U}_n$ もユニタリ行列になることが示される．

[**注意 3.2.1**] 上記の行列 $\overline{U}_n$ は "ランダムな行列" であるが，各成分は独立ではなく，またエルミート性を特に課していないので，通常の "ランダム行列" の設定とは異なる．

この $\overline{U}_n$ を用いて，$\varphi \in \Phi$ から出発した，時刻 n での乱雑な量子ウォーク X_n が定義できる．$\Psi_n(x)$ を場所 x で時刻 n の量子ウォーカーの確率振幅とすると，"$X_n = x$" の確率は以下で定

められる.

$$P(X_n = x) = \|\Psi_n(x)\|^2.$$

ここで，$P(X_n = x)$ は，$\{w_i : i = 1, 2, \ldots, n\}$ と $\{\alpha, \beta\}$ によって決まることに注意．また，$\overline{U}_m (m = 1, 2, \ldots, n)$ のユニタリ性から，$1 \leq n \leq N$ に対して，

$$\sum_{x=-n}^{n} P(X_n = x) = \|\overline{U}_n \overline{U}_{n-1} \cdots \overline{U}_1 \overline{\varphi}\|^2 = \|\overline{\varphi}\|^2 = |\alpha|^2 + |\beta|^2 = 1$$

が成立することが分かる．つまり，任意の時刻でこの確率振幅は確率測度を定める．

3.3 結　果

まず，乱雑な量子ウォークの確率分布の組合せ論的な表現を与える．そのために，$l + m = n$，$-l + m = x$ を満たす l, m に対して，以下を導入する．

$$\Xi_n(l, m) = \sum_{l_j, m_j} P_n^{l_n} Q_n^{m_n} P_{n-1}^{l_{n-1}} Q_{n-1}^{m_{n-1}} \cdots P_1^{l_1} Q_1^{m_1}.$$

但し，上式の和は $l_1 + \cdots + l_n = l$，$m_1 + \cdots + m_n = m$，$l_j + m_j = 1$ を満たす全ての $l_j, m_j \geq 0$ に関する和とする．このとき，既に第 1 章の 2 状態のときにみたように，以下が成立する．

$$\Psi_n(x) = \Xi_n(l, m) \varphi.$$

例えば，$P(X_4 = 0)$ を求める場合には，

$$\Xi_4(2, 2) = P_4 Q_3 Q_2 P_1 + Q_4 P_3 P_2 Q_1 + P_4 P_3 Q_2 Q_1 + P_4 Q_3 P_2 Q_1 + Q_4 P_3 Q_2 P_1 + Q_4 Q_3 P_2 P_1$$

を用いる．さらに，$\Xi_n(l, m)$ を計算するために，

$$R_n = \begin{bmatrix} c_n & d_n \\ 0 & 0 \end{bmatrix}, \quad S_n = \begin{bmatrix} 0 & 0 \\ a_n & b_n \end{bmatrix}$$

を導入する．一般に，P_j, Q_j, R_j, S_j ($j = 1, 2, \ldots$) の積に対して，次の関係が成立している．即ち，任意の $m, n \geq 1$ に対して，

表 3.1

	P_n	Q_n	R_n	S_n
P_m	$a_m P_n$	$b_m R_n$	$a_m R_n$	$b_m P_n$
Q_m	$c_m S_n$	$d_m Q_n$	$c_m Q_n$	$d_m S_n$
R_m	$c_m P_n$	$d_m R_n$	$c_m R_n$	$d_m P_n$
S_m	$a_m S_n$	$b_m Q_n$	$a_m Q_n$	$b_m S_n$

但し，$P_m Q_n = b_m R_n$ のように表を理解する．

[問題 3.3.1] 上の表を確かめよ．

この表より，以下のように計算できる．

$$\Xi_4(2,2) = b_4 d_3 c_2 P_1 + c_4 a_3 b_2 Q_1 + (a_4 b_3 d_2 + b_4 c_3 b_2) R_1 + (c_4 b_3 c_2 + d_4 c_3 a_2) S_1.$$

時間依存しなかったときと同様に，P_1, Q_1, R_1, S_1 は，トレース内積 $\langle A|B\rangle = \mathrm{tr}(A^*B)$ に関して，複素数を成分にもつ 2×2 行列の線形空間に対する正規直交基底になっている．従って，$\Xi_n(l,m)$ は次のように一意的に表現される．

$$\Xi_n(l,m) = p_n(l,m) P_1 + q_n(l,m) Q_1 + r_n(l,m) R_1 + s_n(l,m) S_1. \tag{3.3.4}$$

一般に，$p_n(l,m), q_n(l,m), r_n(l,m), s_n(l,m)$ の具体的な形は複雑であるが，式 (3.3.4) から，次の関係が成立することが分かる．

$$\Xi_n(l,m) = \begin{bmatrix} p_n(l,m) a_1 + r_n(l,m) c_1 & p_n(l,m) b_1 + r_n(l,m) d_1 \\ q_n(l,m) c_1 + s_n(l,m) a_1 & q_n(l,m) d_1 + s_n(l,m) b_1 \end{bmatrix}.$$

ここで，$p_n(l,m), q_n(l,m), r_n(l,m), s_n(l,m)$ は，$\{w_i : i = 2, 3, \ldots n\}$ にだけ依存することに注意すると，これらは w_1 とは独立であることが分かる．但し，$w_i = (a_i, b_i, c_i, d_i)$．さらに，$\{w_i : i = 1, 2, \ldots\}$ と $\{\alpha, \beta\}$ は独立である．故に，以下を得る．

$$\begin{aligned}
P(X_n = x) &= \|\Xi_n(l,m)\varphi\|^2 \\
&= \left\{ |p_n(l,m) a_1 + r_n(l,m) c_1|^2 + |q_n(l,m) c_1 + s_n(l,m) a_1|^2 \right\} |\alpha|^2 \\
&\quad + \left\{ |p_n(l,m) b_1 + r_n(l,m) d_1|^2 + |q_n(l,m) d_1 + s_n(l,m) b_1|^2 \right\} |\beta|^2 \\
&\quad + \left\{ \overline{(p_n(l,m) a_1 + r_n(l,m) c_1)}(p_n(l,m) b_1 + r_n(l,m) d_1) \right. \\
&\quad \left. + \overline{(q_n(l,m) c_1 + s_n(l,m) a_1)}(q_n(l,m) d_1 + s_n(l,m) b_1) \right\} \overline{\alpha}\beta \\
&\quad + \left\{ (p_n(l,m) a_1 + r_n(l,m) c_1)\overline{(p_n(l,m) b_1 + r_n(l,m) d_1)} \right. \\
&\quad \left. + (q_n(l,m) c_1 + s_n(l,m) a_1)\overline{(q_n(l,m) d_1 + s_n(l,m) b_1)} \right\} \alpha\overline{\beta} \\
&= C_1 |\alpha|^2 + C_2 |\beta|^2 + C_3 \overline{\alpha}\beta + C_4 \alpha\overline{\beta}.
\end{aligned}$$

このとき，$\{p_n(l,m), q_n(l,m), r_n(l,m), s_n(l,m)\}$ と w_1 の独立性，$\{w_i : i = 1, 2, \ldots\}$ と $\{\alpha, \beta\}$ の独立性，式 (3.2.2), (3.2.3) により，以下が成立する．

$$E(C_1 |\alpha|^2) = \frac{1}{2} E\big[|p_n(l,m)|^2 + |s_n(l,m)|^2 + |q_n(l,m)|^2 + |r_n(l,m)|^2\big] E(|\alpha|^2).$$

同様に，次が成り立つ．

$$E(C_2 |\beta|^2) = \frac{1}{2} E\big[|p_n(l,m)|^2 + |s_n(l,m)|^2 + |q_n(l,m)|^2 + |r_n(l,m)|^2\big] E(|\beta|^2).$$

ケース I．最初に，$C_4 = \overline{C_3}$ の関係に注意．故に，$a_n, b_n, c_n, d_n \in \mathbb{R}$ より $C_3 = C_4$ が導かれる．条件 $\alpha\overline{\beta} + \overline{\alpha}\beta = 0$ から $C_3 \overline{\alpha}\beta + C_4 \alpha\overline{\beta} = 0$ が得られる．故に，$|\alpha|^2 + |\beta|^2 = 1$ に注意すると，以下が成立することが分かる．

$$\begin{aligned}
&E(P(X_n = x)) \\
&= E(\|\Xi_n(l,m)\varphi\|^2) \\
&= \frac{1}{2} E\left[|p_n(l,m)|^2 + |s_n(l,m)|^2 + |q_n(l,m)|^2 + |r_n(l,m)|^2\right] E(|\alpha|^2) \\
&\quad + \frac{1}{2} E\left[|p_n(l,m)|^2 + |s_n(l,m)|^2 + |q_n(l,m)|^2 + |r_n(l,m)|^2\right] E(|\beta|^2) \\
&= \frac{1}{2} \left\{ E(|p_n(l,m)|^2) + E(|q_n(l,m)|^2) + E(|r_n(l,m)|^2) + E(|s_n(l,m)|^2) \right\}.
\end{aligned}$$

ケース II. $E(\alpha\overline{\beta}) = E(\overline{\alpha}\beta) = 0$ より同じ結論が同様に得られる．

以下の主定理を理解するために，$l = m = 2$ を満たす $n = 4$ の場合について具体的に計算する．

$$\begin{aligned}
&E(P(X_4^\varphi = 0)) \\
&= E(\|\Xi_4(2,2)\varphi\|^2) \\
&= \frac{1}{2} \left\{ E(|p_4(2,2)|^2) + E(|q_4(2,2)|^2) + E(|r_4(2,2)|^2) + E(|s_4(2,2)|^2) \right\} \\
&= \frac{1}{2} \left\{ E(|b_4|^2)E(|d_3|^2)E(|c_2|^2) + E(|c_4|^2)E(|a_3|^2)E(|b_2|^2) \right. \\
&\quad + E(|a_4|^2)E(|b_3|^2)E(|d_2|^2) + E(|b_4|^2)E(|c_3|^2)E(|b_2|^2) \\
&\quad + E(a_4\overline{b_4})E(b_3\overline{c_3})E(d_2\overline{b_2}) + E(\overline{a_4}b_4)E(\overline{b_3}c_3)E(\overline{d_2}b_2) \\
&\quad + E(|c_4|^2)E(|b_3|^2)E(|c_2|^2) + E(|d_4|^2)E(|c_3|^2)E(|a_2|^2) \\
&\quad \left. + E(c_4\overline{d_4})E(b_3\overline{c_3})E(c_2\overline{a_2}) + E(\overline{c_4}d_4)E(\overline{b_3}c_3)E(\overline{c_2}a_2) \right\} \\
&= \frac{1}{16} + \frac{1}{16} + \frac{2}{16} + \frac{2}{16} = \frac{1}{2^4}\binom{4}{2}.
\end{aligned}$$

上記の計算では，$E(|a_1|^2) = E(|b_1|^2) = E(|c_1|^2) = E(|d_1|^2) = 1/2$ と $E(a_1\overline{c_1}) = E(b_1\overline{d_1}) = 0$ の関係式を用いた．

[問題 3.3.2] 上の計算を確かめよ．

この結果は，原点から出発した対称なランダムウォーク S_n の $P(S_4 = 0) = \binom{4}{2}/2^4$ の結果に対応している．上記の例を一般化した結果を紹介する．

定理 3.3.1 ケース I 或いは ケース II を満たす，初期量子ビットが φ の乱雑な量子ウォークを考える．任意の $n = 0, 1, 2, \ldots$，かつ $x = -n, -(n-1), \ldots, n-1, n$ ($n + x$ は偶数) に対して，

$$E(P(X_n = x)) = P(S_n = x) = \frac{1}{2^n}\binom{n}{(n+x)/2}$$

が成立する．

証明. $n = 0, 1, 2, \ldots$, かつ $x = -n, -(n-1), \ldots, n-1, n$ ($n+x$ は偶数) に対して, $l = (n-x)/2$, $m = (n+x)/2$, $M = \binom{n}{(n+x)/2}$ とおく. 一般に, $l = m = 2$ を満たす $n = 4$ の例のように, 以下が成り立つ.

$$P(X_n = x) = E(\|\Xi_n(l,m)\varphi\|^2)$$
$$= \frac{1}{2} \sum_{j=1}^{M} E(|u_n^{(j)}|^2) E(|u_{n-1}^{(j)}|^2) \cdots E(|u_2^{(j)}|^2) + R(w_1, w_2, \ldots, w_n).$$

但し, $u_i^{(j)} \in \{a_i, b_i, c_i, d_i\}$ ($i = 2, 3, \ldots, n$, $j = 1, 2, \ldots, M$) かつ $w_k = (a_k, b_k, c_k, d_k)$ ($k = 1, 2, \ldots, n$). このとき, $E(|a_1|^2) = E(|b_1|^2) = E(|c_1|^2) = E(|d_1|^2) = 1/2$ より,

$$E(P(X_n = x)) = \frac{M}{2^n} + R(w_1, w_2, \ldots, w_n).$$

結論を得るためには, $R(w_1, w_2, \ldots, w_n) = 0$ を示せば充分. $p_n(l,m)$ か $s_n(l,m)$ に 2 つ以上の項があるとき, 以下のような 2 つの場合を考える. ある k が存在して,

$$\cdots P_{k+1} P_k P_{k-1} \cdots P_1, \qquad \cdots Q_{k+1} P_k P_{k-1} \cdots P_1.$$

例えば, $s_4(2,2) = d_4 c_3 a_2 + c_4 b_3 c_2$ の場合は, 以下のように $k = 1$ である.

$$Q_4 Q_3 P_2 P_1, \qquad Q_4 P_3 Q_2 P_1.$$

このとき, 対応する $p_n(l,m)$ 或いは $s_n(l,m)$ は次で与えられる.

$$\cdots a_{k+1} a_k a_{k-1} \cdots a_2, \qquad \cdots c_{k+1} a_k a_{k-1} \cdots a_2.$$

故に, $E(\overline{a_1} c_1) = 0$ なので,

$$E\left[(\cdots a_{k+1} a_k a_{k-1} \cdots a_2)(\cdots c_{k+1} a_k a_{k-1} \cdots a_2)\right]$$
$$= E(\cdots) E(\overline{a_{k+1}} c_{k+1}) E(|a_k|^2) E(|a_{k-1}|^2) \cdots E(|a_2|^2) = 0$$

が成立する. 他の場合も同様の議論が成り立つので, 証明を終わる. □

上記の定理より, 乱雑な量子ウォークの確率分布の期待値がまさに対称なランダムウォークの確率分布に一致することが分かる.

3.4 例

最初の例は, Ribeiro, Milman and Mosseri (2004) で解析されたモデルである. この例はケース I の条件を満たしている. 具体的に, U_n は以下で与えられる.

$$U_n = \begin{bmatrix} \cos(\theta_n) & \sin(\theta_n) \\ \sin(\theta_n) & -\cos(\theta_n) \end{bmatrix}.$$

但し, $\{\theta_n : n = 1, 2, \ldots\}$ は $[0, 2\pi)$ 上の独立同分布の確率変数列で次を満たす.

$$E(\cos^2(\theta_1)) = E(\sin^2(\theta_1)) = 1/2, \quad E(\cos(\theta_1)\sin(\theta_1)) = 0.$$

ここで,2つの具体的な例をあげる.

(i) θ_1 は $[0, 2\pi)$ 上の一様分布.

(ii) ある $\xi \in [0, \pi)$ に対して,$P(\theta_1 = \xi) = P(\theta_1 = \pi/2 + \xi) = 1/2$.

初期量子ビットとしては,決定論的な $\varphi = {}^T[\alpha, \beta] \in \Phi$ をとる.但し,$|\alpha| = |\beta| = 1/\sqrt{2}$ と $\alpha\overline{\beta} + \overline{\alpha}\beta = 0$ を満たしているとする.

[問題 3.4.1] 上記の (i) と (ii) が,式 (3.2.2),式 (3.2.3) 及びケース I の条件を満たしていることを確かめよ.

2番目の例は Mackay et al. (2002) によって与えられ,ケース II に対応している.実際,U_n は以下で与えられる.

$$U_n = \frac{1}{\sqrt{2}} \begin{bmatrix} 1 & e^{i\theta_n} \\ e^{-i\theta_n} & -1 \end{bmatrix}.$$

但し,$\{\theta_n : n = 1, 2, \ldots\}$ は $[0, 2\pi)$ 上の独立同分布の確率変数で,次を満たしている.

$$E(\cos(\theta_1)) = E(\sin(\theta_1)) = 0.$$

さらに,初期量子ビットとして $\varphi = {}^T[\alpha, \beta] \in \Phi$ をとる.ここで,$E(|\alpha|^2) = 1/2$ と $E(\alpha\overline{\beta}) = 0$ を仮定する.このような例として,θ_1 と θ_* が $[0, 2\pi)$ 上の一様分布で,互いに独立で,$\alpha = \cos(\theta_*)$ かつ $\beta = \sin(\theta_*)$ の場合が考えられる.

[問題 3.4.2] 上記の例が,式 (3.2.2),式 (3.2.3) 及びケース II の条件を満たしていることを確かめよ.

最後に Shapira et al. (2003) によって研究されたモデルとの関係について議論する.まず,$W_n = \{X_n, Y_n, Z_n\}$ とおく.但し,$\{W_n : n = 1, 2, \ldots\}$ は独立同分布の確率変数列で,$\{X_n, Y_n, Z_n\}$ も独立同分布である.さらに,X_n は平均 0,分散 σ^2 ($\sigma > 0$) の正規分布とする.このモデルの場合,U_n は以下で与えられる.

$$U_n = \frac{1}{\sqrt{2}} \begin{bmatrix} 1 & 1 \\ 1 & -1 \end{bmatrix} \times V_n.$$

但し,

$$V_n = \frac{1}{\sqrt{2}} \begin{bmatrix} \cos(R_n) + iZ_n\frac{\sin(R_n)}{R_n} & (Y_n + iX_n)\frac{\sin(R_n)}{R_n} \\ (-Y_n + iX_n)\frac{\sin(R_n)}{R_n} & \cos(R_n) - iZ_n\frac{\sin(R_n)}{R_n} \end{bmatrix},$$

かつ $R_n = \sqrt{X_n^2 + Y_n^2 + Z_n^2}$.このとき,以下が得られる.

$$E(|a_1|^2) = E(|b_1|^2) = 1/2,$$
$$E(a_1\overline{c_1}) = \frac{1}{6} + \frac{1}{3}(1-4\sigma^2)e^{-2\sigma^2} \equiv \mu(\sigma). \tag{3.4.5}$$

従って, 式 (3.4.5) より, $\sigma > 0$ に対して, $0 < \mu(\sqrt{3}/2) = 0.0179\ldots \leq \mu(\sigma) \leq 1/2 (= \lim_{\sigma\downarrow 0}\mu(\sigma))$ が導かれる (ここで, $\sigma \downarrow 0$ の極限が, アダマールウォークの場合に対応することに注意). よって, 彼らのモデルは条件 (3.2.3) を満たしていないので, ここでの定理は適用できない.

第4章 可逆セルオートマトン

4.1 序

この章では1次元の**可逆セルオートマトン**（reversible cellular automaton）の幾つかの性質を調べ，また量子ウォークとの関連についても述べる．尚，ここでの結果は，Konno, Mitsuda, Soshi and Yoo (2004) の論文にもとづいている．具体的には，可逆セルオートマトンの幾つかの保存量に対する必要充分条件を初期状態の条件として与える．第1番目の保存量は分布の期待値（1次モーメント）で，2番目の保存量は分布の2乗ノルム（0次モーメント）である．前者は分布の対称性に対応して，実際，定理 4.3.2 より，「任意の時刻で分布が対称なこと」と「任意の時刻で期待値が 0 であること」とが同値である性質が導かれる．また，ここでの可逆セルオートマトンは，Grössing and Zeilinger (1988a, 1988b) で解析された可逆セルオートマトンとは異なり，また，Grössing and Zeilinger (1988b) ではここでの保存量とは違う保存則について議論している．可逆セルオートマトンの最近のレヴューとしては，Aoun and Tarifi (2004), Schumacher and Wernerfor (2004) を参照のこと．

4.2 可逆セルオートマトンの定義

この章で扱う可逆セルオートマトンに対応する量子ウォークは，下記のユニタリ行列 H で定まる，アダマールウォークを拡張したモデルである．

$$H(\theta) = \begin{bmatrix} \cos\theta & \sin\theta \\ \sin\theta & -\cos\theta \end{bmatrix}.$$

但し，$\theta \in [0, 2\pi)$．ここで，話を簡単にするために主に $\theta \in [0, \pi/2)$ の場合を考える．特に，$\theta = \pi/4$ の場合にアダマールウォークになる．量子ウォークの定義から，

$$\Psi_{n+1}^L(x) = a\,\Psi_n^L(x+1) + b\,\Psi_n^R(x+1),$$
$$\Psi_{n+1}^R(x) = c\,\Psi_n^L(x-1) + d\,\Psi_n^R(x-1)$$

が成立しているが，さらにそれらを用いると，以下のように，各カイラリティ状態が同じ偏差分方程式を満たしていることが分かる．

$$\Psi^L_{n+2}(x) = a\,\Psi^L_{n+1}(x+1) + d\,\Psi^L_{n+1}(x-1) - (ad-bc)\,\Psi^L_n(x),$$
$$\Psi^R_{n+2}(x) = a\,\Psi^R_{n+1}(x+1) + d\,\Psi^R_{n+1}(x-1) - (ad-bc)\,\Psi^R_n(x).$$

[問題 4.2.1] 上式を確かめよ．

つまり，$\Psi^j_n(x)\,(j=L,R)$ は以下を満たす．
$$\eta_{n+2}(x) = a\eta_{n+1}(x+1) + d\eta_{n+1}(x-1) - (ad-bc)\eta_n(x). \tag{4.2.1}$$

但し，$\eta_n(x) \in \mathbb{C}$ は，時刻 $n \in \mathbb{Z}_+$ で場所 $x \in \mathbb{Z}$ の左，或いは右向き状態のカイラリティに対する確率振幅を表す．ここで，$\mathbb{Z}_+$ は非負整数全体の集合を表す．このような議論は，Knight, Roldán and Sipe (2003a, 2003b) で見られるが，既に Gudder (1988) の本の 279 ページで指摘されている．いずれにせよ，量子ウォークの 2 つのカイラリティ L と R が，実は独立に同じ時間発展の方程式 (4.2.1) を満たしているという事実がこの章では重要である．従って，最初の 2 ステップの状態が決まれば，2 つの状態はその後，独立に運動する．この章では，式 (4.2.1) で時間発展するモデルを可逆セルオートマトンと呼ぶことにする．何故なら，$\eta_n(x)$ は $\eta_{n+1}(\cdot)$ と $\eta_{n+2}(\cdot)$ の配置によっても決まるからである．

もし式 (4.2.1) の初期状態として，$(\eta_0(0), \eta_1(-1), \eta_1(1)) = (\Psi^L_0(0), a\Psi^L_0(0)+b\Psi^R_0(0), 0)$ を与えるなら，$\eta_n(x) = \Psi^L_n(x)$ が成り立つ．即ち，$\eta_n(x)$ は量子ウォークの左向き状態のカイラリティを表す．同様に，式 (4.2.1) の初期状態として $(\eta_0(0), \eta_1(-1), \eta_1(1)) = (\Psi^R_0(0), 0, c\Psi^L_0(0)+d\Psi^R_0(0))$ を与えるなら，$\eta_n(x) = \Psi^R_n(x)$ となり，$\eta_n(x)$ は量子ウォークの右向き状態のカイラリティを表す．

[問題 4.2.2] 上記のことを確かめよ．

ここで，初期状態としてもっと一般的な場合について考える．量子ウォークと同様に，可逆セルオートマトンの場合も初期状態によって様々な特性量の性質が変わるので，初期状態の集合を以下のように定める．
$$\widetilde{\Phi} = \{\widetilde{\varphi} = (\eta_0(0), \eta_1(-1), \eta_1(1)) \equiv (\alpha, \beta, \gamma) : \alpha, \beta, \gamma \in \mathbb{C}\}.$$
また，量子ウォークの初期状態の集合と区別するために，"~" の記号を付けることにする．

以後考える可逆セルオートマトンは，$H(\theta)$ によって定まるモデルだけを考えるとする．従って，以下が成り立つ．
$$\eta_{n+2}(x) = \cos\theta[\eta_{n+1}(x+1) - \eta_{n+1}(x-1)] + \eta_n(x). \tag{4.2.2}$$

McGuigan (2003) は量子セルオートマトン（quantum cellular automaton）の幾つかのクラスを研究した．彼のクラスの分類では，式 (4.2.2) で決まる我々のモデルは，以下で定義されるフェルミオン的（fermionic）量子セルオートマトンに属する．

$$\eta_{n+2}(x) = f(\eta_{n+1}(x+1), \eta_n(x), \eta_{n+1}(x-1)) + \eta_n(x). \tag{4.2.3}$$

実際,我々の可逆セルオートマトンは,$f(x,y,z) = (x-z)\cos\theta$ とすればよい.

また,式 (4.2.2) を用いて,Romanelli et al. (2004) は,1 次元の量子ウォークの時間発展をマルコフ的な部分とそれ以外の部分に分け,詳細な解析を行った.

4.3 分布の対称性

時刻 $n \in \mathbb{Z}_+$ の可逆セルオートマトン η_n の**分布**(一般には,確率分布にはならないが)を以下で定義する.

$$\{|\eta_n(x)|^2 : x \in \mathbb{Z}\}.$$

この節では,可逆セルオートマトン η_n の分布が任意の時刻 n で対称になるための必要充分条件(定理 4.3.2)について考える.そのためにまず次の補題を用意する.

補題 4.3.1 (i) 初期状態として以下を仮定する.

$$\widetilde{\varphi} = (\eta_0(0), \eta_1(-1), \eta_1(1)) \equiv (\alpha, \beta, -\beta).$$

但し,$\alpha, \beta \in \mathbb{C}$. このとき,任意の $x \in \mathbb{Z}$ と $n \in \mathbb{Z}_+$ に対して,

$$\eta_n(x) = (-1)^n \eta_n(-x) \tag{4.3.4}$$

が成り立つ.

(ii) 初期状態として以下を仮定する.

$$\widetilde{\varphi} = (\eta_0(0), \eta_1(-1), \eta_1(1)) \equiv (0, \beta, e^{i\xi}\beta).$$

但し,$\beta \in \mathbb{C}$, $\xi \in \mathbb{R}$. このとき,任意の $x \in \mathbb{Z}_+$ と $n \in \mathbb{Z}_+$ に対して,

$$\eta_n(x) = (-1)^{n+1} e^{i\xi} \overline{\eta_n(-x)} \tag{4.3.5}$$

が成り立つ.

証明. 時刻 n に関する帰納法で証明する.(ii) の証明は,(i) と本質的に同じなので省略する.

最初に,$n = 0, 1$ の場合について考えるが,この場合には簡単に,式 (4.3.4) が成り立つことは確認できる.次に,$m \geq 0$ として,時刻 $n = m, m+1$ で式 (4.3.4) が成立すると仮定する.このとき,

$$\begin{aligned}
\eta_{m+2}(x) &= \cos\theta[\eta_{m+1}(x+1) - \eta_{m+1}(x-1)] + \eta_m(x) \\
&= \cos\theta[(-1)^{m+1}\eta_{m+1}(-x-1) - (-1)^{m+1}\eta_{m+1}(-x+1)] + (-1)^m \eta_m(-x) \\
&= (-1)^{m+1}\cos\theta[\eta_{m+1}(-x-1) - \eta_{m+1}(-x+1)] + (-1)^m \eta_m(-x) \\
&= (-1)^{m+2}\{\cos\theta[\eta_{m+1}(-x+1) - \eta_{m+1}(-x-1)] + \eta_m(-x)\}
\end{aligned}$$

$$= (-1)^{m+2}\eta_{m+2}(-x).$$

上の変形で，最初と最後の等式は，式 (4.2.2) から導かれる．2 番目の等式では，帰納法の仮定を用いた．以上より，時刻 $n = m+2$ でも式 (4.3.4) が成り立つことが示された．よって，証明を終わる． □

ここで，初期状態の集合に対して 3 つのクラスを導入する．

$$\widetilde{\Phi}_\perp = \Big\{\widetilde{\varphi} \in \widetilde{\Phi}: \text{``}\beta + \gamma = 0\text{''}, \tag{4.3.6}$$

$$\text{または，``}|\beta| = |\gamma|(>0), \text{ かつ } \alpha = 0\text{''}, \tag{4.3.7}$$

$$\text{または，``}|\beta| = |\gamma|(>0), \alpha \neq 0, \text{ かつ } \theta_\beta + \theta_\gamma - 2\theta_\alpha = \pi \pmod{2\pi}\text{''}\Big\}, \tag{4.3.8}$$

$$\widetilde{\Phi}_s = \{\widetilde{\varphi} \in \widetilde{\Phi}: \text{任意の } n \in \mathbb{Z}_+ \text{ と } x \in \mathbb{Z} \text{ に対して}, |\eta_n(x)| = |\eta_n(-x)|\},$$

$$\widetilde{\Phi}_0 = \Big\{\widetilde{\varphi} \in \widetilde{\Phi}: \text{任意の } n \in \mathbb{Z}_+ \text{ に対して}, \sum_{x=-\infty}^{\infty} x|\eta_n(x)|^2 = 0\Big\}.$$

ここで，θ_z は，$z(\neq 0) \in \mathbb{C}$ の偏角．もし $\widetilde{\varphi} \in \widetilde{\Phi}_s$ ならば，η_n の分布は（一般には確率分布ではないが）任意の時刻 $n \in \mathbb{Z}_+$ で対称になる．

定理 4.3.2 式 (4.2.2) で定義される可逆セルオートマトンに対して，

$$\widetilde{\Phi}_\perp = \widetilde{\Phi}_s = \widetilde{\Phi}_0.$$

証明． 最初に $\widetilde{\Phi}_s$ と $\widetilde{\Phi}_0$ の定義から直ちに，以下が導かれる．

$$\widetilde{\Phi}_s \subset \widetilde{\Phi}_0. \tag{4.3.9}$$

次に，$\widetilde{\Phi}_\perp \subset \widetilde{\Phi}_s$ を示すが，下記の 3 つの場合に分ける．

ケース 1． 初期状態が式 (4.3.6) を満たすなら，補題 4.3.1 (i) から次の関係式を得る．

$$|\eta_n(x)| = |\eta_n(-x)|. \tag{4.3.10}$$

ケース 2． 初期状態が式 (4.3.7) を満たすなら，補題 4.3.1 (ii) より，式 (4.3.10) を得る．

ケース 3． 初期状態が式 (4.3.8) を満たすと仮定する．ここで，

$$\widetilde{\varphi}_1 = (|\alpha|e^{i\theta_\alpha}, |\beta|e^{i\theta_\beta}, |\beta|e^{i(\pi - \theta_\beta + 2\theta_\alpha)})$$

とおき，さらに

$$\widetilde{\varphi}_2 = e^{-i\theta_\alpha}\widetilde{\varphi}_1 = (|\alpha|, |\beta|e^{i(\theta_\beta - \theta_\alpha)}, |\beta|e^{i(\pi - \theta_\beta + \theta_\alpha)})$$

とする．$\theta = \theta_\alpha - \theta_\beta$ とおくと，$\widetilde{\varphi}_2 = (|\alpha|, |\beta|e^{i\theta}, |\beta|e^{i(\pi - \theta)})$．故に，$\widetilde{\varphi}_2$ の実部と虚部はそれぞれ以下になる．

$$\Re(\widetilde{\varphi}_2) = (|\alpha|, |\beta|\cos\theta, -|\beta|\cos\theta),$$
$$\Im(\widetilde{\varphi}_2) = (0, |\beta|\sin\theta, |\beta|\sin\theta).$$

ここで，可逆セルオートマトンの初期条件として $\Re(\widetilde{\varphi}_2)$ をとると，補題 4.3.1 (i) を用いることにより，η_n の分布が対称になることが導かれる．同様に，補題 4.3.1 (ii) より，初期条件 $\Im(\widetilde{\varphi}_2)$ も対称な分布を導くことが分かる．$\widetilde{\varphi}_2 = \Re(\widetilde{\varphi}_2) + i\Im(\widetilde{\varphi}_2) \in \widetilde{\Phi}_s$ から，$\widetilde{\varphi}_1 \in \widetilde{\Phi}_s$ を得る．故に，任意の $\widetilde{\varphi} \in \widetilde{\Phi}_\perp$ に対して，$|\eta_n(x)| = |\eta_n(-x)|$ $(x \in \mathbb{Z}, n \in \mathbb{Z}_+)$ を得る．従って，次の結論を得る．

$$\widetilde{\Phi}_\perp \subset \widetilde{\Phi}_s. \tag{4.3.11}$$

最後に，$m(n) \equiv \sum_{x=-\infty}^{\infty} x|\eta_n(x)|^2$ とおいたとき，以下が得られる．

$m(1) = |\gamma|^2 - |\beta|^2,$
$m(2) = 2\cos^2\theta(|\gamma|^2 - |\beta|^2),$
$m(3) = \frac{1}{2}(3\cos^2 2\theta + 2\cos 2\theta + 1)(|\gamma|^2 - |\beta|^2) - \frac{1}{2}\sin\theta\,\sin 2\theta\,\{\alpha(\overline{\beta}+\overline{\gamma}) + \overline{\alpha}(\beta+\gamma)\}.$

上記の結果より，もし $\widetilde{\varphi} \in \widetilde{\Phi}_0$ ならば，$\widetilde{\varphi} \in \widetilde{\Phi}_\perp$ が導かれる．従って，

$$\widetilde{\Phi}_0 \subset \widetilde{\Phi}_\perp. \tag{4.3.12}$$

以上より，式 (4.3.10) - (4.3.12) を組合せると，

$$\widetilde{\Phi}_\perp \subset \widetilde{\Phi}_s \subset \widetilde{\Phi}_0 \subset \widetilde{\Phi}_\perp$$

となり，求めたい結論が得られる． □

4.4 可逆セルオートマトンの保存量

これから簡単のために $0 < \theta < \pi/2$ を仮定する．まず，

$$||\eta_n||^2 = \sum_{x=-\infty}^{\infty} |\eta_n(x)|^2$$

とおく．この節では，可逆セルオートマトンのある保存量の初期状態に関する必要充分条件を与える．具体的には，任意の $n \in \mathbb{Z}_+$ に対して，$||\eta_n||^2 = c$ が成立する $c \geq 0$ の存在を保証する初期状態に関する必要充分条件のことである．そのために，以下の 2 つの $\widetilde{\Phi}$ の部分集合を導入する．

$$\widetilde{\Phi}_*(c) = \{\widetilde{\varphi} \in \widetilde{\Phi}: \quad |\alpha|^2 = c, \tag{4.4.13}$$
$$|\beta|^2 + |\gamma|^2 = c, \tag{4.4.14}$$
$$\beta\overline{\gamma} + \overline{\beta}\gamma = 0, \tag{4.4.15}$$

$$\alpha(\overline{\beta}-\overline{\gamma})+\overline{\alpha}(\beta-\gamma)=2c\cos\theta\},\tag{4.4.16}$$

と

$$\widetilde{\Phi}(c)=\left\{\widetilde{\varphi}\in\widetilde{\Phi}:\text{任意の } n\in\mathbb{Z}_+ \text{ に対して, } ||\eta_n||^2=c\right\}.$$

ここで, $\widetilde{\Phi}(c)$ は, $||\eta_n||$ が保存量になるための初期状態の集合である. 特に $c=0$ のときは,

$$\widetilde{\Phi}_*(0)=\widetilde{\Phi}(0)=\left\{\widetilde{\varphi}\in\widetilde{\Phi}:\alpha=\beta=\gamma=0\right\}$$

がすぐに得られるので, 以下 $c>0$ を仮定する. このとき, 次の結果を得る.

定理 4.4.1 任意の $c>0$ に対して,

$$\widetilde{\Phi}_*(c)=\widetilde{\Phi}(c).$$

上記の定理より, $\widetilde{\Phi}_*(c)$ が我々の求めたかった必要充分条件であることが分かる.

証明. ケース 1. $\widetilde{\Phi}(c)\subset\widetilde{\Phi}_*(c)$.
少し計算すると, 以下が得られる.

$$||\eta_0||^2=|\alpha|^2,\tag{4.4.17}$$

$$||\eta_1||^2=|\beta|^2+|\gamma|^2,\tag{4.4.18}$$

$$||\eta_2||^2=|\alpha|^2+2\cos^2\theta(|\beta|^2+|\gamma|^2)-\cos^2\theta(\beta\overline{\gamma}+\overline{\beta}\gamma)$$
$$-\cos\theta(\alpha(\overline{\beta}-\overline{\gamma})+\overline{\alpha}(\beta-\gamma)),\tag{4.4.19}$$

$$||\eta_3||^2=2\cos^2\theta|\alpha|^2+\left\{2\cos^4\theta+(1-2\cos^2\theta)^2\right\}(|\beta|^2+|\gamma|^2)$$
$$+2\cos^2\theta(1-2\cos^2\theta)(\beta\overline{\gamma}+\overline{\beta}\gamma)$$
$$+\cos\theta(1-3\cos^2\theta)\{\alpha(\overline{\beta}-\overline{\gamma})+\overline{\alpha}(\beta-\gamma)\}.\tag{4.4.20}$$

式 (4.4.17) - (4.4.19) を用いると,

$$\alpha(\overline{\beta}-\overline{\gamma})+\overline{\alpha}(\beta-\gamma)=\cos\theta\{2c-(\beta\overline{\gamma}+\overline{\beta}\gamma)\}\tag{4.4.21}$$

が得られる. 式 (4.4.17), (4.4.18), (4.4.20), (4.4.21) より,

$$\sin\theta\cos\theta(\beta\overline{\gamma}+\overline{\beta}\gamma)=0$$

を得るので, $0<\theta<\pi/2$ に注意すると, $\beta\overline{\gamma}+\overline{\beta}\gamma=0$ が導かれる. このとき, 式 (4.4.21) より, 式 $\alpha(\overline{\beta}-\overline{\gamma})+\overline{\alpha}(\beta-\gamma)=2c\cos\theta$ が得られる. よって, 求めたい結論が導かれた.
ケース 2. $\widetilde{\Phi}_*(c)\subset\widetilde{\Phi}(c)$.
まず, $\xi\in\mathbb{R}$ に対して,

$$\widetilde{\eta}_n(\xi)=\sum_{x\in\mathbb{Z}}e^{i\xi x}\eta_n(x)$$

とおく[*1]. 式 (4.2.2) より, 以下を得る.

$$\widetilde{\eta}_{n+2}(\xi) = \cos\theta(e^{-i\xi} - e^{i\xi})\widetilde{\eta}_{n+1}(\xi) + \widetilde{\eta}_n(\xi).$$

但し,

$$\widetilde{\eta}_0(\xi) = \alpha, \qquad \widetilde{\eta}_1(\xi) = e^{-i\xi}\beta + e^{i\xi}\gamma.$$

故に,

$$\widetilde{\eta}_n(\xi) = A(\xi)\lambda_+^n(\xi) + B(\xi)\lambda_-^n(\xi)$$

が得られる. 但し,

$$A(\xi) = \frac{\alpha e^{-i\varphi} + C(\xi)}{e^{i\varphi} + e^{-i\varphi}}, \quad B(\xi) = \frac{\alpha e^{i\varphi} - C(\xi)}{e^{i\varphi} + e^{-i\varphi}}, \quad C(\xi) = \beta e^{-i\xi} + \gamma e^{i\xi},$$

また,

$$\lambda_\pm(\xi) = -i\cos\theta\sin\xi \pm \sqrt{1 - \cos^2\theta\sin^2\xi}.$$

次に, 以下の記号を導入する.

$$\langle f|g\rangle = \frac{1}{2\pi}\int_0^{2\pi} \overline{f(\xi)}g(\xi)d\xi.$$

特に, $||f||_*^2 = \langle f|f\rangle$ が成立する. このとき,

$$\sum_{x=-\infty}^{\infty} |\eta_n(x)|^2 = \frac{1}{2\pi}\int_0^{2\pi} |\widetilde{\eta}_n(\xi)|^2 d\xi$$

より, 次が成り立つ.

$$||\eta_n|| = ||\widetilde{\eta}_n||_*.$$

ここで, $\varphi = \varphi(\xi) \in \mathbb{R}$ を $\lambda_+(\xi) = e^{i\xi\varphi}$ で定める. 即ち,

$$\cos\varphi = \sqrt{1 - \cos^2\theta\sin^2\xi}, \qquad \sin\varphi = -\cos\theta\sin\xi.$$

故に, $\lambda_-(\xi) = -e^{-i\xi\varphi}$. このとき, 任意の $n \in \mathbb{Z}_+$ に対して, 次の結果を得る.

$$||\eta_n||^2 = ||A||_*^2 + ||B||_*^2 + (-1)^n\{\langle e^{in\varphi}A|e^{-in\varphi}B\rangle + \langle e^{-in\varphi}B|e^{in\varphi}A\rangle\}.$$

また, 以下が成り立つ.

$$||A||_*^2 = ||B||_*^2 = \frac{1}{4\sin\theta}\left[(|\alpha|^2 + |\beta|^2 + |\gamma|^2) - \{\alpha(\overline{\beta} - \overline{\gamma}) + \overline{\alpha}(\beta - \gamma)\}\right.$$
$$\left.\left(\frac{1-\sin\theta}{\cos\theta}\right) - (\beta\overline{\gamma} + \overline{\beta}\gamma)\left(\frac{1-\sin\theta}{\cos\theta}\right)^2\right].$$

さらに, 任意の $n \in \mathbb{Z}_+$ に対して, 以下が得られる.

[*1] ここでは, フーリエ変換の定義を原論文 Konno, Mitsuda, Soshi and Yoo (2004) にあわせることにする.

$$4\pi\{\langle e^{in\varphi}A|e^{-in\varphi}B\rangle + \langle e^{-in\varphi}B|e^{in\varphi}A\rangle\}$$
$$= |\alpha|^2 \int_0^{2\pi} \frac{\cos(2(n-1)\varphi)}{\cos^2\varphi} d\xi$$
$$+ (\overline{\alpha}\gamma - \alpha\overline{\beta})i \left\{ \int_0^{2\pi} \frac{\cos\xi\sin((2n-1)\varphi)}{\cos^2\varphi} d\xi + i \int_0^{2\pi} \frac{\sin\xi\sin((2n-1)\varphi)}{\cos^2\varphi} d\xi \right\}$$
$$+ (\overline{\alpha}\beta - \alpha\overline{\gamma})i \left\{ \int_0^{2\pi} \frac{\cos\xi\sin((2n-1)\varphi)}{\cos^2\varphi} d\xi - i \int_0^{2\pi} \frac{\sin\xi\sin((2n-1)\varphi)}{\cos^2\varphi} d\xi \right\}$$
$$- (|\beta|^2 + |\gamma|^2) \int_0^{2\pi} \frac{\cos(2n\varphi)}{\cos^2\varphi} d\xi$$
$$- \beta\overline{\gamma} \left\{ \int_0^{2\pi} \frac{\cos(2\xi)\cos(2n\varphi)}{\cos^2\varphi} d\xi - i \int_0^{2\pi} \frac{\sin(2\xi)\cos(2n\varphi)}{\cos^2\varphi} d\xi \right\}$$
$$- \overline{\beta}\gamma \left\{ \int_0^{2\pi} \frac{\cos(2\xi)\cos(2n\varphi)}{\cos^2\varphi} d\xi + i \int_0^{2\pi} \frac{\sin(2\xi)\cos(2n\varphi)}{\cos^2\varphi} d\xi \right\}.$$

上記の結果より,任意の $n \in \mathbb{Z}_+$ に対して,以下が導かれる.

$$||\eta_n||^2 = \frac{1}{2\sin\theta} \left[(|\alpha|^2 + |\beta|^2 + |\gamma|^2) - \{\alpha(\overline{\beta} - \overline{\gamma}) + \overline{\alpha}(\beta - \gamma)\} \left(\frac{1-\sin\theta}{\cos\theta} \right) \right.$$
$$\left. - (\beta\overline{\gamma} + \overline{\beta}\gamma) \left(\frac{1-\sin\theta}{\cos\theta} \right)^2 \right]$$
$$+ \frac{(-1)^n}{\pi} \left[|\alpha|^2 \int_{\theta-\pi/2}^0 \frac{\cos(2(n-1)x)}{\cos x \sqrt{\cos^2 x - \sin^2\theta}} dx \right.$$
$$- \{\alpha(\overline{\beta} - \overline{\gamma}) + \overline{\alpha}(\beta - \gamma)\} \frac{1}{\cos\theta} \int_{\theta-\pi/2}^0 \frac{\sin x \sin((2n-1)x)}{\cos x \sqrt{\cos^2 x - \sin^2\theta}} dx$$
$$- (|\beta|^2 + |\gamma|^2) \int_{\theta-\pi/2}^0 \frac{\cos(2nx)}{\cos x \sqrt{\cos^2 x - \sin^2\theta}} dx$$
$$- (\beta\overline{\gamma} + \overline{\beta}\gamma) \left\{ \frac{2}{\cos\theta} \int_{\theta-\pi/2}^0 \frac{\cos(2nx)\sqrt{\cos^2 x - \sin^2\theta}}{\cos x} dx \right.$$
$$\left. \left. - \int_{\theta-\pi/2}^0 \frac{\cos(2nx)}{\cos x \sqrt{\cos^2 x - \sin^2\theta}} dx \right\} \right]. \quad (4.4.22)$$

ここで,条件 "$|\alpha|^2 = |\beta|^2 + |\gamma|^2 = c$, $\alpha(\overline{\beta} - \overline{\gamma}) + \overline{\alpha}(\beta - \gamma) = 2c\cos\theta$, $\beta\overline{\gamma} + \overline{\beta}\gamma = 0$" を用いると,任意の $n \in \mathbb{Z}_+$ に対して,

$$||\eta_n||^2 = c + \frac{(-1)^n c}{\pi} \int_{\theta-\pi/2}^0 \frac{\cos(2(n-1)x) - 2\sin x \sin((2n-1)x) - \cos(2nx)}{\cos x \sqrt{\cos^2 x - \sin^2\theta}} dx.$$

他方,

$$\cos(2(n-1)x) - 2\sin x \sin((2n-1)x) - \cos(2nx) = 0 \quad (n \in \mathbb{Z}_+)$$

が成立しているので,

$$||\eta_n||^2 = c \quad (n \in \mathbb{Z}_+)$$

の結論が得られる．即ち，$\widetilde{\Phi}_*(c) \subset \widetilde{\Phi}(c)$．これで，定理 4.4.1 の証明を終わる． □

ここで，上記の証明の中で出てきた式 (4.4.22) と リーマン-ルベーグの補題を用いると，
$$\lim_{n\to\infty} ||\eta_n||^2 = \frac{1}{2\sin\theta}\left[(|\alpha|^2 + |\beta|^2 + |\gamma|^2) - \{\alpha(\overline{\beta}-\overline{\gamma}) + \overline{\alpha}(\beta-\gamma)\}\left(\frac{1-\sin\theta}{\cos\theta}\right)\right.$$
$$\left. -(\beta\overline{\gamma} + \overline{\beta}\gamma)\left(\frac{1-\sin\theta}{\cos\theta}\right)^2\right]. \quad (4.4.23)$$

この式は次の節で用いられる．

定理 4.4.1 の帰結として，対称な分布を持つ可逆セルオートマトンはこの保存量を持たないという，次の興味深い結論が得られる．

系 4.4.2 任意の $c > 0$ に対して，
$$\widetilde{\Phi}_s \cap \widetilde{\Phi}(c) = \emptyset.$$

証明． 以下 2 つの場合について考える．

ケース 1． $\beta + \gamma = 0$ のとき，$|\beta|^2 + |\gamma|^2 = c$ から，以下を得る．
$$\beta = \sqrt{\frac{c}{2}}\,e^{i\theta_\beta}, \qquad \gamma = -\sqrt{\frac{c}{2}}\,e^{i\theta_\beta}. \quad (4.4.24)$$
しかし，$\beta\overline{\gamma} + \overline{\beta}\gamma = -c\,(<0)$ が成り立つので，式 (4.4.24) と $\beta\overline{\gamma} + \overline{\beta}\gamma = 0$ は互いに矛盾する．

ケース 2． "$|\beta| = |\gamma|(>0), \alpha = 0$" と "$|\alpha|^2 = c\,(>0)$" は互いに矛盾する．

ケース 3． まず，"$|\beta| = |\gamma|(>0), \alpha \neq 0$，かつ $\theta_\beta + \theta_\gamma - 2\theta_\alpha = \pi \pmod{2\pi}$" を仮定する．但し，以後 "$\mathrm{mod}\,2\pi$" を省略する．このとき，
$$\alpha(\overline{\beta}-\overline{\gamma}) + \overline{\alpha}(\beta-\gamma) = 2c\cos\theta$$
は次のように書きかえられる．
$$|\alpha|\{|\beta|\cos(\theta_\alpha - \theta_\beta) - |\gamma|\cos(\theta_\alpha - \theta_\gamma)\} = c\cos\theta. \quad (4.4.25)$$
他方，$|\alpha| = \sqrt{c}, |\beta| = |\gamma| = \sqrt{c/2}$ に注意すると，式 (4.4.25) は以下のようになる．
$$\cos(\theta_\alpha - \theta_\beta) - \cos(\theta_\alpha - \theta_\gamma) = \sqrt{2}\cos\theta. \quad (4.4.26)$$
また，式 (4.4.26) と $\theta_\beta + \theta_\gamma - 2\theta_\alpha = \pi$ より，
$$\sin\left(\frac{\theta_\beta - \theta_\gamma}{2}\right) = -\frac{\cos\theta}{\sqrt{2}}. \quad (4.4.27)$$
ここで，$\beta\overline{\gamma} + \overline{\beta}\gamma = 0$ より，$\theta_\beta - \theta_\gamma = \pm\pi/2$ が成り立つことに注意すると，式 (4.4.27) は $\cos\theta = \pm 1$ となる．$0 < \theta < \pi/2$ より，矛盾が生じる．以上より証明を終わる． □

4.5 量子ウォークとの関連

この節では，$H(\theta)$ で定義される量子ウォークとそれから得られる可逆セルオートマトンとの関係について考察し，量子ウォークに関する非自明な性質を導出する．

まず，$\varphi = {}^T[\alpha_l, \alpha_r]$ ($|\alpha_l|^2 + |\alpha_r|^2 = 1$) を初期量子ビットとする原点から出発する量子ウォークについて検討する．ここで，可逆セルオートマトンの保存量に対する結果 (定理 4.4.1) を量子ウォークに適用する．

最初に，左向きのカイラリティについて考える．つまり，$\alpha = \alpha_l$, $\beta = \cos\theta\, \alpha_l + \sin\theta\, \alpha_r$, かつ $\gamma = 0$．このとき，$\gamma = 0$ より，式 (4.4.15) は成立する．式 (4.4.14) と式 (4.4.16) は以下のようにそれぞれ書き直せる．

$$\cos^2\theta|\alpha_l|^2 + \sin^2\theta|\alpha_r|^2 + \cos\theta\sin\theta(\alpha_l\overline{\alpha_r} + \overline{\alpha_l}\alpha_r) = c, \tag{4.5.28}$$

$$2\cos\theta|\alpha_l|^2 + \sin\theta(\alpha_l\overline{\alpha_r} + \overline{\alpha_l}\alpha_r) = 2c\cos\theta. \tag{4.5.29}$$

ここで，$\sin\theta \neq 0$（何故なら，$0 < \theta < \pi/2$）と式 (4.4.13), (4.5.29) を用いて，次を得る．

$$\alpha_l\overline{\alpha_r} + \overline{\alpha_l}\alpha_r = 0. \tag{4.5.30}$$

式 (4.5.28) と式 (4.5.30) を組合せることにより，

$$\cos^2\theta|\alpha_l|^2 + \sin^2\theta|\alpha_r|^2 = c. \tag{4.5.31}$$

他方，$|\alpha_l|^2 + |\alpha_r|^2 = 1$ と式 (4.4.13) より，$|\alpha_r|^2 = 1 - c$ が導かれる．式 (4.5.31) と最後の式から，以下を得る．

$$c = 1/2. \tag{4.5.32}$$

さらに，$|\alpha_l| = |\alpha_r| = 1/\sqrt{2}$ が式 (4.5.32) より導かれ，この結果と式 (4.5.30) から，保存量 $c = 1/2$ をもつ可逆セルオートマトンに対応する量子ウォークの初期量子ビットは次のタイプしかないことが分かる．

$$\varphi = \begin{bmatrix} \alpha_l \\ \alpha_r \end{bmatrix} = \pm \frac{e^{i\xi}}{\sqrt{2}} \begin{bmatrix} 1 \\ i \end{bmatrix}. \tag{4.5.33}$$

但し，$\xi \in \mathbb{R}$．同様に，右向きのカイラリティについて考える．即ち $\alpha = \alpha_r$, $\beta = 0$, かつ $\gamma = \sin\theta\, \alpha_l - \cos\theta\, \alpha_r$．この場合も，同様な計算により，同じ結論を得る．つまり，式 (4.5.32) と式 (4.5.33) である．

他方，$H(\theta)$ で決まる量子ウォークの初期量子ビットとして，式 (4.5.33) をとると，定理 1.6.1 より，その分布は対称になることが分かる．さらに，任意の $n \in \mathbb{Z}_+$ に対して，下記のような保存量に関する結果も得られる．

$$\|\Psi_n^L\|^2 = \|\Psi_n^R\|^2 = \frac{1}{2}.$$

特に，$\theta = \pi/4$ のアダマールウォークの場合，もし $\varphi = {}^T[1/\sqrt{2}, i/\sqrt{2}]$ ならば，任意の $n \in \mathbb{Z}_+$

第 4 章 可逆セルオートマトン

に対して，$||\Psi_n^L||^2 = ||\Psi_n^R||^2 = 1/2$ が成り立つことになる．しかし，系 4.4.2 によると，保存量（今の場合には $c = 1/2$ であるが）は分布が対称であることと相容れない．以上より，量子ウォークに関して次の興味深い結論を得る．即ち，どんな対称な確率分布を持つ量子ウォークも各カイラリティに分解したときの分布はもはや対称ではありえない．

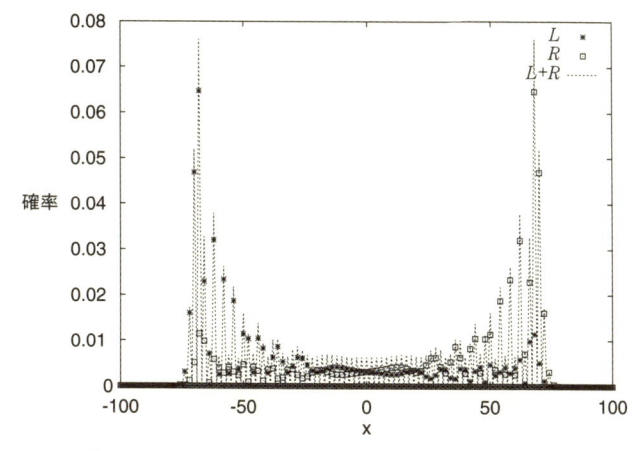

図 4.5.1 対称なアダマールウォークの場合．L が左向きの，R が右向きのカイラリティに関する分布を表す．$L + R$ はアダマールウォークの分布を表す．

最後に一般の場合について考える．量子ウォークの時間発展のユニタリ性より，任意の時刻 $n \in \mathbb{Z}_+$ に対して，$||\Psi_n^L||^2 + ||\Psi_n^R||^2 = 1$ が成り立つ．さらに，式 (4.4.23) より，以下が得られる．

$$\lim_{n \to \infty} ||\Psi_n^L||^2 = \frac{1}{2\sin\theta}\left[(1+\cos^2\theta)|\alpha_l|^2 + \sin^2\theta|\alpha_r|^2 + \sin\theta\cos\theta(\alpha_l\overline{\alpha_r} + \overline{\alpha_l}\alpha_r) \right.$$
$$\left. - \{2\cos\theta|\alpha_l|^2 + \sin\theta(\alpha_l\overline{\alpha_r} + \overline{\alpha_l}\alpha_r)\}\left(\frac{1-\sin\theta}{\cos\theta}\right)\right],$$

$$\lim_{n \to \infty} ||\Psi_n^R||^2 = \frac{1}{2\sin\theta}\left[(1+\cos^2\theta)|\alpha_r|^2 + \sin^2\theta|\alpha_l|^2 - \sin\theta\cos\theta(\alpha_l\overline{\alpha_r} + \overline{\alpha_l}\alpha_r) \right.$$
$$\left. - \{2\cos\theta|\alpha_r|^2 - \sin\theta(\alpha_l\overline{\alpha_r} + \overline{\alpha_l}\alpha_r)\}\left(\frac{1-\sin\theta}{\cos\theta}\right)\right].$$

例えば，$\theta \in (0, \pi/2)$ かつ $\varphi = {}^T[1, 0]$（非対称な場合）をとると，次が成り立つ．

$$\lim_{n \to \infty} ||\Psi_n^L||^2 = 1 - \frac{\sin\theta}{2} \in \left(\frac{1}{2}, 1\right), \quad \lim_{n \to \infty} ||\Psi_n^R||^2 = \frac{\sin\theta}{2} \in \left(0, \frac{1}{2}\right).$$

第5章 量子セルオートマトン

5.1 序

Patel, Raghunathan and Rungta (2005a) はコイン空間を導入せずに 1 次元の量子ウォークを構成しその漸近挙動などを解析したが，このモデルは，Meyer (1996, 1997, 1998) などによって研究されてきた量子セルオートマトンのあるクラスとも考えられる．従って，本書では彼らのモデルを**量子セルオートマトン**（quantum cellular automaton）と呼ぶことにする[*1]．

後で与えるように，量子セルオートマトンの定義だけみると量子ウォークと異なるように見えるが，実は一般的な設定では，一対一に対応する．この章ではその関係について明らかにし，その関係を用いて，Patel, Raghunathan and Rungta (2005a) で得られた漸近挙動を第 1 章で紹介した極限定理の系として簡単に導き出したい．尚，この章の結果は Hamada, Konno and Segawa (2005) にもとづいている．

5.2 量子セルオートマトンの定義

この節では，Patel, Raghunathan and Rungta (2005a) が研究したモデルを含む 1 次元量子セルオートマトンのダイナミクスを定義する．まず，$\eta_n^{(m)}(x)(\in \mathbb{C})$ を時刻 $n \in \mathbb{Z}_+$ のとき，場所 $x \in \mathbb{Z}$ で，$m \in \mathbb{Z}$ から出発する量子セルオートマトンの確率振幅とする．従って，$\eta_0^{(m)}(m) = 1$ かつ $\eta_0^{(m)}(x) = 0 \, (x \neq m)$ が成り立っている．さらに，

$$\zeta_n^{(m:\pm)}(x) = |\alpha \eta_n^{(m)}(x) + \beta \eta_n^{(m \pm 1)}(x)|^2,$$

かつ

$$\zeta_n^{(m:\pm)} = (\zeta_n^{(m:\pm)}(x) : x \in \mathbb{Z})$$

とおく．但し，$\alpha, \beta \in \mathbb{C}$ で $|\alpha|^2 + |\beta|^2 = 1$ を満たす．後で分かるように，$\zeta_n^{(m:\pm)}(x)$ は時刻 n での量子ウォークの確率分布と同じである．ここで，(α, β) は量子ウォークの初期量子ビットに

[*1] この章で扱う量子セルオートマトンの他にも量子セルオートマトンと呼ばれるモデルがある．例えば，古典のセルオートマトン（Wolfram (2002) のルールナンバーのついた elementary セルオートマトンなど）を拡張した量子セルオートマトンは，Inokuchi and Mizoguchi (2005) で導入され，その統計的性質は，Inui, Inokuchi, Mizoguchi and Konno (2005) で研究された．

対応している．1次元の量子セルオートマトンの時間発展は次で定まる．

$$\eta_{n+1}^{(m)} = \overline{U}\eta_n^{(m)}.$$

但し，$\overline{U}$ はユニタリ行列で以下で与えられる．

$$\overline{U} = \begin{array}{c} \\ \\ -3 \\ -2 \\ -1 \\ 0 \\ +1 \\ +2 \\ +3 \\ +4 \\ \\ \end{array} \begin{array}{c} \cdots \; -3 \; -2 \; -1 \;\; 0 \;\; +1 \; +2 \; +3 \; +4 \; \cdots \\ \left[\begin{array}{ccccccccc} \ddots & \vdots & \vdots & \vdots & \vdots & \vdots & \vdots & \vdots & \cdots \\ \cdots & b & a & 0 & 0 & 0 & 0 & 0 & \cdots \\ \cdots & a & b & c & d & 0 & 0 & 0 & \cdots \\ \cdots & d & c & b & a & 0 & 0 & 0 & \cdots \\ \cdots & 0 & 0 & a & b & c & d & 0 & \cdots \\ \cdots & 0 & 0 & d & c & b & a & 0 & \cdots \\ \cdots & 0 & 0 & 0 & 0 & a & b & c & \cdots \\ \cdots & 0 & 0 & 0 & 0 & d & c & b & \cdots \\ \cdots & 0 & 0 & 0 & 0 & 0 & 0 & a & b & \cdots \\ \cdots & \vdots & \vdots & \vdots & \vdots & \vdots & \vdots & \vdots & \ddots \end{array}\right] \end{array}.$$

ここで，$a, b, c, d \in \mathbb{C}$ で，任意の $n \in \mathbb{Z}_+$ に対して，$\eta_n^{(m)}$ は次で定まる．

$$\eta_n^{(m)} = {}^T[\ldots, \eta_n^{(m)}(-1), \eta_n^{(m)}(0), \eta_n^{(m)}(+1), \ldots].$$

$\|u\|^2 = \sum_{x=-\infty}^{\infty} |u(x)|^2$ とおく．$\overline{U}$ のユニタリ性から，初期状態が $\|\eta_0^{(m)}\| = 1$ なら，任意の時刻 $n \in \mathbb{Z}_+$ に対しても，$\|\eta_n^{(m)}\| = 1$ が成り立つ．さらに，$\|\zeta_0^{(m:\pm)}\| = 1$ ならば，$\|\zeta_n^{(m:\pm)}\| = 1$ が任意の $n \in \mathbb{Z}_+$ に対して成立する．また，$\overline{U}$ がユニタリであることと以下は同値である．

$$|a|^2 + |b|^2 + |c|^2 + |d|^2 = 1, \tag{5.2.1}$$

$$a\overline{d} + \overline{a}d + b\overline{c} + \overline{b}c = 0, \tag{5.2.2}$$

$$a\overline{c} + b\overline{d} = 0, \tag{5.2.3}$$

$$a\overline{b} + \overline{a}b = 0, \tag{5.2.4}$$

$$c\overline{d} + \overline{c}d = 0. \tag{5.2.5}$$

但し，$\overline{z}$ は $z \in \mathbb{C}$ の複素共役である．ここで，式 (5.2.1) - (5.2.5) を満たす a, b, c, d について考える．自明な場合は，"$|a| = 1, b = c = d = 0$"，"$|b| = 1, a = c = d = 0$"，"$|c| = 1, a = b = d = 0$"，"$|d| = 1, a = b = c = 0$" である．その他の場合は，表 5.1 の 5 つのタイプに分類される．

ここで，$\mathrm{supp}[\zeta_n^{(m:\pm)}] = \{x \in \mathbb{Z} : \zeta_n^{(m:\pm)}(x) > 0\}$ とおくと，任意の $n \in \mathbb{Z}_+$ に対して，タイプ I では，$\mathrm{supp}[\zeta_n^{(0:\pm)}] \subset \{-2, -1, 0, 1\}$ が，タイプ II では，$\mathrm{supp}[\zeta_n^{(0:\pm)}] \subset \{-1, 0, 1, 2\}$ が成り立つことがすぐに分かる．従って，タイプ I と II はどちらも自明な場合となる．次の節では，タイプ III - V を解析するために，それに対応する量子ウォークを導入する．

ところで，式 (5.2.1) - (5.2.5) を満たす (a, b, c, d) は次の表現を持つことが分かる．

$$(a, b, c, d) = e^{i\delta}(\cos\theta\cos\phi, -i\cos\theta\sin\phi, \sin\theta\sin\phi, i\sin\theta\cos\phi). \tag{5.2.6}$$

第 5 章 量子セルオートマトン

表 5.1

タイプ I	$|b|^2 + |c|^2 = 1$, $b\bar{c} + \bar{b}c = 0$, $bc \neq 0$, $a = d = 0$
タイプ II	$|a|^2 + |b|^2 = 1$, $a\bar{b} + \bar{a}b = 0$, $ab \neq 0$, $c = d = 0$
タイプ III	$|c|^2 + |d|^2 = 1$, $c\bar{d} + \bar{c}d = 0$, $cd \neq 0$, $a = b = 0$
タイプ IV	$|a|^2 + |d|^2 = 1$, $a\bar{d} + \bar{a}d = 0$, $ad \neq 0$, $b = c = 0$
タイプ V	a, b, c, d は式 (5.2.1) - (5.2.5) を満たし, $abcd \neq 0$

但し, $\theta, \phi, \delta \in [0, 2\pi)$. 従って, これからは (a, b, c, d) は上の形を仮定する. Patel, Raghunathan and Rungta (2005a) のモデルは, $\delta = \pi/2$ かつ $\theta = \phi = \pi/4$, 即ち, $(a, b, c, d) = (i/2, 1/2, i/2, -1/2)$ で, タイプ V に属する.

5.3 量子ウォークの定義

1 次元の A 型と B 型の量子ウォークを導入する. その時間発展は次のユニタリ行列で定義される.

$$U = \begin{bmatrix} a' & b' \\ c' & d' \end{bmatrix}.$$

但し, $a', b', c', d' \in \mathbb{C}$. このとき, ユニタリ性より, $|a'|^2 + |b'|^2 = |c'|^2 + |d'|^2 = 1$, $a'\overline{c'} + b'\overline{d'} = 0$, $c' = -\triangle \overline{b'}$, $d' = \triangle \overline{a'}$ の関係が成り立つ. また, $\triangle = \det U = a'd' - b'c'$ かつ $|\triangle| = 1$ である.

ここで, $|L\rangle = {}^T[1, 0]$, $|R\rangle = {}^T[0, 1]$ とおく. A 型量子ウォークに対しては, そのコイン空間での時間発展は, 以下で与えられる.

$$|L\rangle \rightarrow U|L\rangle = a'|L\rangle + c'|R\rangle, \qquad |R\rangle \rightarrow U|R\rangle = b'|L\rangle + d'|R\rangle.$$

また, B 型量子ウォークも同様である (両者の違いは下記の式 (5.3.7) で明らかとなる).

そして, j 型の量子ウォーク ($j = A, B$) に対して, $\Psi_{j,n}(x)$ を時刻 n で場所 x の確率振幅とする. 但し,

$$\Psi_{j,n}(x) = \begin{bmatrix} \Psi_{j,n}^L(x) \\ \Psi_{j,n}^R(x) \end{bmatrix}.$$

さらに, $j = A, B$ に対して, 原点から初期量子ビット $\varphi = {}^T[\alpha, \beta]$ (但し, $\alpha, \beta \in \mathbb{C}$ かつ $|\alpha|^2 + |\beta|^2 = 1$) で出発する, j 型の量子ウォークの確率振幅 $\Psi_{j,n}(x)$ のダイナミクスは, 以下で定義される.

$$\Psi_{j,n+1}(x) = P_j \Psi_{j,n}(x+1) + Q_j \Psi_{j,n}(x-1). \tag{5.3.7}$$

但し,

$$P_A = \begin{bmatrix} a' & b' \\ 0 & 0 \end{bmatrix}, \quad Q_A = \begin{bmatrix} 0 & 0 \\ c' & d' \end{bmatrix}, \quad \text{また} \quad P_B = \begin{bmatrix} a' & 0 \\ c' & 0 \end{bmatrix}, \quad Q_B = \begin{bmatrix} 0 & b' \\ 0 & d' \end{bmatrix}.$$

ここで，$U = P_j + Q_j \, (j = A, B)$ の関係に注意．このモデルでも U のユニタリ性よりどんな時刻でも確率分布になっている．式 (5.3.7) より，システム全体のユニタリ行列は以下で記述される．$j = A, B$ に対して，

$$\begin{bmatrix} \ddots & \vdots & \vdots & \vdots & \vdots & \vdots & \cdots \\ \cdots & O & P_j & O & O & O & \cdots \\ \cdots & Q_j & O & P_j & O & O & \cdots \\ \cdots & O & Q_j & O & P_j & O & \cdots \\ \cdots & O & O & Q_j & O & P_j & \cdots \\ \cdots & O & O & O & Q_j & O & \cdots \\ \cdots & \vdots & \vdots & \vdots & \vdots & \vdots & \ddots \end{bmatrix}. \quad 但し，\quad O = \begin{bmatrix} 0 & 0 \\ 0 & 0 \end{bmatrix}.$$

尚，A 型 (B 型) 量子ウォークは，Konno (2002b) の論文中では，それぞれ A 型 (G 型) 量子ウォークと呼ばれている．

[**注意 5.3.1**] 実は B 型量子ウォークは，1.4 節のはじめにふれた P_G, Q_G で定まる Gudder (1988) の本で導入された量子ウォークと同じである．

5.4　量子セルオートマトンと A 型量子ウォークとの関係

まず，量子セルオートマトンを定めるユニタリ行列

$$\overline{U} = \begin{array}{c} \\ \\ -3 \\ -2 \\ -1 \\ 0 \\ +1 \\ +2 \\ +3 \\ +4 \\ \\ \end{array} \begin{bmatrix} \cdots & -3 & -2 & -1 & 0 & +1 & +2 & +3 & +4 & \cdots \\ \ddots & \vdots & \vdots & \vdots & \vdots & \vdots & \vdots & \vdots & \vdots & \cdots \\ \cdots & b & a & 0 & 0 & 0 & 0 & 0 & 0 & \cdots \\ \cdots & a & b & c & d & 0 & 0 & 0 & 0 & \cdots \\ \cdots & d & c & b & a & 0 & 0 & 0 & 0 & \cdots \\ \cdots & 0 & 0 & a & b & c & d & 0 & 0 & \cdots \\ \cdots & 0 & 0 & d & c & b & a & 0 & 0 & \cdots \\ \cdots & 0 & 0 & 0 & 0 & a & b & c & d & \cdots \\ \cdots & 0 & 0 & 0 & 0 & d & c & b & a & \cdots \\ \cdots & 0 & 0 & 0 & 0 & 0 & 0 & a & b & \cdots \\ \cdots & \vdots & \vdots & \vdots & \vdots & \vdots & \vdots & \vdots & \vdots & \ddots \end{bmatrix}$$

を以下のように書き直す．

$$\overline{U} = \begin{array}{c} \\ \vdots \\ -1 \\ 0 \\ +1 \\ +2 \\ \vdots \end{array} \begin{array}{c} \cdots \quad -1 \quad \;\; 0 \quad\; +1 \quad +2 \quad \cdots \\ \begin{bmatrix} \ddots & \vdots & \vdots & \vdots & \vdots & \cdots \\ \cdots & T_A & Q_A & O & O & \cdots \\ \cdots & P_A & T_A & Q_A & O & \cdots \\ \cdots & O & P_A & T_A & Q_A & \cdots \\ \cdots & O & O & P_A & T_A & \cdots \\ \cdots & \vdots & \vdots & \vdots & \vdots & \ddots \end{bmatrix} \end{array}.$$

但し，

$$P_A = \begin{bmatrix} d & c \\ 0 & 0 \end{bmatrix}, \quad T_A = \begin{bmatrix} b & a \\ a & b \end{bmatrix}, \quad Q_A = \begin{bmatrix} 0 & 0 \\ c & d \end{bmatrix}.$$

任意の $x \in \mathbb{Z}$ に対して，量子セルオートマトンでのペア $(2x-1, 2x)$ は A 型量子ウォークの場所 x に対応している．さらに細かく，量子セルオートマトンの場所 $2x-1$ $(2x)$ は，A 型量子ウォークの場所 x での右向き（左向き）カイラリティに対応している．この量子セルオートマトンを**一般化 A 型量子ウォーク**と呼ぶことにする．ここで，T_A が零行列でなければ，その量子ウォーカーは同じ場所にとどまる確率振幅を持つことになる．もっと詳しく述べると，

$$\Psi_{A,n}(x) = \begin{bmatrix} \Psi_{A,n}^R(x) \\ \Psi_{A,n}^L(x) \end{bmatrix},$$

かつ

$$\Psi_{A,n+1}(x) = Q_A \Psi_{A,n}(x+1) + T_A \Psi_{A,n}(x) + P_A \Psi_{A,n}(x-1).$$

[注意 5.4.1] $\Psi_{A,n}(x)$ の上成分が右向きカイラリティに，下成分が左向きカイラリティになっている．

このことから，下記のように "タイプ V の量子セルオートマトン $\longleftrightarrow$ 一般化 A 型量子ウォーク" の関係が明らかになる．但し，"$X \longleftrightarrow Y$" は，X と Y の間に一対一の対応があることを表す．

$$\Psi_{A,n}^R(x) = \beta \eta_n^{(-1)}(2x-1) + \alpha \eta_n^{(0)}(2x-1), \quad \Psi_{A,n}^L(x) = \beta \eta_n^{(-1)}(2x) + \alpha \eta_n^{(0)}(2x),$$
$$\zeta_n^{(0:-)}(2x-1) = |\Psi_{A,n}^R(x)|^2, \quad \zeta_n^{(0:-)}(2x) = |\Psi_{A,n}^L(x)|^2.$$

ここで，タイプ III の条件が $|c|^2 + |d|^2 = 1$, $c\overline{d} + \overline{c}d = 0$, $cd \neq 0$, $a = b = 0$ であったことを思い出そう．このとき，T_A は零行列になり，タイプ III はまさに A 型量子ウォークで，P_A と Q_A，及び，$c = b' = c', d = a' = d'$ のように左向きと右向きのカイラリティの役割を交換したモデルになる．即ち，"タイプ III の量子セルオートマトン $\longleftrightarrow$ A 型量子ウォーク"．

もし $\tan \phi$ が増加すると（式 (5.2.6) を参照），T_A の重みが増し，量子ウォーカーが同じ場所にとどまる確率は高くなる．この性質は次節で紹介する一般化 B 型量子ウォークでも同様の性質

を待つ．

5.5 量子セルオートマトンとB型量子ウォークとの関係

前節で解説したA型量子ウォークの場合と同様に，量子セルオートマトンとB型量子ウォークとの関係，即ち，"タイプVの量子セルオートマトン ⟷ 一般化B型量子ウォーク"について考える．そのために，下記の量子セルオートマトンのユニタリ行列

$$\overline{U} = \begin{array}{c} \\ -2 \\ -1 \\ 0 \\ +1 \\ +2 \\ +3 \\ +4 \\ +5 \\ \vdots \end{array} \begin{bmatrix} \ddots & \vdots & \vdots & \vdots & \vdots & \vdots & \vdots & \vdots & \vdots & \cdots \\ \cdots & b & c & d & 0 & 0 & 0 & 0 & 0 & \cdots \\ \cdots & c & b & a & 0 & 0 & 0 & 0 & 0 & \cdots \\ \cdots & 0 & a & b & c & d & 0 & 0 & 0 & \cdots \\ \cdots & 0 & d & c & b & a & 0 & 0 & 0 & \cdots \\ \cdots & 0 & 0 & 0 & a & b & c & d & 0 & \cdots \\ \cdots & 0 & 0 & 0 & d & c & b & a & 0 & \cdots \\ \cdots & 0 & 0 & 0 & 0 & 0 & a & b & c & \cdots \\ \cdots & 0 & 0 & 0 & 0 & 0 & d & c & b & \cdots \\ \cdots & \vdots & \vdots & \vdots & \vdots & \vdots & \vdots & \vdots & \vdots & \ddots \end{bmatrix}$$

(列見出し: $\cdots\ -2\ -1\ 0\ +1\ +2\ +3\ +4\ +5\ \cdots$)

を以下のように書きかえる．

$$\overline{U} = \begin{array}{c} \\ -1 \\ 0 \\ +1 \\ +2 \\ \vdots \end{array} \begin{bmatrix} \ddots & \vdots & \vdots & \vdots & \vdots & \cdots \\ \cdots & T_B & P_B & O & O & \cdots \\ \cdots & Q_B & T_B & P_B & O & \cdots \\ \cdots & O & Q_B & T_B & P_B & \cdots \\ \cdots & O & O & Q_B & T_B & \cdots \\ \cdots & \vdots & \vdots & \vdots & \vdots & \ddots \end{bmatrix}.$$

(列見出し: $\cdots\ -1\ 0\ +1\ +2\ \cdots$)

但し，

$$P_B = \begin{bmatrix} d & 0 \\ a & 0 \end{bmatrix}, \quad T_B = \begin{bmatrix} b & c \\ c & b \end{bmatrix}, \quad Q_B = \begin{bmatrix} 0 & a \\ 0 & d \end{bmatrix}.$$

任意の $x \in \mathbb{Z}$ に対して，量子セルオートマトンでのペア $(2x, 2x+1)$ はB型量子ウォークの場所 x に対応している．さらに細かく，量子セルオートマトンの場所 $2x$ $(2x+1)$ は，B型量子ウォークの場所 x での左向き（右向き）カイラリティに対応している．この量子セルオートマトンを**一般化B型量子ウォーク**と呼ぶことにする．ここで，T_B が零行列でなければ，その量子ウォーカーは同じ場所にとどまる確率振幅を持つことになる．もっと詳しく述べると，A型量子ウォークの場合と同様に，"タイプVの量子セルオートマトン ⟷ 一般化B型量子ウォーク"

が示せる．即ち，

$$\Psi^L_{B,n}(x) = \alpha \eta^{(0)}_x(2x) + \beta \eta^{(1)}_n(2x), \quad \Psi^R_{B,n}(x) = \alpha \eta^{(0)}_n(2x+1) + \beta \eta^{(1)}_n(2x+1),$$
$$\zeta^{(0:+)}_n(2x) = |\Psi^L_{B,n}(x)|^2, \quad \zeta^{(0:+)}_n(2x+1) = |\Psi^R_{B,n}(x)|^2.$$

ここで，タイプ IV の条件が $|a|^2 + |d|^2 = 1$, $a\overline{d} + \overline{a}d = 0$, $ad \neq 0$, $b = c = 0$ であったことを思い出そう．このとき，T_B は零行列になり，タイプ IV はまさに B 型量子ウォークで，$d = a' = d'$, $a = b' = c'$ のモデルになる．即ち，"タイプ IV の量子セルオートマトン $\longleftrightarrow$ B 型量子ウォーク"がいえる．

Meyer (1996, 1997, 1998) は既にこの B 型量子ウォークを研究しているが，彼の論文では**量子格子ガスオートマトン** (quantum lattice gas automaton) と呼ばれている．例えば，彼のモデル (Meyer (1996) の式 (24)) は，式 (5.2.6) で $\delta \to 3\pi/2$, $\phi \to \rho$, $\theta \to \pi/2 + \theta$ とすると得られる．

5.6 タイプ V の量子セルオートマトンと 2 ステップ量子ウォークとの関係

今までの節では，以下の関係を明らかにしてきた．"タイプ III の量子セルオートマトン $\longleftrightarrow$ A 型量子ウォーク"，"タイプ IV の量子セルオートマトン $\longleftrightarrow$ B 型量子ウォーク"，さらに，"タイプ V の量子セルオートマトン $\longleftrightarrow$ 一般化 A 型量子ウォーク $\longleftrightarrow$ 一般化 B 型量子ウォーク"．この節では表題の，タイプ V の量子セルオートマトンと 2 ステップ量子ウォークとの関係について考える．ここで，「2 ステップ」とは量子ウォークの「2 ステップ」を，タイプ V の量子セルオートマトンでは「1 ステップ」の時間発展と同一視することを意味している．

最初に，"タイプ V の量子セルオートマトン $\longleftrightarrow$ 2 ステップ A 型量子ウォーク"の関係について考え，次に，"タイプ V の量子セルオートマトン $\longleftrightarrow$ 2 ステップ B 型量子ウォーク"の関係について考える．そして，これらを組合せ，以下の関係を得る．

"タイプ V の量子セルオートマトン $\longleftrightarrow$ 一般化 A 型量子ウォーク $\longleftrightarrow$ 2 ステップ A 型量子ウォーク"

"タイプ V の量子セルオートマトン $\longleftrightarrow$ 一般化 B 型量子ウォーク $\longleftrightarrow$ 2 ステップ B 型量子ウォーク"

まず，"一般化 A 型量子ウォーク $\longleftrightarrow$ 2 ステップ A 型量子ウォーク"を以下のように導く．下記の一般化 A 型量子ウォーク

$$P_A = \begin{bmatrix} d & c \\ 0 & 0 \end{bmatrix}, \quad T_A = \begin{bmatrix} b & a \\ a & b \end{bmatrix}, \quad Q_A = \begin{bmatrix} 0 & 0 \\ c & d \end{bmatrix}$$

は，次の 2 ステップ A 型量子ウォークと同じであることが計算すると分かる．

$$P_A(1) = \begin{bmatrix} i\cos\phi \, e^{i\theta_2} & \sin\phi \, e^{i\theta_2} \\ 0 & 0 \end{bmatrix}, \quad P_A(2) = e^{i\delta} \begin{bmatrix} \sin\theta \, e^{-i\theta_2} & -i\cos\theta \, e^{i\theta_1} \\ 0 & 0 \end{bmatrix},$$

かつ
$$Q_A(1) = \begin{bmatrix} 0 & 0 \\ \sin\phi\, e^{i\theta_1} & i\cos\phi\, e^{i\theta_1} \end{bmatrix}, \quad Q_A(2) = e^{i\delta} \begin{bmatrix} 0 & 0 \\ -i\cos\theta\, e^{-i\theta_2} & \sin\theta\, e^{-i\theta_1} \end{bmatrix}.$$

ここで, $\theta_1, \theta_2 \in [0, 2\pi)$ で,
$$P_A = P_A(2)P_A(1), \quad Q_A = Q_A(2)Q_A(1), \quad T_A = P_A(2)Q_A(1) + Q_A(2)P_A(1).$$

また, (a, b, c, d) は, 式 (5.2.6) で与えられた形で, $U(n) \equiv P_A(n) + Q_A(n)$ $(n = 1, 2)$ はユニタリ行列である.

同様に, "一般化 B 型量子ウォーク $\longleftrightarrow$ 2 ステップ B 型量子ウォーク" が示せる. 実際, 下記の一般化 B 型量子ウォーク
$$P_B = \begin{bmatrix} d & 0 \\ a & 0 \end{bmatrix}, \quad T_B = \begin{bmatrix} b & c \\ c & b \end{bmatrix}, \quad Q_B = \begin{bmatrix} 0 & a \\ 0 & d \end{bmatrix}$$

は, 次の 2 ステップ B 型量子ウォークと同じであることが計算すると分かる.
$$P_B(1) = \begin{bmatrix} i\cos\phi\, e^{i\theta_2} & 0 \\ \sin\phi\, e^{i\theta_1} & 0 \end{bmatrix}, \quad P_B(2) = e^{i\delta} \begin{bmatrix} \sin\theta\, e^{-i\theta_2} & 0 \\ -i\cos\theta\, e^{-i\theta_2} & 0 \end{bmatrix},$$

かつ
$$Q_B(1) = \begin{bmatrix} 0 & \sin\phi\, e^{i\theta_2} \\ 0 & i\cos\phi\, e^{i\theta_1} \end{bmatrix}, \quad Q_B(2) = e^{i\delta} \begin{bmatrix} 0 & -i\cos\theta\, e^{i\theta_1} \\ 0 & \sin\theta\, e^{-i\theta_1} \end{bmatrix}.$$

ここで, $\theta_1, \theta_2 \in [0, 2\pi)$ で,
$$P_B = P_B(2)P_B(1), \quad Q_B = Q_B(2)Q_B(1), \quad T_B = P_B(2)Q_B(1) + Q_B(2)P_B(1).$$

また, $P_B(n) + Q_B(n) = P_A(n) + Q_A(n)$ $(n = 1, 2)$ に注意.

最後に, Patel, Raghunathan and Rungta (2005a) のモデルについて考える. 彼らの論文の記号に合わせるために, U_e と U_o を以下のように定める.
$$U_e = \begin{bmatrix} \cos\phi_1 & i\sin\phi_1 \\ i\sin\phi_1 & \cos\phi_1 \end{bmatrix}, \quad U_o = \begin{bmatrix} \cos\phi_2 & i\sin\phi_2 \\ i\sin\phi_2 & \cos\phi_2 \end{bmatrix}.$$

彼らのモデルは, $\phi_1 = \phi_2 = \pi/4$, 即ち,
$$U_e = U_o = \frac{1}{\sqrt{2}} \begin{bmatrix} 1 & i \\ i & 1 \end{bmatrix}. \tag{5.6.8}$$

この U_e と U_o を用い, 下記の行列を定義する.

$$\overline{U}_e = \begin{array}{c} \\ \vdots \\ -2 \\ -1 \\ 0 \\ +1 \\ +2 \\ +3 \\ \vdots \end{array} \begin{array}{c} \cdots \quad -2 \quad -1 \quad 0 \quad +1 \quad +2 \quad +3 \quad \cdots \\ \begin{bmatrix} \ddots & \vdots & \vdots & \vdots & \vdots & \vdots & \vdots & \cdots \\ \cdots & \cos\phi_1 & i\sin\phi_1 & 0 & 0 & 0 & 0 & \cdots \\ \cdots & i\sin\phi_1 & \cos\phi_1 & 0 & 0 & 0 & 0 & \cdots \\ \cdots & 0 & 0 & \cos\phi_1 & i\sin\phi_1 & 0 & 0 & \cdots \\ \cdots & 0 & 0 & i\sin\phi_1 & \cos\phi_1 & 0 & 0 & \cdots \\ \cdots & 0 & 0 & 0 & 0 & \cos\phi_1 & i\sin\phi_1 & \cdots \\ \cdots & 0 & 0 & 0 & 0 & i\sin\phi_1 & \cos\phi_1 & \cdots \\ \cdots & \vdots & \vdots & \vdots & \vdots & \vdots & \vdots & \ddots \end{bmatrix} \end{array},$$

と

$$\overline{U}_o = \begin{array}{c} \\ \vdots \\ -2 \\ -1 \\ 0 \\ +1 \\ +2 \\ +3 \\ \vdots \end{array} \begin{array}{c} \cdots \quad -2 \quad -1 \quad 0 \quad +1 \quad +2 \quad +3 \quad \cdots \\ \begin{bmatrix} \ddots & \vdots & \vdots & \vdots & \vdots & \vdots & \vdots & \cdots \\ \cdots & \cos\phi_2 & 0 & 0 & 0 & 0 & 0 & \cdots \\ \cdots & 0 & \cos\phi_2 & i\sin\phi_2 & 0 & 0 & 0 & \cdots \\ \cdots & 0 & i\sin\phi_2 & \cos\phi_2 & 0 & 0 & 0 & \cdots \\ \cdots & 0 & 0 & 0 & \cos\phi_2 & i\sin\phi_2 & 0 & \cdots \\ \cdots & 0 & 0 & 0 & i\sin\phi_2 & \cos\phi_2 & 0 & \cdots \\ \cdots & 0 & 0 & 0 & 0 & 0 & \cos\phi_2 & \cdots \\ \cdots & \vdots & \vdots & \vdots & \vdots & \vdots & \vdots & \ddots \end{bmatrix} \end{array}.$$

ここで，$\overline{U} = \overline{U}_e \overline{U}_o$ に注意すると，

$$(a, b, c, d) = (i\cos\phi_1 \sin\phi_2, \cos\phi_1 \cos\phi_2, i\sin\phi_1 \cos\phi_2, -\sin\phi_1 \sin\phi_2). \tag{5.6.9}$$

また，式 (5.2.6) で $\theta = \phi_1, \phi = \pi/2 - \phi_2, \delta = \pi/2$ とすることによって，式 (5.6.9) を得る．

さらに，もし $\theta + \phi = \pi/2, 3\pi/2, \theta_1 = \theta_2, \delta = 2\theta_1 + \pi/2$ ならば，$U(1) = U(2)$ となる．そして，Patel, Raghunathan and Rungta (2005a) の場合を考えるために，$\theta = \phi = \pi/4, \theta_1 = \theta_2 = 0, \delta = \pi/2$ とおくと，

$$U(1) = U(2) = \frac{1}{\sqrt{2}} \begin{bmatrix} i & 1 \\ 1 & i \end{bmatrix} \tag{5.6.10}$$

が導かれる．彼らの場合，$U_e = U_o$ は $U(1) = U(2)$ と同値で無いことに注意（式 (5.6.8) と式 (5.6.10) を参照のこと）．彼らの漸近挙動の結果を得るために，初期量子ビットが $\varphi = {}^T[1/\sqrt{2}, 1/\sqrt{2}]$ で，時刻 n での彼らの量子ウォークを X_n とおく．もし，$\varphi = {}^T[\alpha, \beta]$ が $\alpha\overline{\beta} = \overline{\alpha}\beta$ を満たすならば，その分布はどんな時刻でも対称になることに注意（定理 1.6.1）．このとき，定理 1.7.1 より，$-\sqrt{2} \leq a < b \leq \sqrt{2}$ に対して，以下の極限定理を得る．

$$P(a \leq X_n^\varphi/n \leq b) \to \int_a^b \frac{4}{\pi(4-x^2)\sqrt{4-2x^2}} dx \qquad (n \to \infty).$$

彼らのモデルは $U(1) = U(2)$ の 2 ステップ量子ウォークであると考えると, 定理 1.7.1 で $x \to x/2$ と変数変換する必要がある. 従って, 上記の極限の密度関数が彼らの論文の式 (34) の時刻 $t = 1$ での結果に対応していることが分かる. このように, 彼らの漸近挙動の結果が, 量子セルオートマトンと 2 ステップ量子ウォークとの関係を用いることによって簡単に求められる. さらに, $U(1) = U(2)$ の関係を満たす一般のモデルに対しても同様の極限定理が成り立つことが示される.

第6章 サイクル

6.1 序

　本章ではサイクル上の格子点を移動する量子ウォークのモデルについて考える．古典の対称なランダムウォークの確率分布は，総格子点数が奇数のとき，時刻を $n \to \infty$ とすると，一様分布に収束することが分かる．さらに，確率分布の時間平均は，総格子点数の偶奇によらず，一様分布に収束する．一方，一般に量子ウォークの場合，確率分布は総格子点数が偶数のときも奇数のときも収束しない．しかし，対称なランダムウォークに対応する量子ウォークの確率分布の時間平均は，総格子点数の偶奇によらず収束する．極限分布は偶奇に依存し，奇数のときは一様分布に収束するが，偶数のときは必ずしも一様分布には収束せず，その分布の形は複雑である（Aharonov et al. (2001), Bednarska et al. (2003) を参照のこと）．上記の内容を以下標語的に表にまとめる．

　古典系の場合．

表 6.1

総格子点数	確率分布	時間平均
偶数	収束しない	収束（一様分布）
奇数	収束（一様分布）	収束（一様分布）

　量子系の場合．

表 6.2

総格子点数	確率分布	時間平均
偶数	収束しない	収束（複雑な分布）
奇数	収束しない	収束（一様分布）

　いずれにせよ，時間平均の方は収束するので，その周りの揺らぎを調べるのがこの章の目的である．そのために，本章では量子ウォークとしてアダマールウォークの場合について考える．こ

の場合，総格子点数が奇数のとき，初期量子ビットによらずその確率分布の時間平均は一様分布に収束し，この状況は古典の場合と一致する．しかし，その揺らぎについては，ほとんど知られていないので，それを特徴付ける量，時間平均標準偏差，を導入して解析する．尚，本章の結果は，Inui, Konishi, Konno and Soshi (2005) にもとづいている．

6.2 定　義

まず，サイクル上の格子点数が N のアダマールウォークを定義するために，以下の $2N \times 2N$ のユニタリ行列を与える．

$$\overline{U}_N = \begin{bmatrix} 0 & P & 0 & \cdots & \cdots & 0 & Q \\ Q & 0 & P & 0 & \cdots & \cdots & 0 \\ 0 & Q & 0 & P & 0 & \cdots & 0 \\ \vdots & \ddots & \ddots & \ddots & \ddots & \ddots & \vdots \\ 0 & \cdots & 0 & Q & 0 & P & 0 \\ 0 & \cdots & \cdots & 0 & Q & 0 & P \\ P & 0 & \cdots & \cdots & 0 & Q & 0 \end{bmatrix}. \tag{6.2.1}$$

但し，

$$P = \frac{1}{\sqrt{2}} \begin{bmatrix} 1 & 1 \\ 0 & 0 \end{bmatrix}, \quad Q = \frac{1}{\sqrt{2}} \begin{bmatrix} 0 & 0 \\ 1 & -1 \end{bmatrix}, \quad 0 = \begin{bmatrix} 0 & 0 \\ 0 & 0 \end{bmatrix}. \tag{6.2.2}$$

時刻 n でのモデルの状態を Ψ_n とおくと，それは，$\overline{U}_N^n \Psi_0$ と定まる．但し，Ψ_0 はモデルの初期状態である．

ここで，Aharonov et al. (2001) と Bednarska et al. (2003) によって得られている，$\overline{U}_N$ の固有値に関する結果 (補題 6.2.1) と固有ベクトルに関する結果 (補題 6.2.2) を紹介する．

補題 6.2.1 $j = 0, 1, \ldots, N-1$ と $k = 0, 1$ に対して，$\overline{U}_N$ の $(2j + k + 1)$ 番目の固有値は以下で与えられる．

$$c_{jk} = \frac{1}{\sqrt{2}} \left\{ (-1)^k \sqrt{1 + \cos^2\left(\frac{2j\pi}{N}\right)} + i \sin\left(\frac{2j\pi}{N}\right) \right\}. \tag{6.2.3}$$

固有ベクトルを表すため $v_{j,k,l}^o$ と $v_{j,k,l}^e$ を以下で定める．

$$v_{j,k,l}^o = a_{jk} b_{jk} \omega_N^{jl}, \tag{6.2.4}$$

$$v_{j,k,l}^e = a_{jk} \omega_N^{jl}. \tag{6.2.5}$$

但し，

$$\omega_N = e^{\frac{2i\pi}{N}}, \tag{6.2.6}$$

$$a_{jk} = \frac{1}{\sqrt{N\left(1+|b_{jk}|^2\right)}}, \tag{6.2.7}$$

$$b_{jk} = \omega_N^j \left\{(-1)^k \sqrt{1+\cos^2 \xi_j} + \cos \xi_j\right\}, \tag{6.2.8}$$

$$\xi_j = \frac{2j\pi}{N}. \tag{6.2.9}$$

補題 6.2.2 $l = 1, 2, \ldots, 2N$ に対して，c_{jk} に対応する固有ベクトルの l 番目の成分は以下で与えられる．

$$v_{j,k,l} = \begin{cases} v^o_{j,k,(l+1)/2}, & \text{但し, } l \text{ は奇数}, \\ v^e_{j,k,l/2}, & \text{但し, } l \text{ は偶数}. \end{cases} \tag{6.2.10}$$

実際，固有ベクトル $v_{j,k} = {}^T[v_{j,k,1}, \cdots, v_{j,k,2N}]$ が次の方程式を満たしていることを，以下で直接チェックする．

$$\overline{U}_N v_{j,k} = c_{jk} v_{j,k}. \tag{6.2.11}$$

(a) まず l が奇数と仮定する．このとき，$m = 1, 2, \cdots, N$ に対して，式 (6.2.11) の左辺の $(2m-1)$ 番目の成分は以下で与えられる．

$$\text{左辺の } (2m-1) \text{ 成分} = \frac{1}{\sqrt{2}} \left(v^o_{j,k,m+1\,(\text{mod}\,N)} + v^e_{j,k,m+1\,(\text{mod}\,N)}\right)$$
$$= \frac{a_{jk}}{\sqrt{2}} \left[e^{\frac{2j(m+1)i\pi}{N}} \left\{1 + e^{\frac{2ji\pi}{N}}\left((-1)^k \sqrt{1+\cos^2 \xi_j} + \cos \xi_j\right)\right\}\right]. \tag{6.2.12}$$

但し，$\xi_j = 2\pi j/N$. 他方，式 (6.2.11) の右辺は，

$$\text{右辺の } (2m-1) \text{ 成分} = c_{jk} a_{jk} b_{jk} \omega_N^{jm}$$
$$= \frac{a_{jk}}{\sqrt{2}} \left[e^{\frac{2j(m+1)i\pi}{N}} \left((-1)^k \sqrt{1+\cos^2 \xi_j} + \cos \xi_j\right) \right.$$
$$\left. \times \left((-1)^k \sqrt{1+\cos^2 \xi_j} + i\sin \xi_j\right)\right]. \tag{6.2.13}$$

(b) 同様に，l は偶数と仮定する．このとき，$m = 1, 2, \cdots, N$ に対して，式 (6.2.11) の左辺の $2m$ 番目の成分は，以下で与えられる．

$$\text{左辺の } 2m \text{ 成分} = \frac{1}{\sqrt{2}} \left(v^o_{j,k,m-1\,(\text{mod}\,N)} - v^e_{j,k,m-1\,(\text{mod}\,N)}\right)$$
$$= \frac{a_{jk}}{\sqrt{2}} \left[e^{\frac{2j(m-1)i\pi}{N}} \left\{-1 + e^{\frac{2ji\pi}{N}}\left((-1)^k \sqrt{1+\cos^2 \xi_j} + \cos \xi_j\right)\right\}\right]. \tag{6.2.14}$$

他方，式 (6.2.11) の右辺は，

$$\text{右辺の } 2m \text{ 成分} = c_{jk} a_{jk} \omega_N^{jm}$$
$$= \frac{a_{jk}}{\sqrt{2}} \left[e^{\frac{2jmi\pi}{N}} \left((-1)^k \sqrt{1+\cos^2 \xi_j} + i\sin \xi_j\right)\right]. \tag{6.2.15}$$

どちらの場合も，式 (6.2.11) の両辺が一致していることを確かめることができる．

6.3 時間平均標準偏差

前節で固有値と固有ベクトルが求まっているので，$\overline{U}_N$ を対角化することができ，時刻 n での波動関数は一般に c_{jk}^n の線形結合で表せる．ここで，時刻 n で場所 x に量子ウォーカーが存在する確率を $P_{n,N}(x)$ とおく．古典のランダムウォークの場合と対照的に，$P_{n,N}(x)$ は一般に $n \to \infty$ としたとき収束しない．従って，下記の時間に関して平均を取った分布を，その極限が存在するときに考えることにする．

$$\bar{P}_N(x) = \lim_{T \to \infty} \frac{1}{T} \sum_{n=0}^{T-1} P_{n,N}(x). \tag{6.3.16}$$

Aharonov et al. (2001) は $\bar{P}_N(x)$ が存在することを示し，もし $\overline{U}_N$ の全ての固有値が異なるならば，その極限値は初期状態と場所 x に依らないことを証明した．総格子点数 N が奇数の場合には，$\overline{U}_N$ の全ての固有値が異なるので，任意の $x = 0, 1, \ldots, N-1$ に対して，$\bar{P}_N(x) = 1/N$ である，つまり，一様分布になることが分かる．他方，N が偶数の場合には，$\overline{U}_N$ の固有値は一致する場合があるので，そのときは必ずしも一様分布にならない．古典の対称なランダムウォークの場合には，N の偶奇に関わらず，時間平均した確率分布は一様分布に収束する．従って，古典の対称ランダムウォークとアダマールウォークの確率分布の時間平均の極限は，N が奇数のときには一致する．

上記のように，アダマールウォークの $P_{n,N}(x)$ は，$n \to \infty$ で収束しない．このことは，$P_{n,N}(x)$ がその時間平均の極限 $\bar{P}_N(x)$ の周りを揺らいでいることを示唆している．その度合を測るために，下記の**時間平均標準偏差**（temporal standard deviation）$\sigma_N(x)$ を導入する．

$$\sigma_N(x) = \sqrt{\lim_{T \to \infty} \frac{1}{T} \sum_{n=0}^{T-1} \left(P_{n,N}(x) - \bar{P}_N(x)\right)^2}. \tag{6.3.17}$$

但し，式 (6.3.17) の右辺の存在は仮定している．

ここで，古典の場合について復習してみよう．N が奇数の（即ち，非周期的（aperiodic）な）場合，原点から出発するウォーカーに対して，場所 x と時刻 n に依存しないある定数 $a \in (0, 1)$ と $C > 0$ が存在して，以下が成り立つことが知られている（例えば，Schinazi (1999) の 63 ページ参照）．

$$|P_{n,N}(x) - \bar{P}_N(x)| \leq Ca^n.$$

但し，$x = 0, 1, \ldots, N-1$ に対して，$\bar{P}_N(x) = 1/N$，つまり，一様分布．従って，以下が導かれる．

$$\frac{1}{T} \sum_{n=0}^{T-1} \left(P_{n,N}(x) - \bar{P}_N(x)\right)^2 \leq \frac{C^2}{T} \frac{1 - a^{2T}}{1 - a^2}.$$

よって，上記の不等式から，任意の $x = 0, 1, \ldots, N-1$ に対して，

$$\sigma_N(x) = 0$$

が分かる.また,N が偶数の(周期的(periodic)な)場合も,同様にして,同じ結論を得る.即ち,任意の x に対して,$\sigma_N(x) = 0$.いずれにせよ古典の場合には,時間平均標準偏差は恒等的に 0 であることが分かる.

このような状況を踏まえ,以下,量子ウォークの場合について検討しよう.但し,総格子点数が偶数の場合は議論が煩雑なので,奇数の場合のみに限る.さらに,初期状態として,原点にしか量子ウォーカーが存在しない,$\Psi_0 = {}^T[1,0,0,\cdots,0]$ の場合だけを考える.このときの時間平均標準偏差を波動関数を用いて表したい.そのために,以下を得る.

$$\sigma_N^2(x) = \lim_{T\to\infty}\frac{1}{T}\sum_{n=0}^{T-1}\left(|\Psi_n^L(x)|^2 + |\Psi_n^R(x)|^2 - \frac{1}{N}\right)^2. \tag{6.3.18}$$

但し,N が奇数の場合に,$\bar{P}_N(x) = 1/N$ となる事実を用いた.

行列 $\overline{U}_N$ は前節でみたように既に対角化されているので,波動関数 $\Psi_n^L(x)$ と $\Psi_n^R(x)$ は以下の如くすぐに得ることができる.

$$\Psi_n^L(x) = \sum_{j=0}^{N-1}\left(\alpha_{j0}c_{j0}^n + \alpha_{j1}c_{j1}^n\right), \tag{6.3.19}$$

$$\Psi_n^R(x) = \sum_{j=0}^{N-1}\left(\beta_{j0}c_{j0}^n + \beta_{j1}c_{j1}^n\right). \tag{6.3.20}$$

但し,

$$\alpha_{jk} = \frac{e^{\frac{2nj\pi i}{N}}}{2N}\left(1 + (-1)^k\frac{\cos(\frac{2j\pi}{N})}{\sqrt{1+\cos^2(\frac{2j\pi}{N})}}\right), \tag{6.3.21}$$

$$\beta_{jk} = \frac{(-1)^k e^{\frac{2(n-1)j\pi i}{N}}}{2N\sqrt{1+\cos^2(\frac{2j\pi}{N})}}. \tag{6.3.22}$$

行列 $\overline{U}_N$ はユニタリなので,固有値 c_{jk} は $e^{i\theta_{jk}}$ のように書ける.但し,θ_{jk} は c_{jk} の偏角である.従って,確率 $|\Psi_n^L(x)|^2$ は,下記のように表される.

$$|\Psi_n^L(x)|^2 = \sum_{j=0}^{N-1}(|\alpha_{j0}|^2 + |\alpha_{j1}|^2) + \sum_{j_0,j_1=0}^{N-1}\sum_{k_0,k_1=0}^{1}\delta_{j_0j_1,k_0k_1}\alpha_{j_0k_0}\alpha_{j_1k_1}^* e^{i(\theta_{j_0k_0}-\theta_{j_1k_1})n}. \tag{6.3.23}$$

但し,

$$\delta_{j_0j_1,k_0k_1} = \begin{cases} 0, & j_0 = j_1, \quad k_0 = k_1, \\ 1, & \text{その他の場合}. \end{cases} \tag{6.3.24}$$

式 (6.3.23) の第 1 項は定数で,第 2 項は $\lim_{T\to\infty}\frac{1}{T}\sum_{n=0}^{T-1}$ を作用させると消えてしまう項である.同様に,$|\Psi_n^R(x)|^2$ も定数項と消えてしまう項に分離できる.

$$|\Psi_n^R(x)|^2 = \sum_{j=0}^{N-1}(|\beta_{j0}|^2+|\beta_{j1}|^2) + \sum_{j_0,j_1=0}^{N-1}\sum_{k_0,k_1=0}^{1}\delta_{j_0j_1,k_0k_1}\beta_{j_0k_0}\beta_{j_1k_1}^*e^{i(\theta_{j_0k_0}-\theta_{j_1k_1})n}. \quad (6.3.25)$$

以上をまとめると,

$$\bar{P}_N(x) = \sum_{j=0}^{N-1}(|\alpha_{j0}|^2+|\alpha_{j1}|^2+|\beta_{j0}|^2+|\beta_{j1}|^2) \quad (6.3.26)$$

が得られる. 式 (6.3.21), (6.3.22) を式 (6.3.26) に代入すると, 任意の $x = 0, 1, \ldots, N-1$ に対して, $\bar{P}_N(x) = 1/N$ であることが導かれる.

これから, 時間平均標準偏差 $\sigma_N^2(x)$ を固有値の関数で表すことを考える. 式 (6.3.18), (6.3.23), (6.3.25) より, 以下が得られる.

$$\sigma_N^2(x) = \lim_{T\to\infty}\frac{1}{T}\sum_{n=0}^{T-1}\sum_{j_0,j_1,j_2,j_3=0}^{N-1}\sum_{k_0,k_1,k_2,k_3=0}^{1}\delta_{j_0j_1,k_0k_1}\delta_{j_2j_3,k_2k_3}$$
$$\times(\alpha_{j_0k_0}\alpha_{j_1k_1}^*+\beta_{j_0k_0}\beta_{j_1k_1}^*)(\alpha_{j_2k_2}\alpha_{j_3k_3}^*+\beta_{j_2k_2}\beta_{j_3k_3}^*)e^{i\Delta\theta n}. \quad (6.3.27)$$

但し,

$$\Delta\theta \equiv \Delta\theta(j_0,k_0,j_1,k_1,j_2,k_2,j_3,k_3)$$
$$= \theta_{j_0k_0} - \theta_{j_1k_1} + \theta_{j_2k_2} - \theta_{j_3k_3}. \quad (6.3.28)$$

煩雑な計算の後, $\sigma_N^2(x)$ が得られる. その結果を紹介する前に, 次の関数を定義する.

$$S_0 = \sum_{j=0}^{N-1}\frac{1}{3+\cos\theta_j},$$
$$S_1 = \sum_{j=0}^{N-1}\frac{\cos\theta_j}{3+\cos\theta_j},$$
$$S_+(x) = \sum_{j=0}^{N-1}\frac{\cos((x-1)\theta_j)+\cos(x\theta_j)}{3+\cos\theta_j},$$
$$S_-(x) = \sum_{j=0}^{N-1}\frac{\cos((x-1)\theta_j)-\cos(x\theta_j)}{3+\cos\theta_j},$$
$$S_2(x) = \sum_{j=1}^{N-1}\frac{7+\cos 2\theta_j+8\cos\theta_j\cos^2\left[\left(x-\frac{1}{2}\right)\theta_j\right]}{(3+\cos\theta_j)^2}.$$

但し, $\theta_j \equiv 4\pi j/N$. 以下がこの章の主結果である.

定理 6.3.1 サイクル上の総格子点数 N が奇数のとき, 任意の $x = 0, 1, \ldots, N-1$ に対して,

$$\sigma_N^2(x) = \frac{1}{N^4}\left[2\left\{S_+^2(x)+S_-^2(x)\right\}+11S_0^2+10S_0S_1+3S_1^2-S_2(x)\right]-\frac{2}{N^3}. \quad (6.3.29)$$

6.4 $\sigma_N(x)$ の場所と総格子点数（奇数）の依存性

この節では総格子点数が $N = 3, 5, \cdots, 11$ の場合の時間平均標準偏差 $\sigma_N(x)$ の場所 x と総格子点数 N の依存性について考える．

最初に場所依存性について検討する．

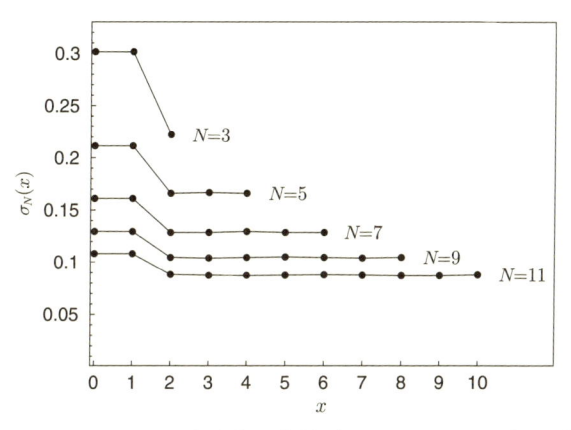

図 6.4.1 $\sigma_N(x)$ の場所と総格子点数 ($N = 3, 5, \cdots, 11$) の依存性

この数値計算の結果により，時間平均標準偏差 $\sigma_N(x)$ は $x = 0, 1$ で最大値を取り，2 から $N-1$ までの他の点の値については，任意の x に対して，$\sigma_N(x) = \sigma_N(N+1-x) \pmod{N}$ で，x と $N+1-x \pmod{N}$ のペア以外の全ての点は異なるであろうことしか，すぐには分からない．この考察をもとに以下の予想問題を提案する．

[予想問題 6.4.1] 任意の奇数 $N(\geq 3)$ に対して，
 (1) $\sigma_N(0) = \sigma_N(1) > \sigma_N(x) \ (x = 2, 3, \ldots, N-1)$.
 (2) 任意の x に対して，$\sigma_N(x) = \sigma_N(N+1-x) \pmod{N}$.

次に，$\sigma_N(0)$ の N を無限大にしたときの漸近挙動について考える．式 (6.3.29) で $x = 0$ とおくことにより，以下を得る．

$$\sigma_N^2(0) = \frac{1}{N^3}\left[\sum_{j=0}^{N-1} \frac{7\cos\theta_j}{3+\cos\theta_j} - 2\right]$$
$$+ \frac{1}{N^4}\left[\left(\sum_{j=0}^{N-1}\frac{1}{3+\cos\theta_j}\right)\left(\sum_{j=0}^{N-1}\frac{15-11\cos\theta_j}{3+\cos\theta_j}\right) - \sum_{j=1}^{N-1}\frac{9+4\cos\theta_j+3\cos 2\theta_j}{(3+\cos\theta_j)^2}\right].$$
(6.4.30)

よって，上記の結果から以下が導かれる．

命題 6.4.1 $N \to \infty$ としたとき（但し，N は奇数だけをとるものとする），
$$\sigma_N^2(0) = \frac{13 - 8\sqrt{2}}{N^2} + \frac{7\sqrt{2} - 16}{2N^3} + o\left(\frac{1}{N^3}\right). \tag{6.4.31}$$

この命題から $\sigma_N(0)$ は N を大きくしたとき，$1/N$ のオーダーで 0 に収束することが分かる．

6.5　$\sigma_N(x)$ の初期状態依存性

今までの節では，総格子点数が奇数で，初期状態が $\Psi_0^L(0) = 1$ の場合しか考えてこなかった．実は，分布の時間平均は初期状態に依存せず一様分布であった．さて，時間平均標準偏差も初期状態に依存しないであろうか．この節では，初期の確率分布を同じにしても依存するか検討する．そのために，$\Psi_0^L(0) = \cos\theta$ かつ $\Psi_0^R(0) = i\sin\theta$ とおく．但し，$\theta \in [0, \pi/2]$．特に対称な場合は $\theta = \pi/4 = 0.785\ldots$ である．そして，θ を変化させることにより，$\sigma_N(x) = \sigma_N(x, \theta)$ の θ 依存性を調べる（図 6.5.1 参照）．

最初に，$N = 3$ の場合の結果を紹介する．このときは，以下を得る．
$$\sigma_3(0, \theta) = \frac{2\sqrt{46}}{45},$$
$$\sigma_3(1, \theta) = \frac{2}{45}\sqrt{96(\cos\theta)^4 - 75(\cos\theta)^2 + 25},$$
$$\sigma_3(2, \theta) = \frac{2}{45}\sqrt{96(\cos\theta)^4 - 117(\cos\theta)^2 + 46}.$$

これから明らかなように，$\sigma_3(0, \theta)$ は初期状態とは独立だが，$\sigma_3(1, \theta)$ と $\sigma_3(2, \theta)$ は θ に依存しており，その最小値は $\theta = \pi/4$ の近くでとる．特に，対称な場合 $\theta = \pi/4$ には，$\sigma_3(1, \theta)$ と $\sigma_3(2, \theta)$ は等しい．

次に，$N = 5, 7$ の場合について考える．$N = 3$ の場合と同様に，$x = 0$ の時間平均標準偏差はパラメータ θ に独立で，その他の場所での時間平均標準偏差の最小値は $\theta = \pi/4$ の近くでとる．場所が 2 から $N - 2$ までの $\sigma_N(x, \theta)$ の値はほとんど変わらない．

6.6　総格子点数が偶数の場合

今までは，N が奇数の場合だけを取り扱ってきたので，最後の節では偶数の場合について少し考えてみたい．偶数のときには，行列 $\overline{U}_N$ の固有値が退化しやすくなるため，確率分布の時間平均が場所や初期状態に依存してくる．確かに式 (6.2.3) より固有値を求めることは可能だが，$\Delta\theta = 0 \pmod{2\pi}$ を満たす固有値の可能な組合せがたくさんあり，きちんと解くことは困難である．そこで，$N = 4, 6, \cdots, 12$ の場合に，同じ初期状態 $\Psi_0^L(0) = 1$ から出発して，$T = 10^4$ での平均をとることによって，$\sigma_N(x)$ の近似値を数値的に得ることで満足しよう．その結果，以下のような性質が見てとれる（図 6.6.1 参照）．

最初に，奇数の場合は $x = 0, 1$ を除いてほとんど同じ値であったが，偶数の場合には，場所に強く依存する．2 番目に，奇数の場合，$\sigma_N(x)$ の最大値は $x = 0$ と $x = 1$ 以外存在しなかった

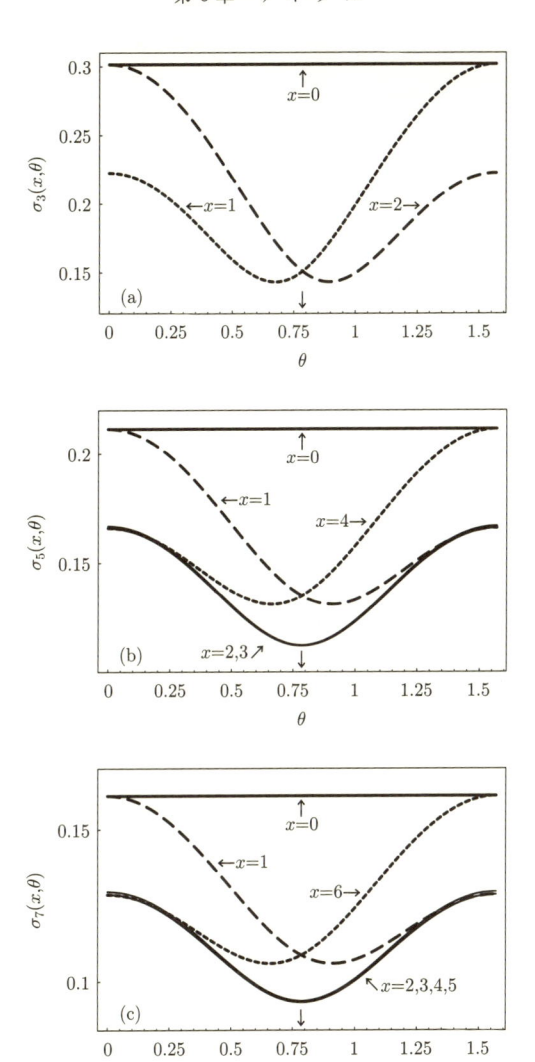

図 6.5.1 $\sigma_N(x,\theta)$ の初期状態依存性 ($N=3,5,7$)

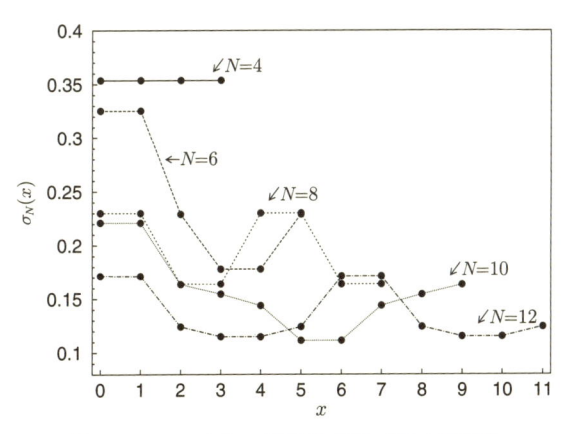

図 6.6.1 $\sigma_N(x)$ の場所依存性 (N は偶数)

が，偶数の $N = 4, 8, 12$ の場合には，4 つのピークが出現する．この傾向は，$N = 20$ 以下の 4 の倍数であれば成立しているようである．

この考察をもとに以下の予想問題を提案する．

[**予想問題 6.6.1**]　$N \geq 4$ で $N = 0 \pmod 4$ のとき，$\sigma_N(x)$ は 4 点，$x = 0, 1, N/2, (N+2)/2$ で最大値をとる．

[**注意 6.6.1**]　$N = 4$ のときは，$\sigma_N(0) = \sigma_N(1) = \sigma_N(2) = \sigma_N(3)$.

第7章 吸収問題

7.1 序

　この章では，$U \in \mathrm{U}(2)$ によって決まる $\{0,1,\ldots,N\}$ と $\{0,1,\ldots\}$ 上の量子ウォークの吸収問題を考える．ここでの結果は，Konno, Namiki, Soshi and Sudbury (2003) にもとづいている．

　量子系に移る前に，古典系の $\{0,1,\ldots,N\}$ 上で 0 と N に吸収壁があるランダムウォークについて簡単に述べる（例えば，Grimmett and Stirzaker (2001), Durrett (2004) を参照のこと）．ランダムウォーカーは2つの吸収壁に達するまで，各ステップごとに，確率 p で左に，確率 $q = 1-p$ で右に動く．そして，$m \in \{0,1,\ldots,N\}$ から出発する時刻 n のランダムウォーカーの位置を S_n^m とする．ここで，はじめて $\ell \in \{0,1,\ldots,N\}$ に達する時刻を

$$T_\ell = \min\{n \geq 0 : S_n^m = \ell\}$$

とおく．このとき，$S_0^m = m$ に注意．さらに，

$$P^{(N,m)} = P(T_0 < T_N)$$

を m から出発して，N に達する前に 0 に達する確率とする．この吸収問題は，ギャンブラーの破産問題としても有名である．$P^{(N,m)}$ の具体的な形は，7.3 節で与えられる．本章では，量子ウォークの場合にこの確率に対応する確率を求めることを主目的とする．

7.2 定義

　この章では，アダマールウォークを含む量子ウォークのクラスとして，以下のユニタリ行列を考える．

$$\widehat{H}(\rho) = \begin{bmatrix} \sqrt{\rho} & \sqrt{1-\rho} \\ \sqrt{1-\rho} & -\sqrt{\rho} \end{bmatrix}.$$

但し，$0 \leq \rho \leq 1$．勿論，$\rho = 1/2$ のとき，アダマールウォークになる．既に何回か指摘しているように，P, Q, R, S は複素数を成分にもつ 2×2 行列 $M_2(\mathbb{C})$ のトレース内積 $\langle A|B \rangle = \mathrm{tr}(A^*B)$ に対して正規直交基底になっている．従って，任意の $A \in M_2(\mathbb{C})$ に対して，次のように

一意的に表せる.

$$A = \mathrm{tr}(P^*A)P + \mathrm{tr}(Q^*A)Q + \mathrm{tr}(R^*A)R + \mathrm{tr}(S^*A)S. \tag{7.2.1}$$

以下の議論のために, $n \times n$ の単位行列を I_n, 全ての成分が 0 の行列を O_n とおこう. 式 (7.2.1) より, もし $A = I_2$ ならば,

$$I_2 = \overline{a}P + \overline{d}Q + \overline{c}R + \overline{b}S \tag{7.2.2}$$

となる. また, $A = O_2$ ならば, P, Q, R, S の係数は全て 0 になる.

ここで, $m (\in \{0, 1, \ldots, N\})$ から出発した 2 つの吸収壁を $0, N$ にもつ量子ウォークの吸収確率について述べる. 詳細は, Ambainis et al. (2001), Bach et al. (2004), Kempe (2002) を参照のこと.

最初に $N = \infty$, 即ち, 半無限系の場合を考える. このときは, 吸収壁は 0 だけである. このとき, $\Xi_n^{(\infty, m)}$ を m から出発し時刻 n で最初に 0 に達する可能なパス全ての和とする. 例えば,

$$\Xi_5^{(\infty, 1)} = P^2 QPQ + P^3 Q^2 = (ab^2 c + a^2 bd)R. \tag{7.2.3}$$

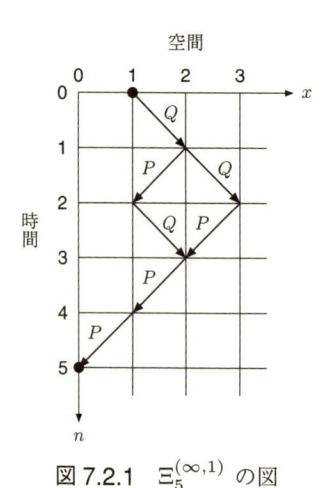

図 7.2.1 $\Xi_5^{(\infty, 1)}$ の図

[問題 7.2.1] 上式を確かめよ.

そして, m から出発し時刻 n で最初に 0 に達する確率を以下で定める.

$$P_n^{(\infty, m)}(\varphi) = \|\Xi_n^{(\infty, m)}\varphi\|^2. \tag{7.2.4}$$

さらに, m から出発し, 最初に 0 に達する確率を次で定義する.

$$P^{(\infty, m)}(\varphi) = \sum_{n=0}^{\infty} P_n^{(\infty, m)}(\varphi).$$

次に，$N < \infty$ の有限系の場合を考える．この場合は，吸収壁が 0 と N の両方にあること以外は同様である．ここで，$\Xi_n^{(N,m)}$ を m から出発し，時刻 n で N に達する前にはじめて 0 に達する可能なパス全ての和とする．例として，

$$\Xi_5^{(3,1)} = P^2 QPQ = ab^2 cR.$$

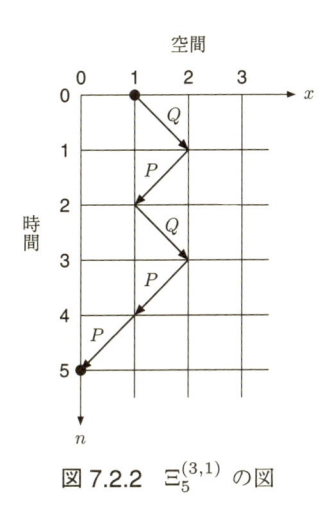

図 7.2.2 $\Xi_5^{(3,1)}$ の図

[**問題 7.2.2**] 上式を確かめよ．

半無限系の場合と同様に，$P_n^{(N,m)}(\varphi)$ と $P^{(N,m)}(\varphi)$ を定義する．

7.3 古典系と量子系に関する先行結果

この節では，この章で考える設定で，ランダムウォークと量子ウォークに関する吸収問題の知られている結果を簡単に紹介し，その後の節で我々の結果について述べる．

はじめに古典系について考える．この章の序説で述べたように，$P^{(N,m)} = P(T_0 < T_N)$ を m から出発し，N に達する前に，最初に 0 に達する確率とする．この $P^{(N,m)}$ は次の漸化式を満たすことが容易に分かる．

$$P^{(N,m)} = pP^{(N,m-1)} + qP^{(N,m+1)} \qquad (1 \leq m \leq N-1). \tag{7.3.5}$$

但し，次の境界条件が課せられることに注意．

$$P^{(N,0)} = 1, \quad P^{(N,N)} = 0. \tag{7.3.6}$$

上記の境界条件の下での漸化式の解は，任意の $0 \leq m \leq N$ に対して，以下で与えられる．

$$P^{(N,m)} = 1 - \frac{m}{N} \qquad (p = 1/2), \tag{7.3.7}$$

$$P^{(N,m)} = \frac{(p/q)^m - (p/q)^N}{1 - (p/q)^N} \qquad (p \neq 1/2). \tag{7.3.8}$$

故に，$N = \infty$ の場合，

$$P^{(\infty,m)} = 1 \qquad (1/2 \leq p \leq 1), \tag{7.3.9}$$

$$P^{(\infty,m)} = (p/q)^m \qquad (0 \leq p < 1/2). \tag{7.3.10}$$

さらに，

$$\lim_{m \to \infty} P^{(\infty,m)} = 1 \qquad (1/2 \leq p \leq 1), \tag{7.3.11}$$

$$\lim_{m \to \infty} P^{(\infty,m)} = 0 \qquad (0 \leq p < 1/2). \tag{7.3.12}$$

ここで，T_0 を 0 へ最初に到達する時刻とする．事象 $\{T_0 < \infty\}$ を与えたもとでの $m = 1$ から出発した T_0 の条件つき期待値は，$E^{(\infty,1)}(T_0|T_0 < \infty) = E^{(\infty,1)}(T_0; T_0 < \infty)/P^{(\infty,1)}(T_0 < \infty) = E^{(\infty,1)}(T_0; T_0 < \infty)/P^{(\infty,1)}$ となる[*1]．このとき以下が成立する．

$$E^{(\infty,1)}(T_0|T_0 < \infty) = \frac{2p}{\sqrt{1-4pq}} - 1 \qquad (1/2 < p \leq 1),$$

$$E^{(\infty,1)}(T_0|T_0 < \infty) = \infty \qquad (p = 1/2),$$

$$E^{(\infty,1)}(T_0|T_0 < \infty) = \frac{2q}{\sqrt{1-4pq}} - 1 \qquad (0 \leq p < 1/2).$$

次に量子系の場合を考える．まず，$U = H$ のアダマールウォークの半無限系，即ち，$\{0, 1, \ldots\}$ のときには，Ambainis et al. (2001) は以下を示した．

$$P^{(\infty,1)}({}^T[0,1]) = P^{(\infty,1)}({}^T[1,0]) = \frac{2}{\pi}. \tag{7.3.13}$$

一方，Bach et al. (2004) は，任意の初期量子ビット $\varphi = {}^T[\alpha, \beta] \in \Phi$ に対して，次を示した．

$$\lim_{m \to \infty} P^{(\infty,m)}(\varphi) = \left(\frac{1}{2}\right)|\alpha|^2 + \left(\frac{2}{\pi} - \frac{1}{2}\right)|\beta|^2 + 2\left(\frac{1}{\pi} - \frac{1}{2}\right)\Re(\overline{\alpha}\beta).$$

さらに，$U = \widehat{H}(\rho)$ の場合に，Bach et al. (2004) は以下の結果を得ている．

$$\lim_{m \to \infty} P^{(\infty,m)}({}^T[0,1]) = \frac{\rho}{1-\rho}\left(\frac{\cos^{-1}(1-2\rho)}{\pi} - 1\right) + \frac{2}{\pi\sqrt{1/\rho - 1}},$$

$$\lim_{m \to \infty} P^{(\infty,m)}({}^T[1,0]) = \frac{\cos^{-1}(1-2\rho)}{\pi}.$$

上記 2 番目の結果は，Yamasaki, Kobayashi and Imai (2003) で予想されていたものである．

有限系 ($N < \infty$) の場合には，アダマールウォーク ($U = H$) のときに，Ambainis et al. (2001) によって与えられた下記の予想が未だに解かれていない．

$$P^{(N+1,1)}({}^T[0,1]) = \frac{2P^{(N,1)}({}^T[0,1]) + 1}{2P^{(N,1)}({}^T[0,1]) + 2} \quad (N \geq 1), \qquad P^{(1,1)}({}^T[0,1]) = 0.$$

[*1] $P^{(\infty,1)}(T_0 < \infty)$ は $P^{(\infty,1)}(\varphi)$ と紛れが無いので，この記号を用いる．

上記の漸化式を解くと，

$$P^{(N,1)}({}^T[0,1]) = \frac{1}{\sqrt{2}} \times \frac{(3+2\sqrt{2})^{N-1}-1}{(3+2\sqrt{2})^{N-1}+1} \quad (N \geq 2). \tag{7.3.14}$$

ところで，$P^{(\infty,1)}({}^T[0,1]) = 2/\pi$ に対して，Ambainis et al. (2001) は下記の結果を得た．

$$\lim_{N \to \infty} P^{(N,1)}({}^T[0,1]) = 1/\sqrt{2}.$$

古典の場合には，任意の $0 \leq m \leq N$ に対して，$P^{(\infty,m)} = \lim_{N \to \infty} P^{(N,m)}$ が成立しているので（式 (7.3.7) - (7.3.10) 参照のこと），量子系の結果は直感に反するかのようにも思える．

7.4 結　果

本節のはじめの部分では，有限系のときに，0 に達する前に N にはじめて達する到達時刻，或いは逆に，N に達する前に 0 にはじめて達する到達時刻を含めた形で議論する．無限系のときも同様の議論が成立するので，省略する．

まず，$\{P, Q, R, S\}$ は，$M_2(\mathbb{C})$ の基底なので，$\Xi_n^{(N,m)}$ は以下のように一意的に表される．

$$\Xi_n^{(N,m)} = p_n^{(N,m)} P + q_n^{(N,m)} Q + r_n^{(N,m)} R + s_n^{(N,m)} S.$$

故に，式 (7.2.4) より，

$$P_n^{(N,m)}(\varphi) = ||\Xi_n^{(N,m)}\varphi||^2 = C_1(n)|\alpha|^2 + C_2(n)|\beta|^2 + 2\Re(C_3(n)\overline{\alpha}\beta).$$

但し，$\varphi = {}^T[\alpha, \beta] \in \Phi$，かつ

$$C_1(n) = |ap_n^{(N,m)} + cr_n^{(N,m)}|^2 + |as_n^{(N,m)} + cq_n^{(N,m)}|^2,$$
$$C_2(n) = |bp_n^{(N,m)} + dr_n^{(N,m)}|^2 + |bs_n^{(N,m)} + dq_n^{(N,m)}|^2,$$
$$C_3(n) = \overline{(ap_n^{(N,m)} + cr_n^{(N,m)})}(bp_n^{(N,m)} + dr_n^{(N,m)}) + \overline{(as_n^{(N,m)} + cq_n^{(N,m)})}(bs_n^{(N,m)} + dq_n^{(N,m)}).$$

以下，$N \geq 3$ を仮定する．$\Xi_n^{(N,m)}$ の定義より，任意の $1 \leq m \leq N-1$ に対して，

$$\Xi_n^{(N,m)} = \Xi_{n-1}^{(N,m-1)} P + \Xi_{n-1}^{(N,m+1)} Q.$$

この式は，古典のランダムウォークの場合の漸化式 (7.3.5) に対する量子版である．従って，

$$p_n^{(N,m)} = ap_{n-1}^{(N,m-1)} + cr_{n-1}^{(N,m-1)},$$
$$q_n^{(N,m)} = dq_{n-1}^{(N,m+1)} + bs_{n-1}^{(N,m+1)},$$
$$r_n^{(N,m)} = bp_{n-1}^{(N,m+1)} + dr_{n-1}^{(N,m+1)},$$
$$s_n^{(N,m)} = cq_{n-1}^{(N,m-1)} + as_{n-1}^{(N,m-1)}.$$

次に，古典の場合の式 (7.3.6) に対応する境界条件は以下のようになる．$m = 0$ のときは，任意の $\varphi \in \Phi$ に対して，

$$P_0^{(N,0)}(\varphi) = ||\Xi_0^{(N,0)}\varphi||^2 = 1.$$

よって，$\Xi_0^{(N,0)} = I_2$ とする．式 (7.2.2) から，
$$p_0^{(N,0)} = \overline{a}, \ q_0^{(N,0)} = \overline{d}, \ r_0^{(N,0)} = \overline{c}, \ s_0^{(N,0)} = \overline{b}.$$

また，$m = N$ のときは，任意の $\varphi \in \Phi$ に対して，
$$P_0^{(N,N)}(\varphi) = \|\Xi_0^{(N,N)}\varphi\|^2 = 0,$$

従って，$\Xi_0^{(N,N)} = O_2$ とすると，即ち，
$$p_0^{(N,N)} = q_0^{(N,N)} = r_0^{(N,N)} = s_0^{(N,N)} = 0.$$

ここで，
$$v_n^{(N,m)} = \begin{bmatrix} p_n^{(N,m)} \\ r_n^{(N,m)} \end{bmatrix}, \quad w_n^{(N,m)} = \begin{bmatrix} q_n^{(N,m)} \\ s_n^{(N,m)} \end{bmatrix}$$

とおくと，任意の $n \geq 1$ と $1 \leq m \leq N-1$ に対して，
$$v_n^{(N,m)} = \begin{bmatrix} a & c \\ 0 & 0 \end{bmatrix} v_{n-1}^{(N,m-1)} + \begin{bmatrix} 0 & 0 \\ b & d \end{bmatrix} v_{n-1}^{(N,m+1)}, \tag{7.4.15}$$

$$w_n^{(N,m)} = \begin{bmatrix} 0 & 0 \\ c & a \end{bmatrix} w_{n-1}^{(N,m-1)} + \begin{bmatrix} d & b \\ 0 & 0 \end{bmatrix} w_{n-1}^{(N,m+1)}. \tag{7.4.16}$$

また，任意の $1 \leq m \leq N$ に対して，
$$v_0^{(N,0)} = \begin{bmatrix} \overline{a} \\ \overline{c} \end{bmatrix}, \quad v_0^{(N,m)} = \begin{bmatrix} 0 \\ 0 \end{bmatrix},$$

$$w_0^{(N,0)} = \begin{bmatrix} \overline{d} \\ \overline{b} \end{bmatrix}, \quad w_0^{(N,m)} = \begin{bmatrix} 0 \\ 0 \end{bmatrix}.$$

さらに，以下が成り立つ．
$$v_n^{(N,0)} = v_n^{(N,N)} = w_n^{(N,0)} = w_n^{(N,N)} = \begin{bmatrix} 0 \\ 0 \end{bmatrix} \quad (n \geq 1).$$

これから $1 \leq m \leq N-1$ の場合に話題を絞る．従って，$n \geq 1$ の場合だけを考える．さらに，$\Xi_n^{(N,m)}$ の定義から，$P\ldots P$ と $P\ldots Q$ の 2 種類のパスだけ考えれば充分であることが分かる．よって，$q_n^{(N,m)} = s_n^{(N,m)} = 0 \ (n \geq 1)$ である．以上に注意すると，次が成り立つ．

<u>補題 7.4.1</u>

$$P^{(N,m)}(\varphi) = \sum_{n=1}^{\infty} P_n^{(N,m)}(\varphi),$$

$$P_n^{(N,m)}(\varphi) = C_1(n)|\alpha|^2 + C_2(n)|\beta|^2 + 2\Re(C_3(n)\overline{\alpha}\beta).$$

但し，$\varphi = {}^T[\alpha, \beta] \in \Phi$，かつ

$$C_1(n) = |ap_n^{(N,m)} + cr_n^{(N,m)}|^2,$$
$$C_2(n) = |bp_n^{(N,m)} + dr_n^{(N,m)}|^2,$$
$$C_3(n) = \overline{(ap_n^{(N,m)} + cr_n^{(N,m)})}(bp_n^{(N,m)} + dr_n^{(N,m)}).$$

ここで，$P^{(N,m)}(\varphi)$ を解くために，$p_n^{(N,m)}$ と $r_n^{(N,m)}$ の母関数を考える．

$$p^{(N,m)}(z) = \sum_{n=1}^{\infty} p_n^{(N,m)} z^n,$$
$$r^{(N,m)}(z) = \sum_{n=1}^{\infty} r_n^{(N,m)} z^n.$$

式 (7.4.15) より，

$$p^{(N,m)}(z) = azp^{(N,m-1)}(z) + czr^{(N,m-1)}(z),$$
$$r^{(N,m)}(z) = bzp^{(N,m+1)}(z) + dzr^{(N,m+1)}(z).$$

これらを解くと，$p^{(N,m)}(z)$ と $r^{(N,m)}(z)$ は下記の同じ漸化式を満たすことが分かる．

$$dp^{(N,m+2)}(z) - \left(\triangle z + \frac{1}{z}\right) p^{(N,m+1)}(z) + ap^{(N,m)}(z) = 0,$$
$$dr^{(N,m+2)}(z) - \left(\triangle z + \frac{1}{z}\right) r^{(N,m+1)}(z) + ar^{(N,m)}(z) = 0.$$

上記の漸化式の特性方程式は，$a \neq 0$ のとき，次の解を持つ．

$$\lambda_\pm = \frac{\triangle z^2 + 1 \mp \sqrt{\triangle^2 z^4 + 2\triangle(1 - 2|a|^2)z^2 + 1}}{2\triangle \bar{a} z}.$$

但し，$\triangle = \det U = ad - bc$.

以下，アダマールウォーク $(U = H)$ で半無限系 $(N = \infty)$ の場合を主に考える．まず，$\Xi_n^{(\infty,1)}$ の定義から，$p_n^{(\infty,1)} = 0\,(n \geq 2)$ と $p_1^{(\infty,1)} = 1$ が成り立つことが分かる．従って，$p^{(\infty,1)}(z) = z$. さらに，$\lim_{m \to \infty} p^{(\infty,m)}(z) < \infty$ とすると，次が得られる．

$$p^{(\infty,m)}(z) = z\lambda_+^{m-1},$$
$$r^{(\infty,m)}(z) = \frac{-1 + \sqrt{z^4 + 1}}{z} \lambda_+^{m-1}.$$

但し，

$$\lambda_\pm = \frac{z^2 - 1 \pm \sqrt{z^4 + 1}}{\sqrt{2}z}.$$

故に，$m = 1$ に対して，

$$r^{(\infty,1)}(z) = \frac{-1 + \sqrt{z^4 + 1}}{z}.$$

上記の式と超幾何関数 $_2F_1(a, b; c; z)$ の定義から，

$$\sum_{n=1}^{\infty}(r_n^{(\infty,1)})^2 z^n = \sum_{n=1}^{\infty}\binom{1/2}{n}^2 z^{4n-1} = \frac{{}_2F_1(-1/2,-1/2;1;z^4)-1}{z}.$$

他方,以下の関係に注意.

$${}_2F_1(a,b;c;1) = \frac{\Gamma(c)\Gamma(c-a-b)}{\Gamma(c-a)\Gamma(c-b)} \qquad (\Re(a+b-c) < 0).$$

但し,$\Gamma(z)$ はガンマ関数.従って,$\Gamma(1) = \Gamma(2) = 1$ かつ $\Gamma(3/2) = \sqrt{\pi}/2$ より,

$$\sum_{n=1}^{\infty}(r_n^{(\infty,1)})^2 = \frac{\Gamma(1)\Gamma(2)}{\Gamma(3/2)^2} - 1 = \frac{4}{\pi} - 1.$$

補題 7.4.1 から,

$$P^{(\infty,1)}(\varphi) = \sum_{n=1}^{\infty}\left[\frac{1}{2}\left\{(p_n^{(\infty,1)})^2 + (r_n^{(\infty,1)})^2\right\}\right.$$
$$\left.+ p_n^{(\infty,1)} r_n^{(\infty,1)}(|\alpha|^2 - |\beta|^2) + \frac{1}{2}\left\{(p_n^{(\infty,1)})^2 - (r_n^{(\infty,1)})^2\right\}(\alpha\bar{\beta} + \bar{\alpha}\beta)\right].$$

ここで,$p_n^{(\infty,1)} = 0\ (n \geq 2)$, $p_1^{(\infty,1)} = 1$ かつ $r_1^{(\infty,1)} = 0$ なので,$p_n^{(\infty,1)} r_n^{(\infty,1)} = 0\ (n \geq 1)$ が導かれる.従って,任意の初期量子ビット $\varphi = {}^T[\alpha,\beta] \in \Phi$ に対して,以下が成立する.

$$P^{(\infty,1)}(\varphi) = \frac{2}{\pi} + 2\left(1 - \frac{2}{\pi}\right)\Re(\overline{\alpha}\beta). \tag{7.4.17}$$

この結果は,Ambainis et al. (2001) によって与えられた式 (7.3.13) の拡張になっている.また,式 (7.4.17) より,$P^{(\infty,1)}(\varphi)$ の範囲も下記のように得られる.

$$\frac{4-\pi}{\pi} \leq P^{(\infty,1)}(\varphi) \leq 1.$$

特に,等号は以下の場合に成立する.

$$P^{(\infty,1)}(\varphi) = 1 \quad \text{は,} \quad \varphi = \frac{e^{i\theta}}{\sqrt{2}}\begin{bmatrix}1\\1\end{bmatrix}, \qquad P^{(\infty,1)}(\varphi) = \frac{4-\pi}{\pi} \quad \text{は,} \quad \varphi = \frac{e^{i\theta}}{\sqrt{2}}\begin{bmatrix}1\\-1\end{bmatrix}.$$

但し,$0 \leq \theta < 2\pi$.

さらに,古典系の事象 $\{T_0 < \infty\}$ の下での $m = 1$ から出発し,0 にはじめて達する時刻の条件つき期待値に対応する結果,即ち,$E^{(\infty,1)}(T_0|T_0 < \infty) = E^{(\infty,1)}(T_0;T_0 < \infty)/P^{(\infty,1)}(T_0 < \infty)$ について考える.まず,

$$f(z) = \sum_{n=1}^{\infty}(r_n^{(\infty,1)})^2 z^n \left(= \frac{{}_2F_1(-1/2,-1/2;1;z^4)-1}{z}\right)$$

とおく.このとき,$f'(1)$ の値を知りたい.よって,

$$\frac{d}{dz}\left({}_2F_1(a,b;c;g(z))\right) = \left(\frac{ab}{c}\right){}_2F_1(a+1,b+1;c+1;g(z))g'(z)$$

に注意.この公式より,

$$f'(z) = \frac{z^4 {}_2F_1(1/2,1/2;2;z^4) - {}_2F_1(-1/2,-1/2;1;z^4) + 1}{z^2}.$$

さらに,

$$_2F_1(-1/2,-1/2;1;1) = {}_2F_1(1/2,1/2;2;1) = \frac{4}{\pi}$$

に注意すると, $f'(1) = 1$ を得る. 従って, 求めたい次の結果を得る.

$$E^{(\infty,1)}(T_0|T_0 < \infty) = \frac{\sum_{n=1}^{\infty} n P^{(\infty,1)}(T_0 = n)}{\sum_{n=1}^{\infty} P^{(\infty,1)}(T_0 = n)} = \frac{1}{P^{(\infty,1)}(\varphi)}.$$

ここで, 以下の結果を用いている.

$$\sum_{n=1}^{\infty} n P^{(\infty,1)}(T_0 = n)$$
$$= \sum_{n=1}^{\infty} n \left[\frac{1}{2} \left\{ (p_n^{(\infty,1)})^2 + (r_n^{(\infty,1)})^2 \right\} + \frac{1}{2} \left\{ (p_n^{(\infty,1)})^2 - (r_n^{(\infty,1)})^2 \right\} (\alpha\bar{\beta} + \bar{\alpha}\beta) \right]$$
$$= \frac{1}{2}\{1 + f'(1)\} + \frac{1}{2}\{1 - f'(1)\}(\alpha\bar{\beta} + \bar{\alpha}\beta) = 1.$$

同様に, $f''(1) = \infty$ が示せるので,

$$E^{(\infty,1)}((T_0)^2|T_0 < \infty) = \infty$$

が成り立ち, 任意の $\ell \geq 2$ に対して, ℓ 次モーメント $E^{(\infty,1)}((T_0)^\ell|T_0 < \infty)$ は発散することが分かる.

次に, 有限系について考える. このとき, $p^{(N,m)}(z)$ と $r^{(N,m)}(z)$ は, $\lambda_+ \lambda_- = -1$ より, 次を満たす.

$$p^{(N,m)}(z) = A_z \lambda_+^{m-1} + B_z \lambda_-^{m-1},$$
$$r^{(N,m)}(z) = C_z \lambda_+^{m-N+1} + D_z \lambda_-^{m-N+1}.$$

従って, $\Xi_n^{(N,m)}$ の定義から導かれる境界条件 $p^{(N,1)}(z) = z$ と $r^{(N,N-1)}(z) = 0$ を用いて, 上記の式に現れる係数 A_z, B_z, C_z, D_z を求めたい. まずこの境界条件から, $C_z + D_z = 0$ と $A_z + B_z = z$ が成り立つので,

$$p^{(N,m)}(z) = \left(\frac{z}{2} + E_z\right) \lambda_+^{m-1} + \left(\frac{z}{2} - E_z\right) \lambda_-^{m-1}, \tag{7.4.18}$$

$$r^{(N,m)}(z) = C_z (\lambda_+^{m-N+1} - \lambda_-^{m-N+1}) \tag{7.4.19}$$

が得られる. 但し, $E_z = A_z - z/2 = z/2 - B_z$. そして, E_z と C_z を求めるために, $r^{(N,1)}(z) = (p^{(N,2)}(z) - r^{(N,2)}(z))z/\sqrt{2}$ と $r^{(N,N-2)}(z) = (p^{(N,N-1)}(z) - r^{(N,N-1)}(z))z/\sqrt{2} = p^{(N,N-1)}(z) z/\sqrt{2}$ を用いる. その結果, 以下を得る.

$$C_z(\lambda_+ - \lambda_-) = \frac{z}{\sqrt{2}} \left\{ \left(\frac{z}{2} + E_z\right) \lambda_+^{N-2} + \left(\frac{z}{2} - E_z\right) \lambda_-^{N-2} \right\},$$
$$C_z(\lambda_+^{N-2} - \lambda_-^{N-2}) = \frac{z}{\sqrt{2}} \left\{ \left(\frac{z}{2} + E_z\right)(-1)^{N-1}\lambda_+ + \left(\frac{z}{2} - E_z\right)(-1)^{N-1}\lambda_- \right.$$

$$+ C_z(\lambda_+^{N-3} - \lambda_-^{N-3})\Big\}.$$

上記の方程式を解くと，

$$C_z = \frac{z^2}{\sqrt{2}}(-1)^{N-2}(\lambda_+^{N-3} - \lambda_-^{N-3})$$
$$\times \Big\{(\lambda_+^{N-2} - \lambda_-^{N-2})^2 - \frac{z}{\sqrt{2}}(\lambda_+^{N-2} - \lambda_-^{N-2})(\lambda_+^{N-3} - \lambda_-^{N-3}) - (-1)^{N-3}(\lambda_+ - \lambda_-)^2\Big\}^{-1}, \tag{7.4.20}$$

$$E_z = -\frac{z}{2(\lambda_+^{N-2} - \lambda_-^{N-2})}\Big[2(-1)^{N-3}(\lambda_+ - \lambda_-)(\lambda_+^{N-3} - \lambda_-^{N-3})$$
$$\times \Big\{(\lambda_+^{N-2} - \lambda_-^{N-2})^2 - \frac{z}{\sqrt{2}}(\lambda_+^{N-2} - \lambda_-^{N-2})(\lambda_+^{N-3} - \lambda_-^{N-3}) - (-1)^{N-3}(\lambda_+ - \lambda_-)^2\Big\}^{-1}$$
$$+ (\lambda_+^{N-2} + \lambda_-^{N-2})\Big]. \tag{7.4.21}$$

以上より，補題 7.4.1 から，この章の主結果を得る．

定理 7.4.2

$$P^{(N,m)}(\varphi) = C_1|\alpha|^2 + C_2|\beta|^2 + 2\Re(C_3\overline{\alpha}\beta).$$

但し，$\varphi = {}^T[\alpha, \beta] \in \Phi$，かつ

$$C_1 = \frac{1}{2\pi}\int_0^{2\pi} |ap^{(N,m)}(e^{i\theta}) + cr^{(N,m)}(e^{i\theta})|^2 d\theta,$$
$$C_2 = \frac{1}{2\pi}\int_0^{2\pi} |bp^{(N,m)}(e^{i\theta}) + dr^{(N,m)}(e^{i\theta})|^2 d\theta,$$
$$C_3 = \frac{1}{2\pi}\int_0^{2\pi} \overline{(ap^{(N,m)}(e^{i\theta}) + cr^{(N,m)}(e^{i\theta}))}(bp^{(N,m)}(e^{i\theta}) + dr^{(N,m)}(e^{i\theta}))d\theta.$$

ここで，$a = b = c = -d = 1/\sqrt{2}$．また，$p^{(N,m)}(z)$ と $r^{(N,m)}(z)$ は式 (7.4.18) と式 (7.4.19) を満たし，かつ C_z と E_z は式 (7.4.20) と式 (7.4.21) を満たす．

具体的に $P^{(N,m)}(\varphi)$ を計算するためには，$p^{(N,m)}(z)$ と $r^{(N,m)}(z)$ を求め，C_i ($i = 1, 2, 3$) を計算しなくてはいけない．

ここで，アダマールウォークで，初期量子ビットが $\varphi = {}^T[\alpha, \beta]$，また出発点が $m = 1$ の場合に限って計算を試みる．定理 7.4.2 より，任意の $N \geq 2$ に対して，$p^{(N,1)}(z) = z$ であることに注意すると，

系 7.4.3 任意の $N \geq 2$ に対して，

$$P^{(N,1)}(\varphi) = \frac{1}{2}\left(1 + \frac{1}{2\pi}\int_0^{2\pi} |r^{(N,1)}(e^{i\theta})|^2 d\theta\right)(1 + 2\Re(\overline{\alpha}\beta)).$$

但し，$r^{(2,1)}(z) = 0$, $r^{(3,1)}(z) = z^3/(2 - z^2)$,

$$r^{(4,1)}(z) = \frac{z^3(1-z^2)}{2-2z^2+z^4}, \quad r^{(5,1)}(z) = \frac{z^3(2-3z^2+2z^4)}{4-6z^2+5z^4-2z^6},$$
$$r^{(6,1)}(z) = \frac{2z^3(1-z^2)(1-z^2+z^4)}{4-8z^2+9z^4-6z^6+2z^8},$$

かつ，一般に $N \geq 4$ に対して，

$$r^{(N,1)}(z) = -\frac{z^2 J_{N-3}(z) J_{N-4}(z)}{\sqrt{2}(J_{N-3}(z))^2 - z J_{N-3}(z) J_{N-4}(z) - \sqrt{2}(-1)^{N-3}}.$$

ここで，

$$J_n(z) = \sum_{\ell=0}^{n} \lambda_+^\ell \lambda_-^{n-\ell}, \quad \lambda_+ + \lambda_- = \sqrt{2}\left(z - \frac{1}{z}\right), \quad \lambda_+ \lambda_- = -1.$$

特に，$\varphi = {}^T[0,1] = |R\rangle$, $m=1$ かつ $N = 2,\ldots,6$ の場合には，系 7.4.3 から具体的に計算できて，

$$P^{(2,1)}({}^T[0,1]) = \frac{1}{2}, \quad P^{(3,1)}({}^T[0,1]) = \frac{2}{3}, \quad P^{(4,1)}({}^T[0,1]) = \frac{7}{10},$$
$$P^{(5,1)}({}^T[0,1]) = \frac{12}{17}, \quad P^{(6,1)}({}^T[0,1]) = \frac{41}{58}.$$

実際，上記の $P^{(N,1)}({}^T[0,1])$ ($N = 2,\ldots,6$) は，Ambainis et al. (2001) による式 (7.3.14) で与えられた予想が，$N = 2,\ldots,6$ に対して正しいことを保証している．

［予想問題 7.4.1］ アダマールウォークの場合を考える．任意の $N \geq 2$ に対して，

$$P^{(N,1)}({}^T[0,1]) = \frac{1}{\sqrt{2}} \times \frac{(3+2\sqrt{2})^{N-1} - 1}{(3+2\sqrt{2})^{N-1} + 1}.$$

［注意 7.4.1］ 任意の $N(\leq \infty)$, $m \in \{1, 2, \ldots, N-1\}$, $\varphi \in \Phi$ に対する，上記に対応する予想は与えられていない．

第II部

連続時間量子ウォーク

第8章　1次元格子

8.1　序

　本章では 1 次元格子 $\mathbb{Z}$ 上で最近接に移動する連続時間の量子ウォークについて考える．第 I 部の離散時間量子ウォークでも解説してきたように，量子ウォークは古典系のランダムウォークと異なる性質を幾つか持っている．例えば，等確率で最近接格子にジャンプする原点から出発した時刻 t での離散時間ランダムウォーカーの位置を S_t としたとき，中心極限定理より，$S_t/\sqrt{t} \to e^{-x^2/2} dx/\sqrt{2\pi}\, (t \to \infty)$ が成立することは良く知られている．同様の弱収束定理が連続時間のランダムウォークでも成り立つ．他方，離散時間の量子ウォーク，特に対称なアダマールウォーク $X_t^{(d)}$ の場合には，$X_t^{(d)}/t \to dx/\pi(1-x^2)\sqrt{1-2x^2}\,(t \to \infty)$ の弱収束定理が (Konno (2002a, 2005a)) で示されている．ここでは，同様の弱収束定理が連続時間の量子ウォーク $X_t^{(c)}$ に対しても成り立つことを示す．具体的には，$X_t^{(c)}/t \to dx/\pi\sqrt{1-x^2}\,(t \to \infty)$ である．量子系の 2 つの極限定理は，同じスケールで極限をもち，またその極限の密度関数も出発点が最も確率が低く，そのサポートの 2 つの端点で発散しているという類似の性質を持つ．本章では，連続時間と離散時間の量子系の行列表現を比較することにより，両者の違いも検討したい．実際その時間発展を記述する行列の形は異なっているものの，上記のように極限定理の定性的な形は似ているところが興味深い点の一つである．

　また，$\sigma_{(d)}^c(t)$ と $\sigma_{(c)}^c(t)$ をそれぞれ離散時間と連続時間のランダムウォークの時刻 t での確率分布の標準偏差とし，同様に，対応する量子ウォークの標準偏差を $\sigma_{(d)}^q(t)$ と $\sigma_{(c)}^q(t)$ とおく．古典系のときは，中心極限定理より，$\sigma_{(d)}^c(t), \sigma_{(c)}^c(t) \asymp \sqrt{t}$ が成り立つ．但し，$f(t) \asymp g(t)$ は，$t \to \infty$ としたとき，$f(t)/g(t) \to c_*(\neq 0)$ であることを表す．それと対照的に量子系の場合は，$\sigma_{(d)}^q(t), \sigma_{(c)}^q(t) \asymp t$ が成立する．即ち，量子ウォークの方がランダムウォークよりも標準偏差が大きいことを表している．尚，この章の結果は，Konno (2005c) にもとづいている．

8.2　古　典　系

量子系のモデルを解説する前に，古典系の連続時間ランダムウォークについて簡単にふれる[*1]．

[*1]　例えば，Grimmett and Stirzaker (2001) を参照のこと．

まず，対称な連続時間ランダムウォーク S_t の生成作用素（generator）G を，以下の $\infty \times \infty$ 行列で与える．

$$G = \begin{array}{c} \\ \vdots \\ -3 \\ -2 \\ -1 \\ 0 \\ +1 \\ +2 \\ \vdots \end{array} \begin{array}{c} \begin{array}{ccccccc} \cdots & -3 & -2 & -1 & 0 & +1 & +2 & \cdots \end{array} \\ \left[\begin{array}{ccccccc} \ddots & \vdots & \vdots & \vdots & \vdots & \vdots & \vdots & \cdots \\ \cdots & -1 & 1/2 & 0 & 0 & 0 & 0 & \cdots \\ \cdots & 1/2 & -1 & 1/2 & 0 & 0 & 0 & \cdots \\ \cdots & 0 & 1/2 & -1 & 1/2 & 0 & 0 & \cdots \\ \cdots & 0 & 0 & 1/2 & -1 & 1/2 & 0 & \cdots \\ \cdots & 0 & 0 & 0 & 1/2 & -1 & 1/2 & \cdots \\ \cdots & 0 & 0 & 0 & 0 & 1/2 & -1 & \cdots \\ \cdots & \vdots & \vdots & \vdots & \vdots & \vdots & \vdots & \ddots \end{array} \right] \end{array}.$$

ここで対称な離散時間ランダムウォークと時間スケールを同じにするため，$(i, i\pm 1)$ 成分は $1/2$（即ち，確率 $1/2$ に対応）とした．このとき，ランダムウォークを記述する半群 $\{P_t : t \geq 0\}$ は

$$P_t = e^{tG}$$

で定められる．μ_0 を S_0 の分布（初期分布）とすると，S_t の分布 μ_t は

$$\mu_t = P_t \mu_0$$

で記述される．但し，以下の量子ウォークの定義との対応で，分布は縦行列で表している．

8.3 量子系の定義と行列表現

まず，$\mathbb{Z}$ 上の連続時間量子ウォーク[*2]を定義するために，$\mathbb{Z}$ の $\infty \times \infty$ 隣接行列（adjacency matrix）A を導入する．

$$A = \begin{array}{c} \\ \vdots \\ -3 \\ -2 \\ -1 \\ 0 \\ +1 \\ +2 \\ \vdots \end{array} \begin{array}{c} \begin{array}{ccccccc} \cdots & -3 & -2 & -1 & 0 & +1 & +2 & \cdots \end{array} \\ \left[\begin{array}{ccccccc} \ddots & \vdots & \vdots & \vdots & \vdots & \vdots & \vdots & \cdots \\ \cdots & 0 & 1 & 0 & 0 & 0 & 0 & \cdots \\ \cdots & 1 & 0 & 1 & 0 & 0 & 0 & \cdots \\ \cdots & 0 & 1 & 0 & 1 & 0 & 0 & \cdots \\ \cdots & 0 & 0 & 1 & 0 & 1 & 0 & \cdots \\ \cdots & 0 & 0 & 0 & 1 & 0 & 1 & \cdots \\ \cdots & 0 & 0 & 0 & 0 & 1 & 0 & \cdots \\ \cdots & \vdots & \vdots & \vdots & \vdots & \vdots & \vdots & \ddots \end{array} \right] \end{array}.$$

従って，古典系の生成作用素 G と A との関係は，$G = A/2 - I$．但し，I は $\infty \times \infty$ の単位行列．量子ウォークを定義するために，時間を t から it に変換し，古典系の半群 P_t に対応するも

[*2] 最近接に等確率で移動する古典系の連続時間ランダムウォークに対応している．

のを $P_t^{(q)}$ とおくと，

$$P_t^{(q)} = e^{itG} = e^{it(A/2-I)}$$

となる．ここで，

$$P_t^{(q)} = e^{itA/2}e^{-itI}$$

と，e^{-itI} の項は（後に定義される）量子ウォークの確率分布を計算するときに影響されないことに注意し，$e^{itA/2}$ の項だけを時間発展を記述するユニタリ行列 U_t と定める．即ち，

$$U_t = e^{itA/2}.$$

[**注意 8.3.1**] 離散時間のようなコイン空間を連続時間の場合には考えない．また，古典系のように，連続時間の場合，指数分布に従う待ち時間で離散時間のダイナミクスでジャンプするという見方はできない．

以上のもとで，時刻 t での量子ウォークの波動関数 Ψ_t を以下で定義する．

$$\Psi_t = U_t \Psi_0.$$

ここで，U_t はユニタリ行列であることに注意．さらに，初期条件として，原点だけ 1 の値をとる

$$\Psi_0 = {}^T[\ldots, 0, 0, 0, 1, 0, 0, 0, \ldots]$$

を考える．$\Psi_t(x)$ を場所 x で時刻 t の波動関数とする．そして，場所 x で時刻 t の量子ウォーカーの存在確率を $P_t(x)$ とおき，以下で定義する．

$$P_t(x) = |\Psi_t(x)|^2.$$

尚，有限系のサイクル $C_N = \{0, 1, \ldots, N-1\}$ の場合には，第 9 章で紹介するが，既に種々の結果が知られている．

まず，U_t の具体的な形を求める．ここでの方針は $\infty \times \infty$ 行列 A の n 乗を直接計算する．$J_k(x)$ を k 次のベッセル関数 (Bessel function) とすると，以下が成り立つ．

命題 8.3.1

$$U_t = \begin{array}{c} \\ -3 \\ -2 \\ -1 \\ 0 \\ +1 \\ +2 \\ \end{array} \begin{bmatrix} \ddots & \vdots & \vdots & \vdots & \vdots & \vdots & \vdots & \\ \cdots & J_0(t) & iJ_1(t) & i^2J_2(t) & i^3J_3(t) & i^4J_4(t) & i^5J_5(t) & \cdots \\ \cdots & iJ_1(t) & J_0(t) & iJ_1(t) & i^2J_2(t) & i^3J_3(t) & i^4J_4(t) & \cdots \\ \cdots & i^2J_2(t) & iJ_1(t) & J_0(t) & iJ_1(t) & i^2J_2(t) & i^3J_3(t) & \cdots \\ \cdots & i^3J_3(t) & i^2J_2(t) & iJ_1(t) & J_0(t) & iJ_1(t) & i^2J_2(t) & \cdots \\ \cdots & i^4J_4(t) & i^3J_3(t) & i^2J_2(t) & iJ_1(t) & J_0(t) & iJ_1(t) & \cdots \\ \cdots & i^5J_5(t) & i^4J_4(t) & i^3J_3(t) & i^2J_2(t) & iJ_1(t) & J_0(t) & \cdots \\ & \vdots & \vdots & \vdots & \vdots & \vdots & \vdots & \ddots \end{bmatrix}$$

(列ラベル: $\cdots\ -3\ -2\ -1\ 0\ +1\ +2\ \cdots$)

即ち, U_t の (l,m) 成分は, $i^{|l-m|}J_{|l-m|}(t)$ で与えられる.

上記の命題 8.3.1 より直ちに次を得る.

系 8.3.2
このモデルの波動関数は以下で与えられる.
$$\Psi_t = {}^T[\ldots, i^3J_3(t), i^2J_2(t), iJ_1(t), J_0(t), iJ_1(t), i^2J_2(t), i^3J_3(t), \ldots].$$

即ち, 場所 $x \in \mathbb{Z}$, 時刻 $t \geq 0$ に対して, $\Psi_t(x) = i^{|x|}J_{|x|}(t)$.

さらに, $J_{-x}(t) = (-1)^x J_x(t)$ の関係[*3)]を用いると,

系 8.3.3
このモデルの確率分布は, 場所 $x \in \mathbb{Z}$, 時刻 $t \geq 0$ に対して,
$$P_t(x) = J_{|x|}^2(t) = J_x^2(t).$$

実際, 次の結果[*4)]

$$J_0^2(t) + 2\sum_{x=1}^{\infty} J_x^2(t) = 1$$

より, 任意の $t \geq 0$ に対して, $\sum_{x=-\infty}^{\infty} P_t(x) = 1$ となり, 確かに確率分布になっている. さらに, この分布は対称である. 即ち $P_t(x) = P_t(-x)$.

本章での証明の方針は U_t の具体的な行列表現を用いることであるが, シュレディンガー方程式からのアプローチもある. ここでは, ben-Avraham, Bollt and Tamon (2004) のラプラス変換を用いた導出方法を紹介する. 但し, 彼らの定義は $U_t = e^{-itA/2}$ であることに注意.

まず, 一般にシュレディンガー方程式 (Schrödinger equation) は, ハミルトニアン (Hamiltonian) H に対して以下である.

[*3)] Andrews, Askey and Roy (1999) の式 (4.5.4).
[*4)] Andrews, Askey and Roy (1999) の式 (4.9.5).

第 8 章　1 次元格子

$$i\hbar \frac{d\Psi_t}{dt} = H\Psi_t.$$

本章の $\mathbb{Z}$ 上の量子ウォークを記述するシュレディンガー方程式は，プランク定数 $\hbar = 1$，$H = -A/2$ として，次で与えられる．

$$i\Psi_t'(x) = -\frac{1}{2}\Psi_t(x-1) - \frac{1}{2}\Psi_t(x+1). \tag{8.3.1}$$

但し，$' = d/dt$ である．式 (8.3.1) を以下のように書きかえる．

$$\Psi_t(x+1) + 2i\Psi_t'(x) + \Psi_t(x-1) = 0. \tag{8.3.2}$$

ここで，ラプラス変換（Laplace transform）の記号を導入する．$s > 0$ に対して，

$$\widehat{p}_s = L\{p(t)\} = \int_0^\infty e^{-st} p(t) dt.$$

このとき，次の関係に注意．

$$L\{p'(t)\} = s\,\widehat{p}_s - p(0).$$

これを，式 (8.3.2) に用いると，

$$\widehat{\Psi}_s(x+1) + 2is\widehat{\Psi}_s(x) + \widehat{\Psi}_s(x-1) - 2is\Psi_0(x) = 0. \tag{8.3.3}$$

上式の特性方程式 $q^2 + 2isq + 1 = 0$ を解くと，

$$q_\pm = i(-s \pm \sqrt{s^2 + 1}).$$

但し，$q_+ q_- = 1$ に注意．従って，ある $\alpha \in \mathbb{C}$ が存在して，

$$\widehat{\Psi}_s(x) = \begin{cases} \alpha\, q_+^x, & \text{但し，} x \geq 0, \\ \alpha\, q_-^x, & \text{但し，} x < 0. \end{cases} \tag{8.3.4}$$

式 (8.3.3) で $x = 0$ とし，初期条件からの帰結 $\Psi_0(0) = 1$ に注意し，上の式 (8.3.4) を代入すると，

$$\alpha = \frac{1}{s - iq_+}$$

を得る．ここで，$x \geq 0$ の場合を考える．このとき，

$$\widehat{\Psi}_s(x) = \frac{i^x(\sqrt{s^2+1} - s)^x}{\sqrt{s^2+1}}.$$

一方，ν 次のベッセル関数 $J_\nu(t)$ のラプラス変換は以下となる[*5]．

$$L\{J_\nu(t)\} = \frac{(\sqrt{s^2+1} - s)^\nu}{\sqrt{s^2+1}}.$$

従って，

$$L\{\Psi_t(x)\} = L\{i^x J_x(t)\}.$$

[*5] 例えば，Andrews, Askey and Roy (1999) の式 (4.11.18).

以上から, $x \geq 0$ のとき,

$$\Psi_t(x) = i^x J_x(t).$$

同様に, $x < 0$ のとき, 以下を得る.

$$\Psi_t(-|x|) = i^{|x|} J_{|x|}(t).$$

[**問題 8.3.1**] 上式を確かめよ.

両者を合わせると, 求めたい式

$$\Psi_t(x) = i^{|x|} J_{|x|}(t) \qquad (x \in \mathbb{Z})$$

が導かれる.

ところで, $\Psi_t(x) = i^{|x|} J_{|x|}(t)\ (x \in \mathbb{Z})$ が, 先に与えた $\mathbb{Z}$ 上の量子ウォークを記述するシュレディンガー方程式

$$i\Psi'_t(x) = -\frac{1}{2}\Psi_t(x-1) - \frac{1}{2}\Psi_t(x+1)$$

を満たすことは, 次の結果[*6)]

$$J_{\nu-1}(t) - J_{\nu+1}(t) = 2J'_\nu(t)$$

を用いて, 直接確かめられる. 実際, $x \geq 1$ の場合,

$$\begin{aligned}
\text{右辺} &= -\frac{1}{2}i^{x-1}J_{x-1}(t) - \frac{1}{2}i^{x+1}J_{x+1}(t) \\
&= -\frac{1}{2}i^{x+1}(-J_{x-1}(t) + J_{x+1}(t)) \\
&= -\frac{1}{2}i^{x+1}(-2J'_x(t)) \\
&= i^{x+1}J'_x(t) \\
&= \text{左辺}.
\end{aligned}$$

他の場合も同様にチェックできる.

8.4 離散時間モデルとの比較

この節では, $\mathbb{Z}$ 上の離散時間量子ウォークとの関係について考える. U_t の行列表現より興味深いことが分かる. 正の整数 r に対して, 下記のユニタリ行列 $U^{(r)}$ を考える.

[*6)] Andrews, Askey and Roy (1999) の式 (4.6.6).

$$U^{(r)} = \begin{array}{c} \\ \vdots \\ -3 \\ -2 \\ -1 \\ 0 \\ +1 \\ +2 \\ \vdots \end{array} \begin{array}{c} \begin{array}{ccccccc} \cdots & -3 & -2 & -1 & 0 & +1 & +2 & \cdots \end{array} \\ \left[\begin{array}{ccccccccc} \ddots & \vdots & \vdots & \vdots & \vdots & \vdots & \vdots & \cdots \\ \cdots & w_0 & w_1 & w_2 & w_3 & w_4 & w_5 & \cdots \\ \cdots & w_{-1} & w_0 & w_1 & w_2 & w_3 & w_4 & \cdots \\ \cdots & w_{-2} & w_{-1} & w_0 & w_1 & w_2 & w_3 & \cdots \\ \cdots & w_{-3} & w_{-2} & w_{-1} & w_0 & w_1 & w_2 & \cdots \\ \cdots & w_{-4} & w_{-3} & w_{-2} & w_{-1} & w_0 & w_1 & \cdots \\ \cdots & w_{-5} & w_{-4} & w_{-3} & w_{-2} & w_{-1} & w_0 & \cdots \\ \cdots & \vdots & \vdots & \vdots & \vdots & \vdots & \vdots & \ddots \end{array} \right] \end{array}.$$

ここで, $w_x \in \mathbb{C}$ ($x \in \mathbb{Z}$) かつ $w_s = 0$ ($|s| > r$). このとき, **No-Go 補題** (Meyer (1996) を参照のこと) より, 唯一の 0 でない w_* で $|w_*| = 1$ を満たすものが存在する. 換言すると, $U^{(r)}$ で定まる空間的に一様な有限レンジのモデルでは非自明なものは存在しない. 例えば, $r = 1$ の場合は, "$|w_{-1}| = 1, w_0 = w_1 = 0$", "$|w_0| = 1, w_{-1} = w_1 = 0$", 或いは, "$|w_1| = 1, w_0 = w_{-1} = 0$". このように, このモデルは単純な確率分布しかもたないことが分かる. しかし, 系 8.3.3 でみたように, 空間的に一様な「無限」レンジのモデルでは, ベッセル関数の 2 乗で与えられる非自明な確率分布をもつ.

量子ウォークに関する重要な未解決問題の一つとして, 離散時間と連続時間との関係をより明らかにするという問題がある (例えば, Ambainis (2003) を参照). 上記の結果は, この問題への理解を深めるきっかけを与えることになろう. その理由を説明するために, 第 5 章のように下記の行列を導入する (或いは, Hamada, Konno and Segawa (2005) を参照のこと).

$$P_A = \begin{bmatrix} a & b \\ 0 & 0 \end{bmatrix}, \quad Q_A = \begin{bmatrix} 0 & 0 \\ c & d \end{bmatrix}, \quad P_B = \begin{bmatrix} a & 0 \\ c & 0 \end{bmatrix}, \quad Q_B = \begin{bmatrix} 0 & b \\ 0 & d \end{bmatrix}.$$

但し, $U = P_j + Q_j$ ($j = A, B$) は, ユニタリ行列であることを仮定する. ここで, A 型と B 型の 2 つの離散時間量子ウォークを考える. 定義の詳細は, 第 5 章で与えられている. このときこのモデルの時間発展は, $j = A, B$ に対して, 以下のユニタリ行列で定まる.

$$U^{(d)} = \begin{bmatrix} \ddots & \vdots & \vdots & \vdots & \vdots & \vdots & \cdots \\ \cdots & O & P_j & O & O & O & \cdots \\ \cdots & Q_j & O & P_j & O & O & \cdots \\ \cdots & O & Q_j & O & P_j & O & \cdots \\ \cdots & O & O & Q_j & O & P_j & \cdots \\ \cdots & O & O & O & Q_j & O & \cdots \\ \cdots & \vdots & \vdots & \vdots & \vdots & \vdots & \ddots \end{bmatrix}. \quad 但し, \quad O = \begin{bmatrix} 0 & 0 \\ 0 & 0 \end{bmatrix}.$$

この離散時間量子ウォークを定義する $U^{(d)}$ は連続時間量子ウォークを定める U_t の時刻 $t = 1$ の場合に対応する. より一般に, $n = 0, 1, \ldots$ に対して, $(U^{(d)})^n$ が U_n に対応する. U_t の具体的な形が得られると, 連続時間と離散時間の量子ウォークの差は明らかとなる. 前述のように, U_t

は無限レンジで，他方，$U^{(d)}$ は有限レンジである．さらに，$U^{(d)}$ は一様ではない．

[注意 8.4.1] 離散時間量子ウォークのコイン空間の存在で連続時間との違いが生じるという議論もあるが，実はそれほど単純ではなく，実際必ずしもコイン空間は必要ない．詳細は，第 5 章の量子セルオートマトンを参照のこと．

8.5 弱収束の極限定理

さて，場所 $x \in \mathbb{Z}$ と時刻 $t \geq 0$ に対して，$\mathbb{Z}$ 上の連続時間量子ウォーク X_t の確率分布を $P(X_t = x) = P_t(x)$ で定める．系 8.3.3 から，$P_t(x) = J_x^2(t)$ となり，下記の弱収束の極限定理が得られる．

定理 8.5.1

$$\frac{X_t}{t} \Rightarrow Z^{(c)} \qquad (t \to \infty).$$

但し，$Z^{(c)}$ は以下の密度関数をもつ．

$$\frac{1}{\pi\sqrt{1-x^2}} I_{(-1,1)}(x) \qquad (x \in \mathbb{R}).$$

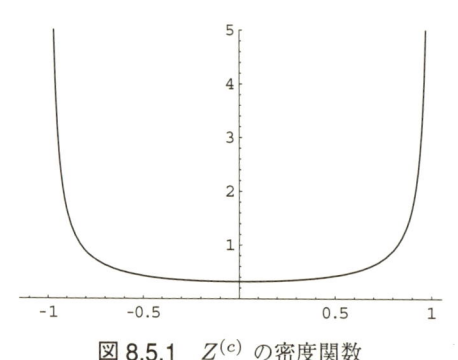

図 8.5.1　$Z^{(c)}$ の密度関数

もっと一般の設定で，Gottlieb (2005) が $\mathbb{Z}$ 上の連続時間量子ウォークの弱収束の極限定理を異なる手法で得ている．

また，$m = 1, 2, \ldots,$ に対して，

$$\int_{-1}^{1} \frac{x^{2m}}{\pi\sqrt{1-x^2}} \, dx = \frac{2}{\pi} \int_0^{\pi/2} \sin^{2m}\varphi \, d\varphi = \frac{(2m-1)!!}{(2m)!!}. \tag{8.5.5}$$

但し，$n!! = n(n-2)\cdots 5 \cdot 3 \cdot 1,$ (n が奇数), $= n(n-2)\cdots 6 \cdot 4 \cdot 2,$ (n が偶数)．従って，命題 8.3.1 と式 (8.5.5) から，

系 8.5.2 $m = 1, 2, \ldots,$ に対して,

$$E((X_t/t)^{2m}) \quad \to \quad (2m-1)!!/(2m)!! \qquad (t \to \infty).$$

この系より,今考えている量子ウォークの標準偏差 $\sigma^q_{(c)}(t)$ に関して,以下の結果が導かれる.

$$\sigma^q_{(c)}(t)/t \quad \to \quad 1/\sqrt{2} = 0.70710\ldots \qquad (t \to \infty).$$

ここで,上記の連続時間の結果と比較するために,離散時間量子ウォーク,特に対称なアダマールウォーク $X_n^{(d)}$ について考える.

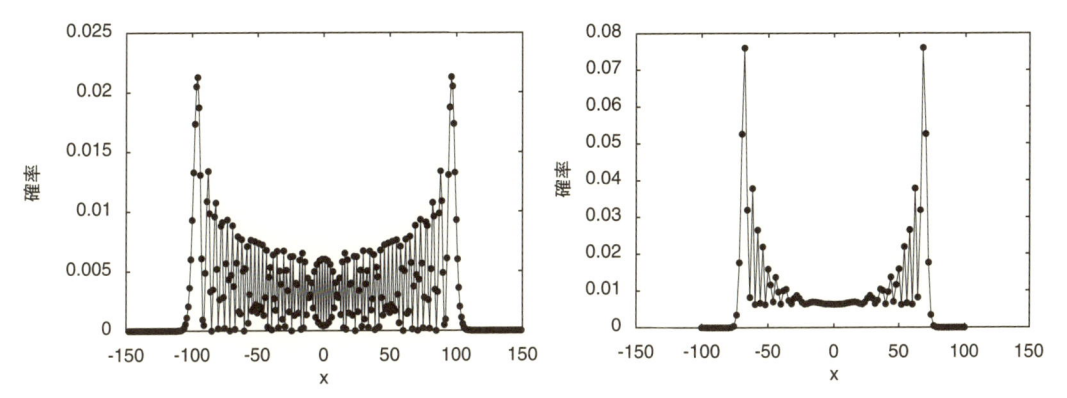

図 8.5.2 連続時間量子ウォーク（左）と離散時間量子ウォーク（右）の時刻 100 での分布の比較

連続時間の場合と異なり,以下の弱収束の極限定理が得られる（定理 1.7.1 か Konno (2002a, 2005a) を参照のこと）.

$$\frac{X_n^{(d)}}{n} \quad \Rightarrow \quad Z^{(d)} \qquad (n \to \infty).$$

但し,$Z^{(d)}$ は次の密度関数をもつ.

$$\frac{1}{\pi(1-x^2)\sqrt{1-2x^2}} I_{(-1/\sqrt{2}, 1/\sqrt{2})}(x) \qquad (x \in \mathbb{R}).$$

これより,

$$\sigma^q_{(d)}(n)/n \quad \to \quad \sqrt{(2-\sqrt{2})/2} = 0.54119\ldots \qquad (n \to \infty).$$

離散時間の場合と比べると,連続時間も同じスケールによる極限定理が成り立っているが,その極限分布は異なる.とは言え,そのグラフの形は中心で極小値をとり,2 つの端点で発散していて定性的には非常に良く似ている.

8.6 命題 8.3.1 の証明

最初に,A を以下のように書きかえる.

$$A = \begin{array}{c} \\ \vdots \\ -1 \\ 0 \\ +1 \\ +2 \\ \vdots \end{array} \begin{array}{c} \cdots \quad -1 \quad 0 \quad +1 \quad +2 \quad \cdots \\ \begin{bmatrix} \ddots & \vdots & \vdots & \vdots & \vdots & \cdots \\ \cdots & T & P & O & O & \cdots \\ \cdots & Q & T & P & O & \cdots \\ \cdots & O & Q & T & P & \cdots \\ \cdots & O & O & Q & T & \cdots \\ \cdots & \vdots & \vdots & \vdots & \vdots & \ddots \end{bmatrix} \end{array}. \tag{8.6.6}$$

但し,

$$P = \begin{bmatrix} 0 & 0 \\ 1 & 0 \end{bmatrix}, \quad T = \begin{bmatrix} 0 & 1 \\ 1 & 0 \end{bmatrix}, \quad Q = \begin{bmatrix} 0 & 1 \\ 0 & 0 \end{bmatrix}.$$

以下の代数的な関係が計算するのに便利である.

$$P^2 = Q^2 = O, \quad PT + TP = QT + TQ = I, \quad PQ + QP = T. \tag{8.6.7}$$

但し, O は 2×2 の零行列, I は 2×2 の単位行列. 今から, 行列表示を見やすくするために, 式 (8.6.6) を以下のように書く.

$$A = [\ldots, O, O, O, O, Q, T, P, O, O, O, O, O, \ldots].$$

このとき, 次が成り立つ.

$$A^2 = [\ldots, O, O, O, O, I, 2I, I, O, O, O, O, \ldots],$$
$$A^4 = [\ldots, O, O, O, I, 4I, 6I, 4I, I, O, O, O, \ldots],$$
$$A^6 = [\ldots, O, O, I, 6I, 15I, 20I, 15I, 6I, I, O, O, \ldots].$$

実際, 帰納法を用いて以下が示せる.

$$A^{2n} = [\ldots, O, O, A^{(2n)}_{-n}, \ldots, A^{(2n)}_{-1}, A^{(2n)}_0, A^{(2n)}_1, \ldots, A^{(2n)}_n, O, O, \ldots].$$

ここで, $A^{(2n)}_k = A^{(2n)}_{-k} = a^{(2n)}_k I$, かつ, $k = 0, 1, \ldots, n$ に対して,

$$a^{(2n)}_k = \binom{2n}{n-k}.$$

他方, $A^{2n+1} = A^{2n} \times A$ と式 (8.6.7) を用いると,

$$A^{2n+1} = [\ldots, O, A^{(2n+1)}_{-(n+1)}, \ldots, A^{(2n+1)}_{-1}, A^{(2n+1)}_0, A^{(2n+1)}_1, \ldots, A^{(2n+1)}_{n+1}, O, \ldots].$$

但し,

$$A^{(2n+1)}_{-(n+1)} = a^{(2n)}_n Q, \quad A^{(2n+1)}_{-n} = a^{(2n)}_n T + a^{(2n)}_{n-1} Q,$$
$$A^{(2n+1)}_{-(n-1)} = (a^{(2n)}_{n-1} + a^{(2n)}_n) T + (a^{(2n)}_{n-2} - a^{(2n)}_n) Q, \ldots,$$
$$A^{(2n+1)}_{-1} = (a^{(2n)}_1 + a^{(2n)}_2) T + (a^{(2n)}_0 - a^{(2n)}_2) Q, \quad A^{(2n+1)}_0 = (a^{(2n)}_0 + a^{(2n)}_1) T,$$

$$A_1^{(2n+1)} = (a_1^{(2n)} + a_2^{(2n)})T + (a_0^{(2n)} - a_2^{(2n)})P, \ldots,$$
$$A_n^{(2n+1)} = a_n^{(2n)}T + a_{n-1}^{(2n)}P, \quad A_{(n+1)}^{(2n+1)} = a_n^{(2n)}P.$$

一方, U_t の定義より,

$$U_t = e^{itA/2} = \sum_{n=0}^{\infty} \frac{\left(\frac{it}{2}\right)^n}{n!} A^n$$
$$= \sum_{n=0}^{\infty} (-1)^n \frac{\left(\frac{t}{2}\right)^{2n}}{(2n)!} A^{2n} + i \sum_{n=0}^{\infty} (-1)^n \frac{\left(\frac{t}{2}\right)^{2n+1}}{(2n+1)!} A^{2n+1}.$$

故に, $U_t = B(t) + iC(t)$ を得る. 但し,

$$B(t) = [\ldots, B_{-k}, \ldots, B_{-1}, B_0, B_1, \ldots, B_k, \ldots],$$
$$C(t) = [\ldots, C_{-k}, \ldots, C_{-1}, C_0, C_1, \ldots, C_k, \ldots].$$

ここで,

$$B_k = B_{-k} = b_k I, \qquad b_k = \sum_{n=0}^{\infty} (-1)^n \frac{\left(\frac{t}{2}\right)^{2n}}{(2n)!} \binom{2n}{n-k} \quad (k=0,1,\ldots),$$

かつ,

$$C_{-k} = c_k I + d_k Q, \qquad C_k = c_k I + d_k P \quad (k=0,1,\ldots),$$
$$c_k = \sum_{n=0}^{\infty} (-1)^n \frac{\left(\frac{t}{2}\right)^{2n+1}}{(2n+1)!} \left\{ \binom{2n}{n-k} + \binom{2n}{n-(k+1)} \right\} \quad (k=0,1,\ldots),$$
$$d_0 = 0,$$
$$d_k = \sum_{n=0}^{\infty} (-1)^n \frac{\left(\frac{t}{2}\right)^{2n+1}}{(2n+1)!} \left\{ \binom{2n}{n-(k-1)} + \binom{2n}{n-(k+1)} \right\} \quad (k=1,2,\ldots).$$

このとき, 以下のベッセル関数の表現に注意[*7].

$$J_k(x) = \left(\frac{x}{2}\right)^k \sum_{m=0}^{\infty} \frac{\left(\frac{ix}{2}\right)^{2m}}{(k+2m)!} \binom{k+2m}{m}. \tag{8.6.8}$$

最後に, 式 (8.6.8) と以下の関係式より求めたかった結論を得る.

$$\binom{2n}{k} + \binom{2n}{k-1} = \binom{2n+1}{k}.$$

8.7 定理 8.5.1 の証明

まず, 次のノイマンの加法定理[*8]を用いる. 即ち, a, b, c はある三角形の各辺の長さを表し, $c^2 = a^2 + b^2 - 2ab\cos\xi$ が成り立っていると仮定すると,

---

[*7] Andrews, Askey and Roy (1999) の式 (4.9.5).
[*8] Andrews, Askey and Roy (1999) の 214 ページを参照のこと.

$$J_0(c) = \sum_{k=-\infty}^{\infty} J_k(a) J_k(b) e^{ik\xi}.$$

上式で $t = a = b$ とおくと，

$$J_0(t\sqrt{2(1-\cos\xi)}) = \sum_{k=-\infty}^{\infty} J_k^2(t) e^{ik\xi}. \tag{8.7.9}$$

式 (8.7.9) から，この量子ウォークの特性関数は，

$$E(e^{i\xi X_t}) = \sum_{k=-\infty}^{\infty} e^{ik\xi} J_k^2(t) = J_0(t\sqrt{2(1-\cos\xi)}) \tag{8.7.10}$$

となる．ここでは，t が正の整数の場合だけ考える．一般の正の実数の場合には証明が煩雑なので省略する (Konno (2005c) を参照のこと)．式 (8.7.10) を用いると，$n \to \infty$ としたとき，

$$E(e^{i\xi X_n/n}) = J_0(n\sqrt{2(1-\cos(\xi/n))}) \to J_0(\xi).$$

極限の密度関数を知るために，次の $J_0(x)$ に対する表現を用いる[*9]．

$$J_0(\xi) = \frac{1}{\pi} \int_0^\pi \cos(\xi \sin\varphi) \, d\varphi = \frac{2}{\pi} \int_0^{\pi/2} \cos(\xi \sin\varphi) \, d\varphi. \tag{8.7.11}$$

ここで，$x = \sin\varphi$ とおくと，

$$J_0(\xi) = \int_{-1}^{1} \cos(\xi x) \frac{1}{\pi\sqrt{1-x^2}} \, dx = \int_{-1}^{1} e^{i\xi x} \frac{1}{\pi\sqrt{1-x^2}} \, dx.$$

また，式 (8.7.11) を使うと，

$$|J_0(\xi) - J_0(0)| \le \frac{2}{\pi} \int_0^{\pi/2} |\cos(\xi \sin\varphi) - 1| \, d\varphi.$$

有界収束定理 (bounded convergence theorem) [*10] より，$\xi \to 0$ のとき，$\cos(\xi \sin\varphi) \to 1$ なので，$J_0(\xi)$ は $\xi = 0$ で連続．以上から，もし $n \to \infty$ ならば，X_n/n はある確率変数に収束し，その密度関数が $1/\pi\sqrt{1-x^2}$, $(x \in (-1,1))$ で与えられる．即ち，もし $-1 \le a < b \le 1$ ならば，$n \to \infty$ のとき，

$$P(a \le X_n/n \le b) \quad \to \quad \int_a^b \frac{1}{\pi\sqrt{1-x^2}} \, dx.$$

さて，t を正の実数まで拡張するためには，以下を示さなくてはいけない．

$$\left| P(a \le X_t/t \le b) - P(a \le X_{[t]}/[t] \le b) \right| \quad \to \quad 0 \qquad (t \to \infty).$$

但し，$[x]$ は，x の整数部分．しかし，この節の最初に述べたように煩雑な議論を必要とするので割愛する．

[*9] Andrews, Askey and Roy (1999) の式 (4.9.11).
[*10] 定理 14.2.3, 或いは，Durrett (2004) 参照.

8.8 議　　論

Romanelli et al. (2004) は，$\mathbb{Z}$ 上の離散時間量子ウォークの連続極限を考えその確率分布を得た．アダマールウォークで，その初期状態が（彼らの記号を使うと）$\tilde{a}_l(0) = \delta_{l,0}, \tilde{b}_l(0) \equiv 0$ のとき，その確率分布は我々の記号だと $P_t^{(R)}(x) = J_x^2(t/\sqrt{2})$ となる．より一般に次のユニタリ行列で定まる量子ウォークを考える．

$$U(\theta) = \begin{bmatrix} \cos\theta & \sin\theta \\ \sin\theta & -\cos\theta \end{bmatrix}.$$

但し，$\theta \in (0, \pi/2)$．特に，$\theta = \pi/4$ がアダマールウォークになる．このとき，$P_t^{(R,\theta)}(x) = J_x^2(t\cos\theta)$ を得る．そして，定理 8.5.1 の証明と同様の議論をすると，

$$\frac{X_t^{(R,\theta)}}{t} \Rightarrow Z^{(R,\theta)} \qquad (t \to \infty).$$

但し，$Z^{(R,\theta)}$ は次の密度関数をもつ．

$$\frac{1}{\pi\sqrt{\cos^2\theta - x^2}} I_{(-\cos\theta, \cos\theta)}(x) \qquad (x \in \mathbb{R}).$$

ここで，$X_t^{(R,\theta)}$ は，確率分布 $P_t^{(R,\theta)}(x)$ をもつ連続時間量子ウォークである．この結果より，以下を得る．

$$E((X_t^{(R,\theta)}/t)^{2m}) \to \cos^{2m}\theta \times (2m-1)!!/(2m)!! \qquad (t \to \infty).$$

特に，$m=1$ のとき，極限 $\cos^2\theta/2$ は，Romanelli et al. (2004) の式 (30) に対応している．

第9章 サイクル

9.1 序

前章では $\mathbb{Z}$ 上の場合を解説したが，本章では N 個の格子点からなるサイクル $C_N = \{0, 1, \ldots, N-1\}$ の上の連続時間量子ウォークを扱う．尚，ここでの結果は，Inui, Kasahara, Konishi and Konno (2005) にもとづいている．

9.2 定義と性質

まず，A をサイクル C_N の $N \times N$ の隣接行列とする．このとき，量子ウォークは以下のユニタリ行列で定義される．

$$U(t) = e^{-itA/2}.$$

ここで，Ahmadi et al. (2003) の論文に従い，$itA/2$ の代わりに $-itA/2$ を採用する．時刻 t での波動関数 $\Psi_N(t)$ は以下で定める．

$$\Psi_N(t) = U(t)\Psi_N(0).$$

また，$\Psi_N(t)$ の $(n+1)$ 成分を $\Psi_N(n, t)$ で表す．これは，$n = 0, 1, \ldots, N-1$ に対して，場所 n で時刻 t の波動関数である．この章では，初期状態として $\Psi_N(0) = {}^T[1, 0, 0, \ldots, 0]$ をとる．場所 n で時刻 t の量子ウォーカーの存在する確率を $P_N(n, t)$ で表す．

$$P_N(n, t) = |\Psi_N(n, t)|^2.$$

連続時間の量子ウォークの波動関数の計算には，巡回行列 (circulant matrix) の対角化に関する以下の性質が重要である．ここで，C が巡回行列とは，k 番目の行が 0 番目の行を k 回続けて右に移動して得られるものである．例えば，

$$C = \begin{bmatrix} a & b & c & d \\ d & a & b & c \\ c & d & a & b \\ b & c & d & a \end{bmatrix}.$$

あるグラフ G の隣接行列が巡回行列のとき，そのグラフは巡回グラフ（circulant graph）と呼ばれる．例えば，サイクルや完全グラフは巡回グラフである．

$N \times N$ の巡回行列 C を対角化するために，次のフーリエ行列（Fourier matrix）
$$F_N = \frac{1}{\sqrt{N}} V_N$$
を導入する．但し，V_N はヴァンデルモンド行列（Vandermonde matrix）で，以下で与えられる．
$$V_N = V_N(\omega) = \begin{bmatrix} 1 & 1 & \cdots & 1 \\ 1 & \omega & \cdots & \omega^{N-1} \\ \vdots & \vdots & \ddots & \vdots \\ 1 & \omega^{N-1} & \cdots & \omega^{(N-1)^2} \end{bmatrix}.$$
ここで，$\omega = e^{2\pi i/N}$.

[注意 9.2.1]　$V_N(\omega)^{-1} = V_N(\omega^{-1})$ に注意すると，$F_N^{-1} = F_N^*$ が得られる．

このとき，以下が成り立つことを直接確かめられる．

補題 9.2.1　C を $N \times N$ の巡回行列とし，その 0 番目の列ベクトルを u とする．このとき，
$$F_N C F_N^* = diag(V_N u).$$
但し，列ベクトル v に対する $diag(v)$ は，その成分を対角成分に持つ対角行列である．

[問題 9.2.1]　上の補題 9.2.1 を用いて下記の巡回行列の固有値を求めよ．
$$C = \begin{bmatrix} a & b & c \\ c & a & b \\ b & c & a \end{bmatrix}.$$

サイクルの場合 $C = A/2$ に補題 9.2.1 を適用すると，
$$V_N u = \begin{bmatrix} 1 & 1 & \cdots & 1 \\ 1 & \omega & \cdots & \omega^{N-1} \\ 1 & \omega^2 & \cdots & \omega^{2(N-1)} \\ \vdots & \vdots & \ddots & \vdots \\ 1 & \omega^{N-2} & \cdots & \omega^{(N-2)(N-1)} \\ 1 & \omega^{N-1} & \cdots & \omega^{(N-1)^2} \end{bmatrix} \begin{bmatrix} 0 \\ 1/2 \\ 0 \\ \vdots \\ 0 \\ 1/2 \end{bmatrix} = \begin{bmatrix} 1 \\ (\omega + \omega^{N-1})/2 \\ (\omega^2 + \omega^{2(N-1)})/2 \\ \vdots \\ (\omega^{N-2} + \omega^{(N-2)(N-1)})/2 \\ (\omega^{N-1} + \omega^{(N-1)^2})/2 \end{bmatrix}.$$

よって，$A/2$ の固有値 λ_j $(j = 0, 1, \ldots, N-1)$ は
$$\lambda_j = \cos(2\pi j/N)$$

で与えられる．ここで，V_N の第 j 列ベクトルを $|\omega_j\rangle$ $(j=0,1,\ldots,N-1)$ とおくと，初期状態は $\Psi_N(0) = {}^T[1,0,\ldots,0]$ だったので，以下が成り立つ．

$$\Psi_N(0) = \frac{1}{N} \sum_{j=0}^{N-1} |\omega_j\rangle.$$

以上より，

$$\Psi_N(t) = U(t)\Psi_N(0) = \frac{e^{-itA/2}}{N} \sum_{j=0}^{N-1} |\omega_j\rangle = \frac{1}{N}\sum_{j=0}^{N-1} e^{-i\lambda_j t}|\omega_j\rangle = \frac{1}{N}\sum_{j=0}^{N-1} e^{-it\cos(2\pi j/N)}|\omega_j\rangle.$$

従って，Ahmadi et al. (2003) が示したように，以下が成立する．

補題 9.2.2 $t \geq 0$ かつ $n = 0,1,\ldots,N-1$ に対して，

$$\Psi_N(n,t) = \frac{1}{N}\sum_{j=0}^{N-1} e^{-i(t\cos\xi_j - n\xi_j)}. \tag{9.2.1}$$

但し，$\xi_j = 2\pi j/N$．

ここで，Romanelli et al. (2003) によって与えられた $\mathbb{Z}$ 上の離散時間量子ウォークに対する時間に関する連続極限をとったモデルとサイクル上の連続時間量子ウォークとの関係についてふれたい．また，Ahmadi et al. (2003) で指摘されているように，$\Psi_N(n,t)$ はベッセル関数を用いて下記のようにも表せる．

$$\Psi_N(n,t) = \sum_{k=n\,(\text{mod}\,N)} (-i)^k J_k(t) = \frac{1}{2} \sum_{k=\pm n\,(\text{mod}\,N)} (-i)^k J_k(t). \tag{9.2.2}$$

ここで，$J_\nu(z)$ は ν 次のベッセル関数である．実際，ベッセル関数の母関数[*1]

$$\exp\left[\frac{t}{2}\left(z - \frac{1}{z}\right)\right] = \sum_{\nu \in \mathbb{Z}} z^\nu J_\nu(t) \tag{9.2.3}$$

より，以下が得られる．

$$e^{-it\cos\xi_j} = \sum_{\nu \in \mathbb{Z}} (-i)^\nu e^{i\nu\xi_j} J_\nu(t). \tag{9.2.4}$$

[問題 9.2.2] 式 (9.2.3) から式 (9.2.4) を導け．

式 (9.2.1) を用いると，波動関数は

$$\Psi_N(n,t) = \frac{1}{N}\sum_{j=0}^{N-1}\sum_{\nu \in \mathbb{Z}} (-i)^\nu e^{i(n+\nu)\xi_j} J_\nu(t) \tag{9.2.5}$$

となる．同様に，

[*1] Andrews, Askey and Roy (1999) の式 (4.9.10).

$$\Psi_N(n,t) = \frac{1}{N}\sum_{j=0}^{N-1}\sum_{\nu\in\mathbb{Z}}(-i)^\nu e^{i(n-\nu)\xi_j}J_\nu(t). \tag{9.2.6}$$

式 (9.2.5), (9.2.6) から, 式 (9.2.2) が導かれる.

さらに, 式 (9.2.2) より, 以下が得られる.

$$\begin{aligned}P_N(n,t) &= \sum_{j,k\in\mathbb{Z}}\cos\left(\frac{\pi}{2}(j-k)N\right)J_{jN+n}(t)J_{kN+n}(t)\\ &= \sum_{k\in\mathbb{Z}}J_{kN+n}^2(t) + \sum_{j\neq k:j,k\in\mathbb{Z}}\cos\left(\frac{\pi}{2}(j-k)N\right)J_{jN+n}(t)J_{kN+n}(t).\end{aligned} \tag{9.2.7}$$

次の公式はよく知られている[*2]. 任意の $t \geq 0$ に対して,

$$\sum_{k\in\mathbb{Z}}J_k^2(t) = 1. \tag{9.2.8}$$

即ち, $\{J_k^2(t) : k \in \mathbb{Z}\}$ は, 任意の t に対して, $\mathbb{Z}$ の確率分布になっている. このとき, 式 (9.2.8) は, 以下のように書き直せる.

$$\sum_{n=0}^{N-1}\sum_{k\in\mathbb{Z}}J_{kN+n}^2(t) = 1. \tag{9.2.9}$$

従って, 式 (9.2.7) と式 (9.2.9) によって, 次が導かれる.

$$\sum_{n=0}^{N-1}\sum_{j\neq k:j,k\in\mathbb{Z}}\cos\left(\frac{\pi}{2}(j-k)N\right)J_{jN+n}(t)J_{kN+n}(t) = 0.$$

Romanelli et al. (2003) は, $\mathbb{Z}$ 上の離散時間量子ウォークに対する時間に関する連続極限をとったモデルを研究し, その場所に関する確率分布を得た. アダマールウォークに対し, 彼らの記号で書くと, $\tilde{a}_l(0) = \delta_{l,0}, \tilde{b}_l(0) = 0$ を初期条件とする. このとき, その確率分布はここでの記号を用いると, 以下のようになる.

$$P(n,t) = J_n^2(t/\sqrt{2}).$$

もっと一般に, 次のユニタリ行列で定まる離散時間量子ウォークを考える.

$$U = \begin{bmatrix} a & b \\ c & d \end{bmatrix}.$$

もし $a = b = c = -d = 1/\sqrt{2}$ なら, アダマールウォークになる. 同様にして,

$$P(n,t) = J_n^2(at). \tag{9.2.10}$$

実際, 式 (9.2.8) は任意の時刻 t に対して, $\sum_{n\in\mathbb{Z}}P(n,t) = 1$ を保証する. 充分大きな N に対して, 式 (9.2.7) は, 式 (9.2.7) の右辺の第 2 項を無視すると, 式 (9.2.10) に似ている.

さて, 連続時間量子ウォークの揺らぎの様子を研究するために, 瞬間的一様混合性 (以下で定義) と時間平均標準偏差 (9.5 節を参照のこと) を考える. 前者は空間的な揺らぎを, 後者は時

[*2] Andrews, Askey and Roy (1999) の式 (4.9.15).

間的な揺らぎを特徴付ける量である.

ある点, 例えば, 0 から出発した C_N 上のあるウォークが**瞬間的一様混合性** (instantaneous uniform mixing property [*3]) をもつとは, 任意の $n = 0, 1, \ldots, N-1$ に対して, $P_N(n, t) = 1/N$ となるような時刻 $t > 0$ が存在するときをいう.

この定義を次のように言い換えることもできる. 2 つの確率分布 P, Q に対して, その間の**全変動距離** (total variation distance) $||P - Q||$ を以下で定義する.

$$||P - Q|| = \max_{A \subset C_N} |P(A) - Q(A)| = \frac{1}{2} \sum_{n \in C_N} |P(n) - Q(n)|. \qquad (9.2.11)$$

これを用いると, 瞬間的一様混合性は, $||P_N(\cdot, t) - \pi_N|| = 0$ を満たすような時刻 $t > 0$ が存在するときをいう. 但し, π_N はサイクル C_N 上の一様分布. 9.4 節で述べるように, $N = 3, 4$ のときは, 瞬間的一様混合性をもつことが簡単に調べられる. 他方, Ahmadi et al. (2003) では, $N \geq 5$ のときは, 瞬間的一様混合性をもたないという予想が述べられている. $N = 6$ の場合にその予想が成立することは, 比較的簡単に確かめることができる (9.4 節を参照). また, Carlson et al. (2006) は, $N = 5$ のときにその予想が正しいことを示した. Adamczak et al. (2007) は, $n = 2^u$ $(u \geq 3)$ か $n = 2^u q$ $(u \geq 1, q = 3 \pmod{4})$ を満たすとき, 瞬間的一様混合性をもたないことを証明した. 尚, 古典の連続時間のランダムウォークの場合には, 任意の $N \geq 3$ に対して, 瞬間的一様混合性をもたないことが分かる.

[予想問題 9.2.1] 任意の $N \geq 7$ に対して, C_N 上の連続時間量子ウォークは, 瞬間的一様混合性をもたないことを示せ.

また, Mülken, Pernice and Blumen (2007) により, サイクルにショートカットを入れたスモールワールド (small world) 上の連続時間の量子ウォークの研究もされている.

9.3 古 典 系

この節では, C_N 上のランダムウォークについて復習する (例えば, Schinazi (1999) を参照のこと). 連続時間のランダムウォークに対して, 以下が成り立つ.

$$P_N(n, t) = \frac{1}{N} \sum_{j=0}^{N-1} \cos(\xi_j n) e^{t(\cos \xi_j - 1)}.$$

但し, $t \geq 0, n = 0, 1, \ldots, N - 1$. 一方, 離散時間のランダムウォークに対しては,

$$P_N(n, t) = \frac{1}{N} \sum_{j=0}^{N-1} \cos(\xi_j n)(\cos \xi_j)^t.$$

但し, $t \geq 0, n = 0, 1, \ldots, N - 1$. さらに, 時間平均の分布は連続時間の場合, 以下で定義する.

[*3] IUMP と略すこともある.

$$\bar{P}_N(n) = \lim_{T\to\infty} \frac{1}{T} \int_0^T P_N(n,t)dt. \qquad (9.3.12)$$

同様に，離散時間の場合は，

$$\bar{P}_N(n) = \lim_{T\to\infty} \frac{1}{T} \sum_{t=0}^{T-1} P_N(n,t). \qquad (9.3.13)$$

このとき，連続時間の場合は，時刻を無限大にすると，一様分布に収束することがすぐに導かれる．即ち，$n = 0, 1, \ldots, N-1$ に対して，$P_N(n,t) \to 1/N$ ($t \to \infty$)．これより，直ちに $\bar{P}_N(n) = 1/N, (n = 0, 1, \ldots, N-1)$ が分かる．他方，離散時間の場合は，N が奇数のとき，$t \to \infty$ とすると，$P_N(n,t) \to 1/N$ がいえる．一方，N が偶数のときは収束しない．しかし，その時間平均 $\bar{P}_N$ は，どちらの場合も一様分布になる．

以上を表にまとめると，

表 9.1

	古典系連続時間	古典系離散時間
確率分布	$P_N(n,t) \to 1/N$	$P_N(n,t) \to 1/N$ （N は奇数） $P_N(n,t) \not\to$ （N は偶数）
時間平均	$\bar{P}_N(n) \equiv 1/N$	$\bar{P}_N(n) \equiv 1/N$

9.4 量子系

本節では量子ウォークについて考える．以前述べたように，古典系と異なり，任意の $N \geq 3$ に対して，$\bar{P}_N$ は一様分布に収束しない．式 (9.2.1) から，次が導かれる．

定理 9.4.1

$$P_N(n,t) = \frac{1}{N} + \frac{2R_N(n,t)}{N^2}. \qquad (9.4.14)$$

但し，$t \geq 0, n = 0, 1, \ldots, N-1$ に対して，

$$R_N(n,t) = \sum_{0 \leq j < k \leq N-1} \cos\{t(\cos\xi_j - \cos\xi_k) - n(\xi_j - \xi_k)\}. \qquad (9.4.15)$$

[注意 9.4.1] このとき，$t \geq 0, n = 1, \ldots, \bar{N}$ に対して，

$$R_N(n,t) = R_N(N-n,t).$$

但し，$\bar{N} = [(N-1)/2]$ かつ $[x]$ は x の整数部分．

例えば，$N = 3$ の場合は，

$$R_3(0,t) = 2\cos(3t/2) + 1,$$
$$R_3(1,t) = R_3(2,t) = -\cos(3t/2) - 1/2.$$

また，$N = 4$ のときは，

$$R_4(0,t) = \cos(2t) + 4\cos(t) + 1,$$
$$R_4(1,t) = R_4(3,t) = -\cos(2t) - 1,$$
$$R_4(2,t) = \cos(2t) - 4\cos(t) + 1.$$

従って，$N = 3$ の場合，任意の $t = \pm 4\pi/9 + 4m\pi/3$ $(m \in \mathbb{Z})$ かつ $n = 0, 1, 2$ のときに，$R_3(n,t) = 0$ となる．また，$N = 4$ の場合，任意の $t = \pi/2 + m\pi$ $(m \in \mathbb{Z})$ かつ $n = 0, 1, 2, 3$ のときに，$R_4(n,t) = 0$ となる．故に，C_3 と C_4 上の連続時間量子ウォークは，瞬間的一様混合性をもつことが分かる．この結果は Ahmadi et al. (2003) でも述べられている．他方，$N = 6$ の場合は，

$$R_6(0,t) = \cos(2t) + 4\cos(3t/2) + 4\cos(t) + 4\cos(t/2) + 2,$$
$$R_6(1,t) = R_6(5,t) = -\cos(2t) - 2\cos(3t/2) - \cos(t) + 2\cos(t/2) - 1,$$
$$R_6(2,t) = R_6(4,t) = \cos(2t) - 2\cos(3t/2) + \cos(t) - 2\cos(t/2) - 1,$$
$$R_6(3,t) = -\cos(2t) + 4\cos(3t/2) - 4\cos(t) - 4\cos(t/2) + 2$$

となり，C_6 上の連続時間量子ウォークは，瞬間的一様混合性をもたないことが確かめられる．

これから時間平均について考える．式 (9.4.14) を用いると，

系 9.4.2 $n = 0, 1, \ldots, N-1$ に対して，

$$\bar{P}_N(n) = \frac{1}{N} + \frac{2R_N(n)}{N^2}. \tag{9.4.16}$$

但し，

$$R_N(n) = \begin{cases} -1/2, & \text{但し，} N \text{ は奇数，} \xi_{2n} \neq 0 \pmod{2\pi}, \\ -1, & \text{但し，} N \text{ は偶数，} \xi_{2n} \neq 0 \pmod{2\pi}, \\ \bar{N}, & \text{但し，} \xi_{2n} = 0 \pmod{2\pi}. \end{cases}$$

[問題 9.4.1] 上の結果より，以下を確かめよ．

$$\bar{P}_N(0) = \frac{1}{N} + \frac{2\bar{N}}{N^2} \left(> \frac{1}{N} \right). \tag{9.4.17}$$

一方，離散時間の量子ウォーク，特にアダマールウォークの場合，Aharonov et al. (2001) と Bednarska et al. (2003) は，N が奇数か $N = 4$ のときに，$\bar{P}_N(n) \equiv 1/N$ であることを，またそれ以外のときは，$\bar{P}_N(n) \not\equiv 1/N$ であることを示した．連続時間と離散時間の古典のランダムウォーク，そして離散時間の量子ウォークの場合と異なり，連続時間の量子ウォークの場合は，任

意の $N \geq 3$ に対して, $\bar{P}_N$ は一様分布にならない. 実際, 系 9.4.2 より, N が奇数のとき (即ち, $\bar{N} = (N-1)/2$),

$$\bar{P}_N = \Big(\frac{1}{N} + \frac{N-1}{N^2}, \overbrace{\frac{1}{N} - \frac{1}{N^2}, \ldots, \frac{1}{N} - \frac{1}{N^2}}^{N-1}\Big),$$

また, N が偶数のとき (即ち, $\bar{N} = (N-2)/2$),

$$\bar{P}_N = \Big(\frac{1}{N} + \frac{N-2}{N^2}, \overbrace{\frac{1}{N} - \frac{2}{N^2}, \ldots, \frac{1}{N} - \frac{2}{N^2}}^{(N-2)/2}, \frac{1}{N} + \frac{N-2}{N^2}, \overbrace{\frac{1}{N} - \frac{2}{N^2}, \ldots, \frac{1}{N} - \frac{2}{N^2}}^{(N-2)/2}\Big).$$

例えば,

$$\bar{P}_3 = \Big(\frac{5}{9}, \frac{2}{9}, \frac{2}{9}\Big), \qquad \bar{P}_4 = \Big(\frac{3}{8}, \frac{1}{8}, \frac{3}{8}, \frac{1}{8}\Big).$$

以上を表にまとめると,

表 9.2

	量子系連続時間	量子系離散時間
確率分布	$P_N(n,t) \not\to$	$P_N(n,t) \not\to$
時間平均	$\bar{P}_N(n) \not\equiv 1/N$	$\bar{P}_N(n) \equiv 1/N$ (N は奇数か 4)
		$\bar{P}_N(n) \not\equiv 1/N$ (N は 4 以外の偶数)

9.5 時間平均標準偏差

離散時間の量子ウォークの場合と同様に, 連続時間の場合も以下で定義される**時間平均標準偏差** (temporal standard deviation) $\sigma_N(n)$ を考える.

$$\sigma_N(n) = \lim_{T \to \infty} \sqrt{\frac{1}{T} \int_0^T \big(P_N(n,t) - \bar{P}_N(n)\big)^2 dt}. \tag{9.5.18}$$

尚, 離散時間のときは, 定義は以下であった.

$$\sigma_N(n) = \lim_{T \to \infty} \sqrt{\frac{1}{T} \sum_{t=0}^{T-1} \big(P_N(n,t) - \bar{P}_N(n)\big)^2}. \tag{9.5.19}$$

古典系の場合は離散時間, 連続時間問わず, 任意の $N \geq 3$ かつ $n = 0, 1, \ldots, N-1$ に対して,

$$\sigma_N(n) = 0$$

であることが分かる. 実際, 離散時間のときは第 6 章で既に述べたが, 連続時間の場合も同様に導ける.

さて, 離散時間の量子ウォークの場合には, 定理 6.3.1 より, 任意の $n = 0, 1, \ldots, N-1$ に対

して，
$$\sigma_N^2(n) = \frac{1}{N^4}\left[2\left\{S_+^2(n)+S_-^2(n)\right\}+11S_0^2+10S_0S_1+3S_1^2-S_2(n)\right]-\frac{2}{N^3}. \quad (9.5.20)$$

但し，$N(\geq 3)$ は奇数で，かつ
$$S_0 = \sum_{j=0}^{N-1}\frac{1}{3+\cos\theta_j}, \qquad S_1 = \sum_{j=0}^{N-1}\frac{\cos\theta_j}{3+\cos\theta_j},$$
$$S_+(n) = \sum_{j=0}^{N-1}\frac{\cos((n-1)\theta_j)+\cos(n\theta_j)}{3+\cos\theta_j},$$
$$S_-(n) = \sum_{j=0}^{N-1}\frac{\cos((n-1)\theta_j)-\cos(n\theta_j)}{3+\cos\theta_j},$$
$$S_2(n) = \sum_{j=1}^{N-1}\frac{7+\cos(2\theta_j)+8\cos\theta_j\cos^2((n-1/2)\theta_j)}{(3+\cos\theta_j)^2}.$$

ここで，$\theta_j = \xi_{2j} = 4\pi j/N$. 例えば，
$$\sigma_3(0) = \sigma_3(1) = \frac{2\sqrt{46}}{45}, \quad \sigma_3(2) = \frac{2}{9}. \quad (9.5.21)$$

さらに，命題 6.4.1 から，$N\to\infty$ としたとき，次を得る．
$$\sigma_N(0) = \frac{\sqrt{13-8\sqrt{2}}}{N}+o\left(\frac{1}{N}\right). \quad (9.5.22)$$

つまり，離散時間の場合の時間平均標準偏差 $\sigma_N(0)$ は，N を大きくすると，$1/N$ より小さいオーダーで収束することが分かる．

今度は連続時間の場合について考える．まず，具体的に計算すると，
$$\sigma_3(0) = \frac{2\sqrt{2}}{9}, \quad \sigma_3(1) = \sigma_3(2) = \frac{\sqrt{2}}{9},$$
$$\sigma_4(0) = \sigma_4(2) = \frac{\sqrt{34}}{16}, \quad \sigma_4(1) = \sigma_4(3) = \frac{\sqrt{2}}{16},$$
$$\sigma_5(0) = \frac{4\sqrt{3}}{25}, \quad \sigma_5(1) = \sigma_5(2) = \sigma_5(3) = \sigma_5(4) = \frac{2\sqrt{2}}{25},$$
$$\sigma_6(0) = \sigma_6(3) = \frac{7\sqrt{2}}{36}, \quad \sigma_6(1) = \sigma_6(2) = \sigma_5(4) = \sigma_5(5) = \frac{\sqrt{5}}{18}.$$

以下，離散時間の場合の式 (9.5.20) と式 (9.5.22) に対応させるために，N が奇数の場合に焦点を絞る．$\sigma_N(n)$ の定義より，
$$\sigma_N^2(n) = \frac{4}{N^4}\times\lim_{T\to\infty}\frac{1}{T}\int_0^T (R_N(n,t)-\overline{R_N(n)})^2\,dt$$
$$= \frac{4}{N^4}\times\left\{\lim_{T\to\infty}\frac{1}{T}\int_0^T R_N(n,t)^2\,dt - \overline{R_N(n)}^2\right\}.$$

N が奇数の場合には，

$$R_N(n) = \begin{cases} (N-1)/2, & n = 0, \\ -1/2, & n = 1, 2, \ldots, N-1. \end{cases}$$

式 (9.4.15) より,

$$\lim_{T \to \infty} \frac{1}{T} \int_0^T R_N^2(n,t) dt$$

$$= \lim_{T \to \infty} \frac{1}{T} \int_0^T \left[\sum_{0 \le j_1 < k_1 \le N-1} \cos\{t(\cos\xi_{j_1} - \cos\xi_{k_1}) - n(\xi_{j_1} - \xi_{k_1})\} \right]$$

$$\times \left[\sum_{0 \le j_2 < k_2 \le N-1} \cos\{t(\cos\xi_{j_2} - \cos\xi_{k_2}) - n(\xi_{j_2} - \xi_{k_2})\} \right] dt$$

$$= \lim_{T \to \infty} \frac{1}{2T} \int_0^T dt \sum_{0 \le j_1 < k_1 \le N-1} \sum_{0 \le j_2 < k_2 \le N-1}$$

$$\Big[\cos\{t((\cos\xi_{j_1} - \cos\xi_{k_1}) - (\cos\xi_{j_2} - \cos\xi_{k_2})) - n((\xi_{j_1} - \xi_{k_1}) - (\xi_{j_2} - \xi_{k_2}))\}$$

$$+ \cos\{t((\cos\xi_{j_1} - \cos\xi_{k_1}) + (\cos\xi_{j_2} - \cos\xi_{k_2})) - n((\xi_{j_1} - \xi_{k_1}) + (\xi_{j_2} - \xi_{k_2}))\} \Big].$$

ここで, 各 $(N^2 - N)^2$ 個の項は, 次の 2 つの場合を除いて 0 になる.

$$\cos\xi_{j_1} - \cos\xi_{k_1} - \cos\xi_{j_2} + \cos\xi_{k_2} = 0,$$
$$\cos\xi_{j_1} - \cos\xi_{k_1} + \cos\xi_{j_2} - \cos\xi_{k_2} = 0.$$

従って, 煩雑な計算により, 任意の $n = 1, 2, \ldots, N-1$ に対して, 以下を得る.

$$\lim_{T \to \infty} \frac{1}{T} \int_0^T R_N^2(0,t) dt = \frac{5}{8}(N-1)^2 + \frac{1}{8}(N-1)(5N-13)$$

$$= \frac{1}{4}(N-1)(5N-9),$$

かつ

$$\lim_{T \to \infty} \frac{1}{T} \int_0^T R_N^2(n,t) dt = \frac{1}{8}\left(2N^2 - 4N + 6 - \frac{1}{\cos^2\frac{n\pi}{N}}\right) + \frac{1}{8}\left(-6N + 12 + \frac{1}{\cos^2\frac{n\pi}{N}}\right)$$

$$= \frac{1}{4}(N^2 - 5N + 9).$$

以下がこの章の主結果である.

定理 9.5.1 $N(\ge 3)$ が奇数のとき,

$$\sigma_N(0) = \frac{2\sqrt{N^2 - 3N + 2}}{N^2}, \quad \sigma_N(n) = \frac{\sqrt{N^2 - 5N + 8}}{N^2} \quad (n = 1, \ldots, N-1). \quad (9.5.23)$$

特に, 任意の $n = 1, \ldots, N-1$ に対して,

$$\sigma_N(0) > \sigma_N(n).$$

連続時間と離散時間との違いは，例えば，式 (9.5.21) より，$\sigma_3(0) = \sigma_3(1) > \sigma_3(2)$ が離散時間のときは導かれ，$n=1$ が $n=0$ と一致している．さらに，式 (9.5.23) から，

系 9.5.2 $N \to \infty$ のとき，
$$\sigma_N(0) = \frac{2}{N} + o\left(\frac{1}{N}\right), \quad \sigma_N(n) = \frac{1}{N} + o\left(\frac{1}{N}\right) \quad (n = 1, \ldots, N-1). \tag{9.5.24}$$

上の結果より，連続時間の場合も離散時間と同じオーダーで減衰していることが分かる．しかし，$\sqrt{13 - 8\sqrt{2}} < 2$ から（式 (9.5.22) と式 (9.5.24) を参照のこと），N が大きくなると，場所 0 での連続時間の時間平均標準偏差は，離散時間の場合より真に大きいことも得られる．

最後に研究テーマの一つになりうる問題をあげておく．

[問題 9.5.1] N が偶数の場合，$\sigma_N(n)$ を計算せよ．

第10章 ツ リ ー

10.1 序

この章では，正則な[*1)]ツリーの上の連続時間量子ウォークについて考える．本章の結果は Konno (2006a) にもとづいている．このモデルは，$\mathbb{Z}$ やサイクルの場合と同様に，考えているツリーの隣接行列に対応するハミルトニアンによって定まる．

10.2 定　義

まず，$\mathbb{T}_M^{(p)}$ を次数 p の第 M 世代までから構成される正則なツリーとする．原点 $o \in \mathbb{T}_M^{(p)}$ を固定したとき，正則なツリー上に下記のように自然な階層構造が導入されている．

$$\mathbb{T}_M^{(p)} = \bigcup_{k=0}^{M} V_k^{(p)}, \quad V_k^{(p)} = \{x \in \mathbb{T}_M^{(p)} : \partial(o,x) = k\}.$$

ここで，$\partial(x,y)$ は，2 点 x と y を結ぶパスの中で最短のものの長さ，その 2 点間の距離を表す．このとき，

$$|V_0^{(p)}| = 1, \, |V_1^{(p)}| = p, \, |V_2^{(p)}| = p(p-1), \ldots, |V_k^{(p)}| = p(p-1)^{k-1}, \ldots.$$

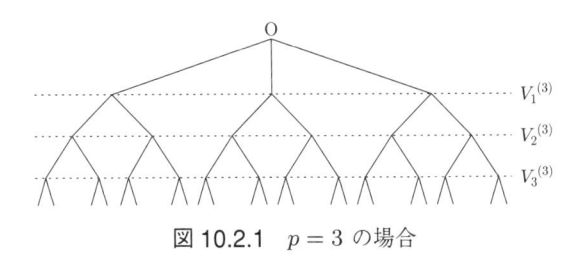

図 10.2.1　$p = 3$ の場合

ここで，$|A|$ は集合 A の要素の個数である．また，$|\mathbb{T}_M^{(p)}| = p(p-1)^M - (p-1)$ が成り立つ．

また，$H_M^{(p)}$ を $\mathbb{T}_M^{(p)}$ の $|\mathbb{T}_M^{(p)}| \times |\mathbb{T}_M^{(p)}|$ 隣接行列とする．そして，$H_M^{(p)}$ の (i,j) 成分を $H_M^{(p)}(i,j)$

[*1)] 各頂点から出る枝（edge, bond）の数が一定．或いは，各頂点からの次数（degree）が一定，ともいう．

で表す．但し，$i,j \in \{0,1,\ldots,|\mathbb{T}_M^{(p)}|-1\}$．我々の場合は，$H_M^{(p)}$ の対角成分はいつも 0 である．即ち，任意の i に対して，$H_M^{(p)}(i,i) = 0$ である．

[**問題 10.2.1**] $p=3$ で $M=1,2$ の場合に，上記の $H_M^{(p)}$ を具体的に求めよ．

他方，Mülken, Bierbaum and Blumen (2006) の論文では，$p=3$ の場合を扱っているが，$H_{M,MB}^{(p)}$ に対応する行列の対角成分は 0 では無く，古典系の場合同様に，行の和を取ったときに 0 になるようにしている．例えば，$H_{1,MB}^{(3)}(0,0) = -3$, $H_{1,MB}^{(3)}(1,1) = H_{1,MB}^{(3)}(2,2) = H_{1,MB}^{(3)}(3,3) = -1$．

$\mathbb{T}_M^{(p)}$ 上の連続時間量子ウォークの時間発展は以下で定める．

$$U_M^{(p)}(t) = e^{itH_M^{(p)}}.$$

そして，時刻 t での波動関数 $\Psi_M^{(p)}(t)$ は以下で定義される．

$$\Psi_M^{(p)}(t) = U_M^{(p)}(t) \Psi_M^{(p)}(0).$$

初期条件として $\Psi_M^{(p)}(0) = {}^T[1,0,0,\ldots,0]$ を考える．また，$\Psi_M^{(p)}(t)$ の $(n+1)$ 成分を $\Psi_M^{(p)}(n,t)$ とおく．これは，$n=0,1,\ldots,p(p-1)^M - p$ に対して，場所 n で時刻 t の波動関数である．そして，確率分布を

$$P_M^{(p)}(n,t) = |\Psi_M^{(p)}(n,t)|^2$$

で定める．このとき，$\mathbb{T}_M^{(p)}$ 上の時刻 t の量子ウォーク $X_M^{(p)}(t)$ を以下で定める．

$$P(X_M^{(p)}(t) = n) = P_M^{(p)}(n,t).$$

同様に，$X_{M,MB}^{(p)}(t)$ を $H_{M,MB}^{(p)}$ によって定義された量子ウォークとする．先に述べたように，M が有限のときは，この対角成分 $H_{M,MB}^{(p)}(i,i)$ は i に依存する．しかし，M を無限にすると，その (i,i) 成分は全ての i に対して $-p$ になる．連続時間の量子ウォークを定めるハミルトニアンの対角成分が全て一定の場合には，その成分の値は確率分布に影響を与えない．従って，この 2 つの量子ウォークは，M が無限大の極限で一致する．即ち，任意の t と n に対して，

$$\lim_{M \to \infty} P(X_M^{(p)}(t) = n) = \lim_{M \to \infty} P(X_{M,MB}^{(p)}(t) = n).$$

10.3 例

この節では直交多項式やスペクトル分解を用いて具体的に幾つかの例について計算を行う．この議論は量子確率論 (quantum probability theory) での議論とも密接に関係している．量子確率論に関しては，例えば，Jafarizadeh and Salimi (2007), Accardi and Bożejko (1998), Hashimoto (2001), Obata (2004), 明出伊・尾畑 (2003) を参照のこと．

10.3.1 M が有限の場合

まず，$\mu_M^{(p)}$ を $H_M^{(p)}$ に対応するスペクトル分布とする．$\mu_M^{(p)}$ に付随する直交多項式 $\{Q_n^{(p)}\}$ と $\{Q_n^{(p,*)}\}$ は，セゲー - ヤコビ数列 (Szegö-Jacobi sequence) $(\{\omega_n\},\{\alpha_n\})$ をもつ下記の 3 項間漸化式をそれぞれ満たす．

$$Q_0^{(p)}(x) = 1,\ Q_1^{(p)}(x) = x - \alpha_1,$$
$$xQ_n^{(p)}(x) = Q_{n+1}^{(p)}(x) + \alpha_{n+1}Q_n^{(p)}(x) + \omega_n Q_{n-1}^{(p)}(x)\ (n \geq 1),$$

かつ

$$Q_0^{(p,*)}(x) = 1,\ Q_1^{(p,*)}(x) = x - \alpha_2,$$
$$xQ_n^{(p,*)}(x) = Q_{n+1}^{(p,*)}(x) + \alpha_{n+2}Q_n^{(p,*)}(x) + \omega_{n+1}Q_{n-1}^{(p,*)}(x)\ (n \geq 1).$$

我々の場合は，

$$\omega_1 = p,\quad \omega_2 = \omega_3 = \cdots = \omega_M = p-1,\quad \omega_{M+1} = \omega_{M+2} = \cdots = 0,\quad \alpha_1 = \alpha_2 = \cdots = 0.$$

このとき，$\mu_M^{(p)}$ のスチルチェス変換 (Stieltjes transform) $G_{\mu_M^{(p)}}$ は，以下で与えられる[*2]．

$$G_{\mu_M^{(p)}}(x) = \frac{Q_{n-1}^{(p,*)}(x)}{Q_n^{(p)}(x)}.$$

但し，$n = |\mathbb{T}_M^{(p)}| = p(p-1)^M - (p-1)$．

次の結果は Jafarizadeh and Salimi (2007) で示されている．任意の $k = 0, 1, 2, \ldots$ に対して，

$$\Psi_M^{(p)}(V_k^{(p)}, t) = \sum_{n \in V_k^{(p)}} \Psi_M^{(p)}(n, t) = \frac{1}{\sqrt{|V_k^{(p)}|}} \int_{\mathbb{R}} \exp(itx)\, Q_k^{(p)}(x)\mu_M^{(p)}(x)\, dx.$$

ここで，$|V_k^{(p)}| = \omega_1\omega_2\cdots\omega_k = p(p-1)^{k-1}\ (1 \leq k \leq M)$ かつ $|V_0^{(p)}| = 1$ に注意．さらに重要な結果として，

$$\Psi_M^{(p)}(n, t) = \frac{1}{|V_k^{(p)}|} \int_{\mathbb{R}} \exp(itx)\, Q_k^{(p)}(x)\mu_M^{(p)}(x)\, dx,\quad 但し,\ n \in V_k^{(p)}\ (k = 0, 1, \ldots, M).$$

10.3.2 $p = 3, M = 2$ の場合

ここでは表題のように，$p = 3, M = 2$ の具体的な場合を考えてみる．このとき，$n = 10, \omega_1 = 3, \omega_2 = 2, \omega_3 = \omega_4 = \cdots = 0, \alpha_1 = \alpha_2 = \cdots = 0$ となる．そして，$Q_n^{(3)}(x)$ と $Q_n^{(3,*)}(x)$ の定義より，

$$Q_0^{(3)}(x) = 1,\ Q_1^{(3)}(x) = x,\ Q_2^{(3)}(x) = x^2 - 3,\ Q_k^{(3)}(x) = x^{k-2}(x^2 - 5)\ (k \geq 3),$$

かつ

[*2] 一般に，μ のスチルチェス変換は，$G_\mu(z) = \int_{-\infty}^{\infty} \frac{\mu(dx)}{z-x}\ (z \in \mathbb{C}, \Im(z) \neq 0)$ で定義される．コーシー変換，コーシー - スチルチェス変換とも呼ばれる．

$$Q_0^{(3,*)}(x) = 1, \ Q_1^{(3,*)}(x) = x, \ Q_k^{(3,*)}(x) = x^{k-2}(x^2 - 2) \ (k \geq 2).$$

故に，そのスチルチェス変換は以下のようになる．

$$G_{\mu_2^{(3)}}(x) = \frac{Q_9^{(3,*)}(x)}{Q_{10}^{(3)}(x)} = \frac{2}{5} \cdot \frac{1}{x} + \frac{3}{10} \cdot \frac{1}{x + \sqrt{5}} + \frac{3}{10} \cdot \frac{1}{x - \sqrt{5}}.$$

これから，スペクトル分布が求まる．

$$\mu_2^{(3)} = \frac{2}{5} \delta_0(x) + \frac{3}{10} \delta_{-\sqrt{5}}(x) + \frac{3}{10} \delta_{\sqrt{5}}(x).$$

従って，

$$\Psi_2^{(3)}(V_0^{(3)}, t) = \int_{\mathbb{R}} \exp(itx)\, \mu_2^{(3)}(dx) = \frac{1}{5}(2 + 3\cos(\sqrt{5}t)),$$

$$\Psi_2^{(3)}(V_1^{(3)}, t) = \frac{1}{\sqrt{\omega_1}} \int_{\mathbb{R}} \exp(itx) Q_1^{(3)}(x)\, \mu_2^{(3)}(dx) = \frac{i\sqrt{3}}{\sqrt{5}} \sin(\sqrt{5}t),$$

$$\Psi_2^{(3)}(V_2^{(3)}, t) = \frac{1}{\sqrt{\omega_1 \omega_2}} \int_{\mathbb{R}} \exp(itx) Q_2^{(3)}(x)\, \mu_2^{(3)}(dx) = \frac{\sqrt{6}}{5}\left(-1 + \cos(\sqrt{5}t)\right).$$

任意の $k = 0, 1, 2$ に対して，$\Psi_2^{(3)}(n, t) = \Psi_2^{(3)}(V_k^{(3)}, t)/\sqrt{|V_k^{(3)}|}$ に注意すると，$H_2^{(3)}$ の固有値と固有ベクトルを用いて求めた結果と同じ結果を得られることが確かめられる．

[問題 10.3.1] 一般に，

$$\mu = \sum_{k=1}^{m} a_k \delta_{x_k}.$$

に対するスチルチェス変換が以下であることを示せ．

$$G_\mu(x) = \sum_{k=1}^{m} \frac{a_k}{x - x_k}.$$

但し，$a_i \in (0, 1)$，$a_1 + \cdots + a_m = 1$，かつ $x_1, \ldots, x_m \in \mathbb{R}$ は異なる m 個の点とする．

10.3.3 $M \to \infty$ の場合

さて，$k = 0, 1, 2, \ldots$ に対して，

$$\Psi_\infty^{(p)}(V_k^{(p)}, t) = \lim_{M \to \infty} \Psi_M^{(p)}(V_k^{(p)}, t) = \frac{1}{\sqrt{|V_k^{(p)}|}} \int_{\mathbb{R}} \exp(itx)\, Q_k^{(p)}(x) \mu_\infty^{(p)}(x)\, dx.$$

但し，極限のスペクトル分布 $\mu_\infty^{(p)}(x)$ は以下で与えられる[*3]．

$$\frac{p\sqrt{4(p-1) - x^2}}{2\pi(p^2 - x^2)}\, I_{(-2\sqrt{p-1}, 2\sqrt{p-1})}(x) \qquad (x \in \mathbb{R}).$$

この結果より，$k = 0, 1, 2, \ldots$ に対して，

[*3] このタイプの分布は最初に Kesten (1959) がランダムウォークの計算から導いた．

$$P_\infty^{(p)}(V_k^{(p)},t) = \frac{1}{|V_k^{(p)}|}\left[\left\{\int_\mathbb{R}\cos(tx)\,Q_k^{(p)}(x)\mu_\infty^{(p)}(x)\,dx\right\}^2 + \left\{\int_\mathbb{R}\sin(tx)\,Q_k^{(p)}(x)\mu_\infty^{(p)}(x)\,dx\right\}^2\right].$$

さらに，M が有限の場合と同様に，$n \in V_k^{(p)}$ $(k=0,1,2,\ldots)$ に対して，

$$\Psi_\infty^{(p)}(n,t) = \frac{1}{|V_k^{(p)}|}\int_\mathbb{R}\exp(itx)\,Q_k^{(p)}(x)\mu_\infty^{(p)}(x)\,dx. \tag{10.3.1}$$

[注意 10.3.1] 式 (10.3.1) とリーマン–ルベーグの補題から，$Q_k^{(p)}(x)\mu_\infty^{(p)}(x) \in L^1(\mathbb{R})$ に注意して，任意の n に対して，$\lim_{t\to\infty}\Psi_\infty^{(p)}(n,t)=0$ を得る．故に，$\lim_{t\to\infty}P_\infty^{(p)}(n,t)=0$．従って，$\bar{P}_\infty^{(p)}(n)=0$．但し，$\bar{P}_\infty^{(p)}(n)$ は $P_\infty^{(p)}(n,t)$ の時間平均である．

10.3.4 $p=2$, $M\to\infty$ の場合

表題の場合に，以下の結果を得る．

命題 10.3.1

$$\Psi_\infty^{(2)}(V_0^{(2)},t) = J_0(2t), \qquad \Psi_\infty^{(2)}(V_k^{(2)},t) = \sqrt{2}\,i^k\,J_k(2t) \quad (k=1,2,\ldots).$$

但し，$J_n(x)$ は n 次のベッセル関数である．

証明． k に関する帰納法で示す．$k=0$ の場合は，次の結果[*4] より従う．

$$\int_{-1}^{1}\exp(isx)\,(1-x^2)^{\nu-1/2}\,dx = \frac{\Gamma(1/2)\Gamma(\nu+1/2)}{(s/2)^\nu}\,J_\nu(s). \tag{10.3.2}$$

但し，$\Gamma(x)$ はガンマ関数である．$\Gamma(3/2)=\sqrt{\pi}/2$, $\Gamma(1/2)=\sqrt{\pi}$ と $Q_0^{(2)}(x)=1$, $\nu=0$ を用いることにより，

$$\Psi_\infty^{(2)}(V_0^{(2)},t) = \int_{-2}^{2}\exp(itx)\,\frac{dx}{\pi\sqrt{4-x^2}} = J_0(2t).$$

同様にして，$k=1,2$ の場合も成立することが確かめられる．

次に示したい式が k まで成り立っていると仮定する．但し，$k\geq 2$ である．このとき，

$$\Psi_\infty^{(2)}(V_{k+1}^{(2)},t) = \frac{1}{\sqrt{2}}\int_{-2}^{2}\exp(itx)\,Q_{k+1}^{(2)}(x)\,\frac{dx}{\pi\sqrt{4-x^2}}$$

$$= \frac{1}{\sqrt{2}}\int_{-2}^{2}\exp(itx)\,\left\{xQ_k^{(2)}(x)-Q_{k-1}^{(2)}(x)\right\}\,\frac{dx}{\pi\sqrt{4-x^2}}$$

$$= \frac{1}{i}\frac{d}{dt}\left(\frac{1}{\sqrt{2}}\int_{-2}^{2}\exp(itx)\,Q_k^{(2)}(x)\,\frac{dx}{\pi\sqrt{4-x^2}}\right)$$

[*4] ベッセル関数の諸性質は，Watson (1944) に詳しい．ここでの結果に関しては，48 ページの式 (4) を参照のこと．

$$-\frac{1}{\sqrt{2}}\int_{-2}^{2}\exp(itx)\,Q_{k-1}^{(2)}(x)\,\frac{dx}{\pi\sqrt{4-x^2}}$$
$$=\frac{1}{i}\frac{d}{dt}(\sqrt{2}\,i^k\,J_k(2t))-\sqrt{2}\,i^{k-1}\,J_{k-1}(2t)$$
$$=\sqrt{2}\,i^{k+1}\,J_{k+1}(2t).$$

ここで，2番目の等式は $Q_k^{(2)}(x)$ の定義から導かれる．帰納法の仮定から，4番目の等式が成り立つ．最後の等式は，$2J_k'(2t)=J_{k-1}(2t)-J_{k+1}(2t)$ [*5] より得られる． □

この命題より，直ちに以下が導かれる．

系 10.3.2

$$P_\infty^{(2)}(V_0^{(2)},t)=J_0^2(2t),\qquad P_\infty^{(2)}(V_k^{(2)},t)=2J_k^2(2t)\quad(k=1,2,\ldots).$$

このとき，実際に確率分布になっていることが下記のように分かる．

$$\sum_{k=0}^{\infty}P_\infty^{(2)}(V_k^{(2)},t)=1.$$

ここで，$J_0^2(2t)+2\sum_{k=1}^{\infty}J_k^2(2t)=1$ の関係[*6]を用いた．任意の $k\geq 0$ に対して，$V_k^{(2)}=\{-k,k\}$ であることに注意すると，$\mathbb{Z}$ の場合の系 8.3.3 と本質的に同じ下記の結果を得ることができる．

$$P_\infty^{(2)}(n,t)=J_n^2(2t).$$

但し，$n\in\mathbb{Z}$, $t\geq 0$.

10.4 量子中心極限定理

まずこの節の主結果の量子中心極限定理を述べるために，右辺を左辺のように書きかえる．

$$\left\langle\Phi_k^{(p)}\left|\exp\left(itH_\infty^{(p)}\right)\right|\Phi_0^{(p)}\right\rangle=\Psi_\infty^{(p)}(V_k^{(p)},t).$$

ここで，

$$\Phi_k^{(p)}=\frac{1}{\sqrt{|V_k^{(p)}|}}\sum_{n\in V_k^{(p)}}I_{\{n\}},$$

かつ，$I_{\{n\}}$ は点 $\{n\}$ の定義関数．このとき，任意の $k\geq 0$ に対して，以下が成り立つことは容易に示せる．

$$\lim_{p\to\infty}\left\langle\Phi_k^{(p)}\left|\exp\left(itH_\infty^{(p)}\right)\right|\Phi_0^{(p)}\right\rangle=0.$$

それに対して，次の**量子中心極限定理** (quantum central limit theorem) を得る．

[*5] Watson (1944) の 17 ページの式 (2).
[*6] Watson (1944) の 31 ページの式 (3).

第 10 章 ツリー

定理 10.4.1 任意の $k = 0, 1, 2, \ldots$ に対して,
$$\lim_{p \to \infty} \left\langle \Phi_k^{(p)} \left| \exp\left(it\frac{H_\infty^{(p)}}{\sqrt{p}}\right) \right| \Phi_0^{(p)} \right\rangle = (k+1)\, i^k\, \frac{J_{k+1}(2t)}{t}.$$

証明. k に関する帰納法で示す. 最初に, $k = 0$ の場合を考える. このとき,

$$\lim_{p \to \infty} \left\langle \Phi_0^{(p)} \left| \exp\left(it\frac{H_\infty^{(p)}}{\sqrt{p}}\right) \right| \Phi_0^{(p)} \right\rangle = \lim_{p \to \infty} \int_{\mathbb{R}} \exp\left(it\frac{x}{\sqrt{p}}\right) \mu_\infty^{(p)}(x)\, dx$$

$$= \lim_{p \to \infty} \int_{-2\sqrt{(p-1)/p}}^{2\sqrt{(p-1)/p}} \exp(itx)\, \frac{\sqrt{(2(p-1)/p)^2 - x^2}}{2\pi(1 - x^2/p)}\, dx$$

$$= \int_{-1}^{1} \exp(2itx)\, \frac{2\sqrt{1-x^2}}{\pi}\, dx.$$

そして, 式 (10.3.2) で $\nu = 1$ とおくことにより,

$$\lim_{p \to \infty} \left\langle \Phi_0^{(p)} \left| \exp\left(it\frac{H_\infty^{(p)}}{\sqrt{p}}\right) \right| \Phi_0^{(p)} \right\rangle = \frac{J_1(2t)}{t}.$$

よって, $k = 0$ の場合に成立することが示された. 同様に,

$$\lim_{p \to \infty} \left\langle \Phi_1^{(p)} \left| \exp\left(it\frac{H_\infty^{(p)}}{\sqrt{p}}\right) \right| \Phi_0^{(p)} \right\rangle = \frac{2iJ_2(2t)}{t},$$

$$\lim_{p \to \infty} \left\langle \Phi_2^{(p)} \left| \exp\left(it\frac{H_\infty^{(p)}}{\sqrt{p}}\right) \right| \Phi_0^{(p)} \right\rangle = -\frac{3J_3(2t)}{t}.$$

次に示したい式が k まで成り立っていると仮定する. 但し, $k \geq 2$ である. このとき,

$$\lim_{p \to \infty} \left\langle \Phi_{k+1}^{(p)} \left| \exp\left(it\frac{H_\infty^{(p)}}{\sqrt{p}}\right) \right| \Phi_0^{(p)} \right\rangle$$

$$= \lim_{p \to \infty} \frac{1}{\sqrt{|V_{k+1}^{(p)}|}} \int_{\mathbb{R}} \exp\left(it\frac{x}{\sqrt{p}}\right) Q_{k+1}^{(p)}(x)\, \mu_\infty^{(p)}(x)\, dx$$

$$= \lim_{p \to \infty} \frac{1}{\sqrt{p(p-1)^k}} \int_{-2\sqrt{(p-1)/p}}^{2\sqrt{(p-1)/p}} \exp(itx)\, Q_{k+1}^{(p)}(\sqrt{p}x)\, \frac{\sqrt{(2(p-1)/p)^2 - x^2}}{2\pi(1 - x^2/p)}\, dx$$

$$= \int_{-2}^{2} \exp(itx)\, Q_{k+1}^{(\infty)}(x)\, \frac{\sqrt{2^2 - x^2}}{2\pi}\, dx$$

$$= \int_{-2}^{2} \exp(itx)\, \left\{ xQ_k^{(\infty)}(x) - Q_{k-1}^{(\infty)}(x) \right\} \frac{\sqrt{2^2 - x^2}}{2\pi}\, dx$$

$$= \frac{1}{i}\frac{d}{dt}\left(\int_{-1}^{1} \exp(2itx)\, Q_k^{(\infty)}(2x)\, \frac{2\sqrt{1-x^2}}{\pi}\, dx \right) - \int_{-1}^{1} \exp(2itx)\, Q_{k-1}^{(\infty)}(2x)\, \frac{2\sqrt{1-x^2}}{\pi}\, dx$$

$$= i^{k-1}\left\{ (k+1)\frac{d}{dt}\left(\frac{J_{k+1}(2t)}{t}\right) - k\frac{J_k(2t)}{t} \right\}.$$

ここで，最後の等式は帰納法の仮定と $Q_k^{(\infty)}(x) = \lim_{p \to \infty} Q_k^{(p)}(\sqrt{p}x)/\sqrt{p(p-1)^{k-1}}$ より導かれる．極限の存在は，任意の $k \geq 1$ に対して確かめられる．具体的に，$Q_1^{(\infty)}(x) = x$, $Q_2^{(\infty)}(x) = x^2 - 1$, $Q_3^{(\infty)}(x) = x^3 - 2x$, $Q_4^{(\infty)}(x) = x^4 - 3x^2 + 1, \ldots$ のように計算できる．求めたい式を示すためには，下記の関係を証明すれば充分である．

$$(k+1)\frac{d}{dt}\left(\frac{J_{k+1}(2t)}{t}\right) - k\frac{J_k(2t)}{t} = -(k+2)\frac{J_{k+2}(2t)}{t}.$$

実際，上式の左辺は以下のように変形できる．

$$(k+1)\frac{2J_{k+1}(2t)}{t} - (k+1)\frac{J_{k+1}(2t)}{t^2} - k\frac{J_k(2t)}{t}$$
$$= \frac{J_k(2t)}{t} - (k+1)\frac{J_{k+1}(2t)}{t^2} - (k+1)\frac{J_k(2t)}{t}$$
$$= -(k+2)\frac{J_{k+2}(2t)}{t}.$$

ここで，最初と 2 番目の等式はそれぞれ $2J'_{k+1}(2t) = J_k(2t) - J_{k+2}(2t)$ と $J_k(2t) + J_{k+2}(2t) = (k+1)J_{k+1}(2t)/t$ [*7] より導かれ，証明を終わる． □

この定理の結果はもっと広いグラフのクラスでも成り立つことが，また具体的な計算の導出は下記のように，ベッセル関数のゲーゲンバウエルの積分公式（Gegenbauer integral formula）を用いることによっても得られることが，Obata (2006) で指摘されている．

$$\lim_{p \to \infty} \left\langle \Phi_k^{(p)} \middle| \exp\left(it\frac{H_\infty^{(p)}}{\sqrt{p}}\right) \middle| \Phi_0^{(p)} \right\rangle = \frac{1}{2\pi}\int_{-2}^{2} \tilde{U}_k(x)\exp(itx)\sqrt{4-x^2}\,dx$$
$$= (k+1)\,i^k\,\frac{J_{k+1}(2t)}{t}.$$

ここで，$\tilde{U}_k(x)$ は，k 次の第 2 種チェビシェフ多項式（Chebyshev polynominal）である．また，Jafarizadeh, Salimi and Sufiani (2006) では，本書の証明と Obata (2006) を組合せたような証明でこの定理を得ている．

10.5 新しいタイプの極限定理

前節での結果をさらに押し進めた主定理を述べるために，以下を定義する．

$$\tilde{\Psi}_\infty^{(\infty)}(V_k^{(\infty)}, t) = \lim_{p \to \infty}\left\langle \Phi_k^{(p)} \middle| \exp\left(it\frac{H_\infty^{(p)}}{\sqrt{p}}\right) \middle| \Phi_0^{(p)} \right\rangle,$$

かつ，

$$\tilde{P}_\infty^{(\infty)}(V_k^{(\infty)}, t) = |\tilde{\Psi}_\infty^{(\infty)}(V_k^{(\infty)}, t)|^2.$$

定理 10.4.1 と $\tilde{\Psi}_\infty^{(\infty)}(V_k^{(\infty)}, t)$ の定義から，

[*7] Watson (1944) の 17 ページの式 (1).

第 10 章 ツリー

$$\sum_{k=0}^{\infty} \tilde{P}_{\infty}^{(\infty)}(V_k^{(\infty)}, t) = \sum_{k=1}^{\infty} k^2 \frac{J_k^2(2t)}{t^2} = 1. \tag{10.5.3}$$

ここで, 2 番目の等式はベッセル関数の以下の関係式より導かれる[*8].

$$z^2 = 4 \sum_{k=1}^{\infty} k^2 J_k^2(z).$$

関係式 (10.5.3) に注意して, 以下のように原点から出発する今までとは別の連続時間量子ウォーク $Y(t)$ を定義する.

$$P(Y(t) = k) = \tilde{P}_{\infty}^{(\infty)}(V_k^{(\infty)}, t) = (k+1)^2 \frac{J_{k+1}^2(2t)}{t^2} \qquad (k = 0, 1, 2, \ldots).$$

このとき, この章の主定理を得る.

定理 10.5.1 $t \to \infty$ としたとき,

$$\frac{Y(t)}{t} \Rightarrow Z_*.$$

但し, Z_* は次の密度関数をもつ.

$$f_*(x) = \frac{x^2}{\pi\sqrt{4-x^2}} I_{[0,2)}(x) \qquad (x \in \mathbb{R}).$$

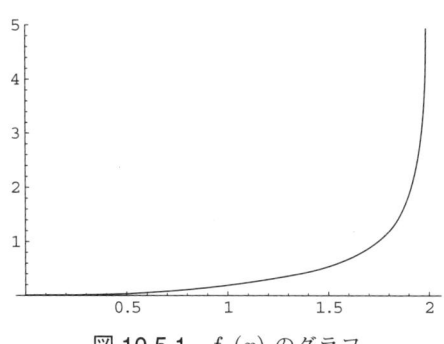

図 10.5.1 $f_*(x)$ のグラフ

証明. 定理 10.4.1 から, $\xi \in \mathbb{R}$ に対して,

$$E\left(\exp\left(i\xi \frac{Y(t)}{t}\right)\right) = \frac{\exp(-i\xi/t)}{t^2} \sum_{k=1}^{\infty} \exp\left(i\xi \frac{k}{t}\right) k^2 J_{k+1}^2(2t).$$

ノイマンの加法定理を用いると,

$$J_0(\sqrt{a^2 + b^2 - 2ab\cos(\xi)}) = \sum_{k=-\infty}^{\infty} J_k(a) J_k(b) \exp(ik\xi).$$

[*8] Watson (1944) の 37 ページを参照.

上式で $t = a = b$ とおくことにより,

$$J_0(4t\sqrt{\sin(\xi/2)}) = \sum_{k=-\infty}^{\infty} J_k^2(t)\exp(ik\xi).$$

両辺を t で 2 回微分すると,

$$\sum_{k=1}^{\infty} k^2 J_k^2(t)\exp(ik\xi) = \frac{1}{2}\sum_{k=-\infty}^{\infty} k^2 J_k^2(t)\exp(ik\xi)$$
$$= \frac{t}{4}\sin\left(\frac{\xi}{2}\right)J_0'\left(2t\sin\left(\frac{\xi}{2}\right)\right) - \frac{t^2}{2}\cos^2\left(\frac{\xi}{2}\right)J_0''\left(2t\sin\left(\frac{\xi}{2}\right)\right).$$

故に,

$$E\left(\exp\left(i\xi\frac{Y(t)}{t}\right)\right) = \exp\left(-\frac{i\xi}{t}\right)\left\{\frac{1}{2t}\sin\left(\frac{\xi}{2t}\right)J_0'\left(4t\sin\left(\frac{\xi}{2t}\right)\right)\right.$$
$$\left. -2\cos^2\left(\frac{\xi}{2t}\right)J_0''\left(4t\sin\left(\frac{\xi}{2t}\right)\right)\right\}.$$

このとき, 詳細は省略するが, Konno (2005c) と同様の議論により,

$$\lim_{t\to\infty} E\left(\exp\left(i\xi\frac{Y(t)}{t}\right)\right) = -2J_0''(2\xi).$$

他方, 式 (10.3.2) で $\nu = 0$ とおくと,

$$J_0''(2\xi) = -\int_{-1}^{1} \exp(2i\xi x)\,\frac{x^2}{\pi\sqrt{1-x^2}}\,dx.$$

最後の 2 式より,

$$\lim_{t\to\infty} E\left(\exp\left(i\xi\frac{Y(t)}{t}\right)\right) = \int_0^2 \exp(i\xi x)\,\frac{x^2}{\pi\sqrt{4-x^2}}\,dx$$

のように求めたい式が得られ, 証明を終わる. □

興味深いこととして, $p = 2$ の場合, 即ち, $\mathbb{Z}^1$ のとき, 定理 8.5.1 から得られたものと本質的に同じ, 以下のタイプの密度関数が得られる.

$$g(x) = \frac{2}{\pi\sqrt{1-x^2}}\,I_{[0,1)}(x) \qquad (x \in \mathbb{R}).$$

この密度関数 $g(x)$ と定理 10.5.1 で得られた密度関数 $f_*(x)$ は定性的には似ている. しかし, $x = 0$ のとき, $f_*(0) = 0$ となるが, $g(0) = 2/\pi > 0$ となっている.

[注意 10.5.1] 正則なツリー上の "離散時間" の量子ウォークの極限定理に関する研究は殆どなされていない.

第11章 ウルトラ距離空間

11.1 序

ウルトラ距離空間上の連続時間ランダムウォークは,例えば,ガラス,タンパク質などの複雑な系の緩和過程を記述するのに用いられてきた.一方,それに対する連続時間の量子ウォークに関する研究はされていなかったので,本章では Konno (2006b) の結果にもとづき解説を行う.

11.2 定 義

まず X をある集合とし,ρ を X の距離とする.組 (X, ρ) は距離空間と呼ばれる.さらに,ρ が,任意の $x, y, z \in X$ に対して,以下の強いタイプの三角不等式[*1)]を満たすとき,

$$\rho(x,z) \leq \max(\rho(x,y), \rho(y,z)),$$

ρ はウルトラ距離 (ultrametric)[*2)]と呼ばれる.このウルトラ距離が入っている集合をウルトラ距離空間と呼ぶ.p を素数とし,$\mathbb{Q}_p$ を p 進体 (p-adic number field) とする.$\mathbb{Z}_p$ を p 進数 (p-adic integer) 全体の集合とするとき,$\mathbb{Z}_p$ は $\mathbb{Q}_p$ の部分環で,$\mathbb{Z}_p = \{x \in \mathbb{Q}_p : |x|_p \leq 1\}$ と表せる.但し,$|\cdot|_p$ は,p 進付値 (p-adic valuation) である.このとき,p 進距離 $\rho_p(x,y) = |x-y|_p$ はウルトラ距離になる.また,各 $x \in \mathbb{Z}_p$ は次のように展開される.

$$x = y_0 + y_1 p + y_2 p^2 + \cdots + y_n p^n + \cdots.$$

但し,任意の n に対して,$y_n \in \{0, 1, \ldots, p-1\}$.詳しくは,例えば,Khrennikov and Nilsson (2004),藤崎 (1991) を参照のこと.

[注意 11.2.1] 例えば,$p=2$ のとき,

$$\rho_2(0,0) = 0, \quad \rho_2(0,4) = 2^{-2}, \quad \rho_2(0,2) = \rho_2(0,6) = 2^{-1},$$
$$\rho_2(0,1) = \rho_2(0,3) = \rho_2(0,5) = \rho_2(0,7) = 2^0 = 1.$$

[*1)] この方程式より通常の三角不等式が導かれる.
[*2)] 超距離と呼ばれることもある.

重要なこととして，$\mathbb{Z}_p$ は次数 $p+1$ の正則なツリーのいわば無限世代として解釈することもできる[*3]．そのために，その第 M 世代（或いは，第 M レベル，深さ M) $T_M^{(p)}$ の上の連続時間量子ウォークを考えることにする[*4]．

この章では $T_M^{(p)}$ 上の連続時間量子ウォークの確率分布を計算し，それから確率分布の時間平均を求め，さらに $M \to \infty$ の極限をとる．一方，最初に，$M \to \infty$ の極限をとった後，時間平均を求めることも行う．その結果，両者の分布は一致することが分かり，時間平均と M 極限は可換であることが導かれる．この結果より，古典の場合と量子の場合の比較を行い，その大きな違いとして，量子ウォークの場合には局在化が起こることを示す．また，サイクル，$\mathbb{Z}$，超立方体，完全グラフなどの場合との比較もする．

このようなウルトラ距離空間に関するモデルの物理や化学への応用としては，Khrennikov and Nilsson (2004) の本で述べられているが，ウルトラ距離にもとづく社会科学のネットワークモデルも研究されている（例えば，Watts, Dodds and Newman (2002), Dodds, Watts and Sabel (2003)）．また，Watts et al. (2005) では，階層構造を持つ伝染病のモデルの解析にも用いられている．量子ウォークの研究は，広く階層構造を持つグラフ上の，例えば探索に関する量子アルゴリズムを構築するときに，役立つ可能性があろう．

$M \geq 0$ と $x \in \mathbb{Z}_p$ に対して，中心が x で半径が p^{-M} の閉 p 進球 $B_M^{(p)}(x)$ を以下で定める．

$$B_M^{(p)}(x) = \{y \in \mathbb{Z}_p : \rho_p(x,y) \leq p^{-M}\}.$$

そして，半径 p^{-M} の球 $B_M^{(p)}(x)$ は，適当な中心 $x_0, x_1, \ldots, x_{p-1} \in \mathbb{Z}_p$ をとると，共通部分を持たない有限個の半径 $p^{-(M+1)}$ の球 $B_{M+1}^{(p)}(x_m)$ の和として以下のように書ける．

$$B_M^{(p)}(x) = \bigcup_{m=0}^{p-1} B_{M+1}^{(p)}(x_m).$$

従って，

$$\mathbb{Z}_p = \bigcup_{m=0}^{p^M-1} B_M^{(p)}(m).$$

例えば，$p=3$ のときは，

$$\mathbb{Z}_p = \bigcup_{m=0}^{3^1-1} B_1^{(3)}(m) = \bigcup_{k=0}^{3^2-1} B_2^{(3)}(k),$$

かつ，

$$B_1^{(3)}(0) = B_2^{(3)}(0) \cup B_2^{(3)}(3) \cup B_2^{(3)}(6),$$
$$B_1^{(3)}(1) = B_2^{(3)}(1) \cup B_2^{(3)}(4) \cup B_2^{(3)}(7),$$
$$B_1^{(3)}(2) = B_2^{(3)}(2) \cup B_2^{(3)}(5) \cup B_2^{(3)}(8).$$

次に，2 つの球 B_1 と B_2 の間の距離を以下のように定める．

[*3] 最初だけ次数が p であることに注意．
[*4] ここでは，$\mathbb{Z}_p$ の p にあわせて $T_M^{(p)}$ とする．

第 11 章 ウルトラ距離空間

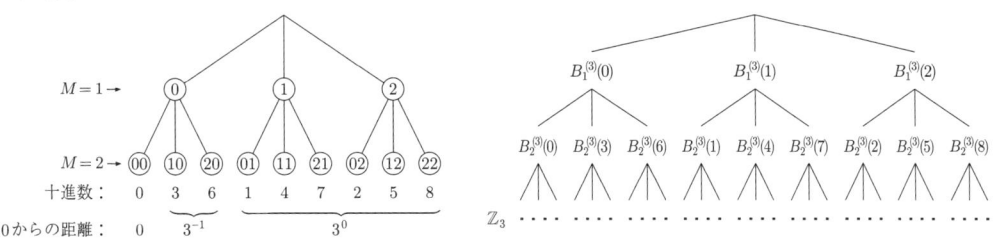

図 11.2.1 $p=3$ の場合

$$\rho_p(B_1, B_2) = \inf\{\rho_p(x,y) : x \in B_1, y \in B_2\}.$$

ここで，ツリーの第 M 世代での点は，$\mathbb{Z}_p$ を覆う半径 p^{-M} の互いに排反な球 $\{B_M^{(p)}(0), B_M^{(p)}(1),$ $\ldots, B_M^{(p)}(p^M - 1)\}$ の集合として表せることに注意．従って，p^M 個の球 $\{B_M^{(p)}(0), B_M^{(p)}(1), \ldots, B_M^{(p)}(p^M - 1)\}$ を p^M 個の点 $\{0, 1, \ldots, p^M - 1\}$ とみなせるので，それを $T_M^{(p)}$ で表す．

ランダムウォークの場合と同様に，$\psi_M^{(p)}(i,j)$ を，p 進距離で $p^{-(M-k)}$ だけ離れた，球 $B_M^{(p)}(i)$ から球 $B_M^{(p)}(j)$ へジャンプする確率振幅とする．ここで，$\epsilon_k = \epsilon_M^{(p)}(k) = \psi_M^{(p)}(i,j)$ とおく．また，$\psi_M^{(p)}(i,j) = \psi_M^{(p)}(j,i)$ とする．

例えば，$p=3$，$M=2$ の場合を考える．このとき，ϵ_k は以下で与えられる．

$$\begin{aligned}
\epsilon_1 &= \psi_2^{(3)}(0,3) = \psi_2^{(3)}(0,6) = \psi_2^{(3)}(3,0) = \psi_2^{(3)}(3,6) \\
&= \psi_2^{(3)}(6,0) = \psi_2^{(3)}(6,3) = \psi_2^{(3)}(1,4) = \psi_2^{(3)}(1,7) = \cdots, \\
\epsilon_2 &= \psi_2^{(3)}(0,1) = \psi_2^{(3)}(0,4) = \cdots = \psi_2^{(3)}(0,8) \\
&= \psi_2^{(3)}(3,1) = \psi_2^{(3)}(3,4) = \cdots = \psi_2^{(3)}(3,8) = \cdots, \\
&\cdots\cdots.
\end{aligned}$$

I_n と J_n をそれぞれ $n \times n$ の単位行列と全ての成分が 1 である行列とする．$T_M^{(p)}$ 上の連続時間量子ウォークを定義するために，ハミルトニアンに対応する，$p^M \times p^M$ の対称行列 $H_M^{(p)}$ を以下で定める．任意の $M=1,2,\ldots$ に対して，

$$\begin{aligned}
H_{M+1}^{(p)} &= I_p \otimes H_M^{(p)} + (J_p - I_p) \otimes \epsilon_{M+1} I_{p^M}, \\
H_1^{(p)} &= \epsilon_0 I_p + \epsilon_1 (J_p - I_p).
\end{aligned}$$

但し，$\epsilon_j \in \mathbb{R}\ (j=0,1,2,\ldots)$．

[問題 11.2.1] $H_1^{(2)}, H_2^{(2)}, H_3^{(2)}$ を具体的に求めよ．

量子ウォークの時間発展は以下のユニタリ行列で決まる．

$$U_M^{(p)}(t) = e^{itH_M^{(p)}}.$$

そして，時刻 t での波動関数 $\Psi_M^{(p)}(t)$ は，

$$\Psi_M^{(p)}(t) = U_M^{(p)}(t)\Psi_M^{(p)}(0).$$

この章では，初期状態として，$\Psi_M^{(p)}(0) = {}^T[1,0,0,\ldots,0]$ をとる．

$\Psi_M^{(p)}(t)$ の第 $(n+1)$ 成分を $\Psi_M^{(p)}(n,t)$ とおくと，これは，場所 n, 時刻 t での波動関数となる．但し，$n = 0, 1, \ldots, p^M - 1$. 従って，$T_M^{(p)}$ 上の場所 n, 時刻 t でのウォーカーが存在する確率は以下で与えられる．

$$P_M^{(p)}(n,t) = |\Psi_M^{(p)}(n,t)|^2.$$

11.3 結　果

以下，この章では次を仮定する．

$$0 < \epsilon_M < \epsilon_{M-1} < \cdots < \epsilon_2 < \epsilon_1.$$

この仮定より，ここで考える連続時間の量子ウォークは，グラフの隣接行列から定義される量子ウォーク[*5)]とは異なることに注意．

我々のモデルの対角成分 ϵ_0 は，波動関数の位相成分なので，時刻 t での確率分布 $\{P_M^{(p)}(n,t) : n = 0, 1, \ldots, p^M - 1\}$ には影響を与えない．従って，ここでは古典系の場合のように，以下のように定める．

$$\epsilon_0 = -(p-1)\sum_{k=1}^{M} p^{k-1}\epsilon_k < 0.$$

さらに，$\{\eta_m : m = 0, 1, \ldots, M\}$ を以下で定義する．

$$\eta_m = \begin{cases} \epsilon_0 - \epsilon_1 & (m = 0), \\ \epsilon_0 + (p-1)\sum_{k=1}^{m} p^{k-1}\epsilon_k - p^m \epsilon_{m+1} & (m = 1, 2, \ldots, M-1), \\ 0 & (m = M). \end{cases}$$

[注意 11.3.1] $\epsilon_0 < 0 < \epsilon_M < \epsilon_{M-1} < \cdots < \epsilon_2 < \epsilon_1$ は，$\eta_0 < \eta_1 < \cdots < \eta_{M-1} < \eta_M = 0$ と同値である．

このとき，$\{\eta_m : m = 0, 1, \ldots, M\}$ は，$H_M^{(p)}$ の固有値の集合で，その固有ベクトルは以下で与えられる（$p = 2$ の場合は，Ogielski and Stein (1985) を参照）．そのために，$\omega = \omega_p = \exp(2\pi i/p)$, かつ

$$0_n = [\overbrace{0, 0, \ldots, 0}^{n}], \quad 1_n = [\overbrace{1, 1, \ldots, 1}^{n}]$$

とおく．固有値 η_0 に対する $p^{M-1}(p-1)$ 個の固有ベクトルは，

[*5)] $\mathbb{Z}$, サイクル，ツリーの連続時間量子ウォークは隣接行列を用いて定義された．また，一般の場合は，例えば，Jafarizadeh and Salimi (2007) を参照のこと．

$$u_0(1) = {}^T[1, \omega, \omega^2, \ldots, \omega^{p-1}, 0_{p^M-p}],$$
$$u_0(2) = {}^T[1, \omega^2, \omega^4, \ldots, \omega^{2(p-1)}, 0_{p^M-p}],$$
$$\cdots$$
$$u_0(p-1) = {}^T[1, \omega^{(p-1)}, \omega^{2(p-1)}, \ldots, \omega^{(p-1)^2}, 0_{p^M-p}],$$
$$u_0(p) = {}^T[0_p, 1, \omega, \omega^2, \ldots, \omega^{p-1}, 0_{p^M-2p}],$$
$$u_0(p+1) = {}^T[0_p, 1, \omega^2, \omega^4, \ldots, \omega^{2(p-1)}, 0_{p^M-2p}],$$
$$\cdots$$
$$u_0(2(p-1)) = {}^T[0_p, 1, \omega^{(p-1)}, \omega^{2(p-1)}, \ldots, \omega^{(p-1)^2}, 0_{p^M-2p}],$$
$$\cdots$$
$$u_0(p^{M-1}(p-1)) = {}^T[0_{p^M-p}, 1, \omega^{(p-1)}, \omega^{2(p-1)}, \ldots, \omega^{(p-1)^2}].$$

固有値 η_1 に対する $p^{M-2}(p-1)$ 個の固有ベクトルは,

$$u_1(1) = {}^T[1_p, \omega 1_p, \omega^2 1_p, \ldots, \omega^{p-1} 1_p, 0_{p^M-p^2}],$$
$$u_1(2) = {}^T[1_p, \omega^2 1_p, \omega^4 1_p, \ldots, \omega^{2(p-1)} 1_p, 0_{p^M-p^2}],$$
$$\cdots$$
$$u_1(p-1) = {}^T[1_p, \omega^{(p-1)} 1_p, \omega^{2(p-1)} 1_p, \ldots, \omega^{(p-1)^2} 1_p, 0_{p^M-p^2}],$$
$$u_1(p) = {}^T[0_{p^2}, 1_p, \omega 1_p, \omega^2 1_p, \ldots, \omega^{p-1} 1_p, 0_{p^M-2p^2}],$$
$$u_1(p+1) = {}^T[0_{p^2}, 1_p, \omega^2 1_p, \omega^4 1_p, \ldots, \omega^{2(p-1)} 1_p, 0_{p^M-2p^2}],$$
$$\cdots$$
$$u_1(2(p-1)) = {}^T[0_{p^2}, 1_p, \omega^{(p-1)} 1_p, \omega^{2(p-1)} 1_p, \ldots, \omega^{(p-1)^2} 1_p, 0_{p^M-2p^2}],$$
$$\cdots$$
$$u_1(p^{M-2}(p-1)) = {}^T[0_{p^M-p^2}, 1_p, \omega^{(p-1)} 1_p, \omega^{2(p-1)} 1_p, \ldots, \omega^{(p-1)^2} 1_p].$$

同様にして, 固有値 η_k ($k=2,3,\ldots,M-1$) に対する $p^{M-(k+1)}(p-1)$ 個の固有ベクトルが得られる. 例えば, 固有値 η_{M-1} に対する $p-1$ 個の固有ベクトルは,

$$u_{M-1}(1) = {}^T[1_{p^{M-1}}, \omega 1_{p^{M-1}}, \omega^2 1_{p^{M-1}}, \ldots, \omega^{p-1} 1_{p^{M-1}}],$$
$$u_{M-1}(2) = {}^T[1_{p^{M-1}}, \omega^2 1_{p^{M-1}}, \omega^4 1_{p^{M-1}}, \ldots, \omega^{2(p-1)} 1_{p^{M-1}}],$$
$$\cdots$$
$$u_{M-1}(p-1) = {}^T[1_{p^{M-1}}, \omega^{(p-1)} 1_{p^{M-1}}, \omega^{2(p-1)} 1_{p^{M-1}}, \ldots, \omega^{(p-1)^2} 1_{p^{M-1}}].$$

最後に, η_M に対する固有ベクトルは, ${}^T[1_{p^M}]$ だけである.

[問題 11.3.1] $p=2, M=3$ の場合に, 具体的に固有値とその固有ベクトルを全て求めよ.

さて, $V_k^{(p)} = \{p^{k-1}, p^{k-1}+1, \ldots, p^k - 1\}$ $(k=1,2,\ldots,M)$, かつ $V_0^{(p)} = \{0\}$ とおく. このとき, $\bigcup_{k=0}^{M} V_k^{(p)} = \{0, 1, \ldots, p^M - 1\}$, かつ $|V_k^{(p)}| = (p-1)p^{k-1}$, 但し, $k = 1, 2, \ldots, M$. ここで, $|A|$ は集合 A の要素の個数. 先に求めた固有ベクトルを用いると, $T_M^{(p)}$ 上の波動関数が以下のように求まる.

補題 11.3.1

$$\Psi_M^{(p)}(n,t) = \begin{cases} (p-1)\sum_{m=0}^{M-1} p^{-(m+1)} e^{it\eta_m} + p^{-M}, & \text{但し, } n \in V_0^{(p)}, \\ -p^{-k} e^{it\eta_{k-1}} + (p-1)\sum_{m=k}^{M-1} p^{-(m+1)} e^{it\eta_m} + p^{-M}, & \text{但し, } n \in V_k^{(p)} \\ & (k=1,2,\ldots,M-1), \\ p^{-M}(-e^{it\eta_{M-1}} + 1), & \text{但し, } n \in V_M^{(p)}. \end{cases}$$

さらに, $P_M^{(p)}(n,t)$ の定義より,

命題 11.3.2

$$P_M^{(p)}(n,t) = \begin{cases} \left\{(p-1)\sum_{m=0}^{M-1} p^{-(m+1)} \cos(t\eta_m) + p^{-M}\right\}^2 + (p-1)^2 \left\{\sum_{m=0}^{M-1} p^{-(m+1)} \sin(t\eta_m)\right\}^2, \\ \qquad \text{但し, } n \in V_0^{(p)}, \\ \left\{-p^{-k}\cos(t\eta_{k-1}) + (p-1)\sum_{m=k}^{M-1} p^{-(m+1)} \cos(t\eta_m) + p^{-M}\right\}^2 \\ \qquad + \left\{-p^{-k}\sin(t\eta_{k-1}) + (p-1)\sum_{m=k}^{M-1} p^{-(m+1)} \sin(t\eta_m)\right\}^2, \\ \qquad \text{但し, } n \in V_k^{(p)} \ (k=1,2,\ldots,M-1), \\ 2p^{-2M}(1 - \cos(t\eta_{M-1})), \\ \qquad \text{但し, } n \in V_M^{(p)}. \end{cases}$$

特に, $n = 0$ のとき, $P_M^{(p)}(0,t)$ は, $T_M^{(p)}$ 上の量子ウォーカーの再帰確率となる.

例えば, $p=3$ かつ $M=2$ の場合は,

$$P_2^{(3)}(n,t) = \begin{cases} \{41 + 24\cos(t(\eta_0 - \eta_1)) + 12\cos(t\eta_0) + 4\cos(t\eta_1)\}/3^4, & \text{但し, } n = 0, \\ \{14 - 12\cos(t(\eta_0 - \eta_1)) - 6\cos(t\eta_0) + 4\cos(t\eta_1)\}/3^4, & \text{但し, } n = 1, 2, \\ 2\{1 - \cos(t\eta_1)\}/3^4, & \text{但し, } n = 3, 4, \ldots, 8. \end{cases}$$

一般に, $P_M^{(p)}(n,t)$ は, 任意の n を固定したとき, $t \to \infty$ で収束しない. そこで, 下記のような時間平均を考える.

$$\bar{P}_M^{(p)}(n) = \lim_{t \to \infty} \frac{1}{t} \int_0^t P_M^{(p)}(n,s) ds. \tag{11.3.1}$$

このとき，命題 11.3.2 から，

定理 11.3.3
$$\bar{P}_M^{(p)}(n) = \begin{cases} \dfrac{p-1}{p+1} + \dfrac{2}{(p+1)p^{2M}}, & \text{但し, } n \in V_0^{(p)}, \\ \dfrac{2}{p+1}\left(\dfrac{1}{p^{2k-1}} + \dfrac{1}{p^{2M}}\right), & \text{但し, } n \in V_k^{(p)} \ (k=1,2,\ldots,M-1), \\ \dfrac{2}{p^{2M}}, & \text{但し, } n \in V_M^{(p)}. \end{cases}$$

興味深い点として，$\bar{P}_M^{(p)}(n)$ が，$\{\epsilon_k : k=0,1,\ldots,M\}$ に依存しないことである．具体的に，$p=3$ かつ $M=2$ の場合には，
$$\bar{P}_2^{(3)}(0) = \frac{41}{3^4}, \quad \bar{P}_2^{(3)}(1) = \bar{P}_2^{(3)}(2) = \frac{14}{3^4}, \quad \bar{P}_2^{(3)}(3) = \cdots = \bar{P}_2^{(3)}(8) = \frac{2}{3^4}.$$

次の結果は定理 11.3.3 から直ちに得られる．

系 11.3.4
$$\lim_{M \to \infty} \bar{P}_M^{(p)}(n) = \begin{cases} \dfrac{p-1}{p+1}, & \text{但し, } n \in V_0^{(p)}, \\ \dfrac{2}{(p+1)p^{2k-1}}, & \text{但し, } n \in V_k^{(p)} \ (k=1,2,\ldots). \end{cases}$$

ここで，時刻 t での原点からの平均距離を以下で定義する．
$$d_M^{(p)}(t) = \sum_{k=1}^{M} \sum_{n \in V_k^{(p)}} p^{-(M-k)} P_M^{(p)}(n,t).$$

このとき，その時間平均を下記で定める．
$$\bar{d}_M^{(p)} = \sum_{k=1}^{M} \sum_{n \in V_k^{(p)}} p^{-(M-k)} \bar{P}_M^{(p)}(n).$$

定理 11.3.3 から，
$$\bar{d}_M^{(p)} = \frac{2(p-1)(M-1)}{(p+1)p^M} + \frac{2\left[\left\{(p-1)(p+1)^2+1\right\}p^{2M-2}-1\right]}{(p+1)^2 p^{3M-1}}.$$

この結果より，以下が得られる．
$$\lim_{M \to \infty} \frac{p^M}{M} \bar{d}_M^{(p)} = \frac{2(p-1)}{p+1}.$$

次に，最初に $M \to \infty$ の極限をとる場合を考える．そこで，その極限が存在するときに，$P_\infty^{(p)}(n,t) = \lim_{M \to \infty} P_M^{(p)}(n,t)$ とおく．命題 11.3.2 から，以下を得る．

命題 11.3.5

$$P_\infty^{(p)}(n,t) = \begin{cases} (p-1)^2 \left[\left\{ \sum_{m=0}^\infty p^{-(m+1)} \cos(t\eta_m) \right\}^2 + \left\{ \sum_{m=0}^\infty p^{-(m+1)} \sin(t\eta_m) \right\}^2 \right], \\ \qquad \text{但し, } n \in V_0^{(p)}, \\ \left\{ -p^{-k} \cos(t\eta_{k-1}) + (p-1) \sum_{m=k}^\infty p^{-(m+1)} \cos(t\eta_m) \right\}^2 \\ \qquad + \left\{ -p^{-k} \sin(t\eta_{k-1}) + (p-1) \sum_{m=k}^\infty p^{-(m+1)} \sin(t\eta_m) \right\}^2, \\ \qquad \text{但し, } n \in V_k^{(p)} \ (k=1,2,\ldots). \end{cases}$$

同様に,確率分布 $P_\infty^{(p)}(n,t)$ の時間平均を以下で定義する.

$$\bar{P}_\infty^{(p)}(n) = \lim_{t\to\infty} \frac{1}{t} \int_0^t P_\infty^{(p)}(n,s)ds. \tag{11.3.2}$$

定理 11.3.3 と命題 11.3.5 を組合わせると,

系 11.3.6 任意の $n = 0,1,2,\ldots$ に対して,

$$\bar{P}_\infty^{(p)}(n) = \lim_{M\to\infty} \bar{P}_M^{(p)}(n) > 0.$$

さらに,

$$\lim_{p\to\infty} \bar{P}_\infty^{(p)}(n) = \delta_0(n).$$

但し,$\delta_m(n) = 1, (n=m), = 0, (n \neq m)$.

一般に,「場所 n で局在化が起こる」ことを,場所 n での確率分布の時間に関する $\limsup_{t\to\infty}$ が正の値であると定義する.上の結果より,場所 n での時間平均が正の値であるので,M が有限であろうと,$M \to \infty$ の極限であろうと,どんな場所でも局在化が起こることが分かる.

11.4 古 典 系

この節では,量子系と古典系の違いについて考えるため,連続時間ランダムウォークの場合の先行結果を復習する.まず,$\mathbb{Z}_p$ 上の原点から出発し時刻 t で場所 n に存在するランダムウォーカーの存在確率を $P_c^{(p)}(n,t)$ とおく.

まず,$T_M^{(p)}$ 上の推移率が以下の場合を考える.

$$\epsilon_k = w_0\, p^{-(1+\alpha)(k-M)}.$$

但し,$w_0, \alpha > 0$. このとき,Avetisov et al. (2002) は,$M \to \infty$ の極限で次のようなベキのオーダーで減衰する結果を得た.

$$P_c^{(p)}(0,t) \asymp \frac{1}{t^{1/\alpha}} \quad (t \to \infty).$$

但し，$f(t) \asymp g(t)\,(t \to \infty)$ は，ある正の数 C_1 と C_2 が存在して，

$$C_1 \le \liminf_{t \to \infty} \frac{f(t)}{g(t)} \le \limsup_{t \to \infty} \frac{f(t)}{g(t)} \le C_2.$$

次に，$T_M^{(p)}$ 上の推移率が以下の場合を考える．

$$\epsilon_k = w_0\, p^{-(k-M)} \frac{1}{(\log(1+p^{-(k-M)}))^\alpha}.$$

但し，$w_0 > 0, \alpha > 1$. このときには，Avetisov, Bikulov and Osipov (2003) によって，$M \to \infty$ の極限で次のような結果が得られらた．

$$\log(P_c^{(p)}(0,t)) \asymp -t^{1/\alpha} \quad (t \to \infty).$$

最後に，$T_M^{(p)}$ 上の推移率が以下の場合を考える．

$$\epsilon_k = w_0\, p^{-(k-M)} \exp(-\alpha p^{(k-M)}).$$

但し，$w_0, \alpha > 0$. このとき，Avetisov, Bikulov and Osipov (2003) は，$M \to \infty$ の極限で次のような対数のオーダーで減衰する結果を得た．

$$P_c^{(p)}(0,t) \asymp \frac{1}{\log t} \quad (t \to \infty).$$

前節で述べたように，量子系の場合には全ての場所で局在化が起こったが，上記の古典系ではいずれの場合も原点で局在化が起こっていないことが分かる．

11.5 他のグラフの場合

この節では，サイクル，$\mathbb{Z}$，超立方体，完全グラフ上の連続時間量子ウォークに関する結果について述べる．尚，これらのグラフの場合には，ハミルトニアンをグラフの隣接行列を用いて定義する．そして，ウルトラ距離空間の場合との違いについて考える．

11.5.1 サイクル

まず，N 格子点からなるサイクル C_N の場合には，次の結果が知られている（本書の第 9 章，或いは，Inui, Kasahara, Konishi and Konno (2005) を参照のこと）．任意の $n = 0, 1, \ldots, N-1$ に対して，

$$\bar{P}_N(n) = \frac{1}{N} + \frac{2R_N(n)}{N^2}.$$

ここで，

$$R_N(n) = \begin{cases} -1/2, & \text{但し，} N = \text{奇数}, \ \xi_{2n} \ne 0 \pmod{2\pi}, \\ -1, & \text{但し，} N = \text{偶数}, \ \xi_{2n} \ne 0 \pmod{2\pi}, \\ \bar{N}, & \text{但し，} \xi_{2n} = 0 \pmod{2\pi}. \end{cases}$$

また, $\xi_j = 2\pi j/N$, $\bar{N} = [(N-1)/2]$, かつ $[x]$ は x の整数部分. 実際, $N = $ 奇数, 即ち, $\bar{N} = (N-1)/2$ の場合,

$$\bar{P}_N = \Big(\frac{1}{N} + \frac{N-1}{N^2}, \overbrace{\frac{1}{N} - \frac{1}{N^2}, \ldots, \frac{1}{N} - \frac{1}{N^2}}^{N-1}\Big).$$

また, $N = $ 偶数, 即ち, $\bar{N} = (N-2)/2$ の場合,

$$\bar{P}_N = \Big(\frac{1}{N} + \frac{N-2}{N^2}, \overbrace{\frac{1}{N} - \frac{2}{N^2}, \ldots, \frac{1}{N} - \frac{2}{N^2}}^{(N-2)/2}, \frac{1}{N} + \frac{N-2}{N^2}, \overbrace{\frac{1}{N} - \frac{2}{N^2}, \ldots, \frac{1}{N} - \frac{2}{N^2}}^{(N-2)/2}\Big).$$

このとき,

系 11.5.1 任意の n に対して,

$$\lim_{N \to \infty} \bar{P}_N(n) = 0.$$

11.5.2 $\mathbb{Z}$

次に, $\mathbb{Z}$ の場合を考える. 原点から出発して時刻 t で場所 n に量子ウォーカーが存在する確率 $P(n,t)$ は次で与えられる (例えば, 本書の第 8 章を参照).

$$P(n,t) = J_n^2(t).$$

ここで, $J_n(t)$ は n 次のベッセル関数である. このとき, $t \to \infty$ としたときの, $J_n(t)$ の漸近挙動は以下で与えられる[*6].

$$J_n(t) = \sqrt{\frac{2}{\pi t}} \left(\cos(t - \theta(n)) - \sin(t - \theta(n)) \frac{4n^2 - 1}{8t} + O(t^{-2}) \right), \quad t \to \infty.$$

ここで, $\theta(n) = (2n+1)\pi/4$. この結果と任意の t, n に対して, $|J_n(t)| \leq 1$ の結果[*7]を合わせると,

命題 11.5.2 任意の $n \in \mathbb{Z}$ に対して,

$$\bar{P}(n) = \lim_{t \to \infty} \frac{1}{t} \int_0^t J_n^2(s)\,ds = 0.$$

11.5.3 超立方体

この小節では, 2^N の格子点からなる超立方体 W_N のある点 (これを 0 としよう) から出発する量子ウォーカーを考える. ハミルトニアン A_N は, 以下で与えられる.

[*6] Watson (1944) の 195 ページ.
[*7] Watson (1944) の 31 ページ.

第 11 章 ウルトラ距離空間

$$A_N = \frac{1}{N} \sum_{j=1}^{N} I_2 \otimes \cdots \otimes \sigma_x \otimes \cdots \otimes I_2.$$

但し，σ_x は左から j 番目にだけあるとし，

$$I_2 = \begin{bmatrix} 1 & 0 \\ 0 & 1 \end{bmatrix}, \qquad \sigma_x = \begin{bmatrix} 0 & 1 \\ 1 & 0 \end{bmatrix}.$$

例えば，$N = 2$ の場合は，

$$\begin{aligned}
A_2 &= \frac{1}{2} \left(\sigma_x \otimes I_2 + I_2 \otimes \sigma_x \right) \\
&= \frac{1}{2} \left\{ \begin{bmatrix} 0 & 1 \\ 1 & 0 \end{bmatrix} \otimes \begin{bmatrix} 1 & 0 \\ 0 & 1 \end{bmatrix} + \begin{bmatrix} 1 & 0 \\ 0 & 1 \end{bmatrix} \otimes \begin{bmatrix} 0 & 1 \\ 1 & 0 \end{bmatrix} \right\} \\
&= \frac{1}{2} \begin{bmatrix} 0 & 1 & 1 & 0 \\ 1 & 0 & 0 & 1 \\ 1 & 0 & 0 & 1 \\ 0 & 1 & 1 & 0 \end{bmatrix}.
\end{aligned}$$

[**問題 11.5.1**] 同様に，$N = 3$ の A_3 の行列表示を求めよ．

時間発展を定義するユニタリ行列は $U(t) = e^{itA_N}$ とする．このとき，

$$\begin{aligned}
e^{itA_N} &= \prod_{j=1}^{N} \exp\left(\frac{it}{N} \left(I_2 \otimes \cdots \otimes \sigma_x \otimes \cdots \otimes I_2 \right) \right) \\
&= \prod_{j=1}^{N} \sum_{m=0}^{\infty} \frac{\left(\frac{it}{N}\right)^m}{m!} \left(I_2 \otimes \cdots \otimes \sigma_x \otimes \cdots \otimes I_2 \right)^m \\
&= \prod_{j=1}^{N} I_2 \otimes \cdots \otimes \sum_{m=0}^{\infty} \frac{\left(\frac{it\sigma_x}{N}\right)^m}{m!} \otimes \cdots \otimes I_2 \\
&= \prod_{j=1}^{N} I_2 \otimes \cdots \otimes \exp\left(\frac{it\sigma_x}{N} \right) \otimes \cdots \otimes I_2 \\
&= \exp\left(\frac{it\sigma_x}{N} \right) \otimes \cdots \otimes \exp\left(\frac{it\sigma_x}{N} \right) \otimes \cdots \otimes \exp\left(\frac{it\sigma_x}{N} \right) \\
&= \exp\left(\frac{it\sigma_x}{N} \right)^{\otimes N}.
\end{aligned}$$

ここで，$\sigma_x^2 = I_2$ に注意すると，

$$\begin{aligned}
\exp\left(\frac{it\sigma_x}{N} \right) &= \sum_{m=0}^{\infty} \frac{\left(\frac{it}{N}\right)^{2m}}{(2m)!} I_2 + \sum_{m=0}^{\infty} \frac{\left(\frac{it}{N}\right)^{2m+1}}{(2m+1)!} \sigma_x \\
&= \cos\left(\frac{t}{N} \right) I_2 + i \sin\left(\frac{t}{N} \right) \sigma_x.
\end{aligned}$$

次に，$|0\rangle = {}^T[1,0]$ とすると，

$$\begin{aligned}
e^{itA_N}|0\rangle^{\otimes N} &= \exp\left(\frac{it\sigma_x}{N}\right)^{\otimes N}|0\rangle^{\otimes N} \\
&= \left(\exp\left(\frac{it\sigma_x}{N}\right)|0\rangle\right)^{\otimes N} \\
&= \left(\left(\cos\left(\frac{t}{N}\right)I_2 + i\sin\left(\frac{t}{N}\right)\sigma_x\right)|0\rangle\right)^{\otimes N} \\
&= \left(\begin{bmatrix}\cos\left(\frac{t}{N}\right) & i\sin\left(\frac{t}{N}\right) \\ i\sin\left(\frac{t}{N}\right) & \cos\left(\frac{t}{N}\right)\end{bmatrix}\begin{bmatrix}1 \\ 0\end{bmatrix}\right)^{\otimes N} \\
&= \begin{bmatrix}\cos\left(\frac{t}{N}\right) \\ i\sin\left(\frac{t}{N}\right)\end{bmatrix}^{\otimes N}.
\end{aligned}$$

例えば，$N = 3$ の場合には，

$$e^{itA_3}|0\rangle^{\otimes 3} = {}^T[C^3, C^2S, C^2S, CS^2, C^2S, CS^2, CS^2, S^3].$$

但し，$C = \cos(t/3)$, $S = i\sin(t/3)$. 従って，$V_0 = \{0\}, V_1 = \{1,2,4\}, V_2 = \{3,5,6\}, V_3 = \{7\}$ とすると，それぞれ $v_k \in V_k$ ($k = 0,1,2,3$) に対して，

$$\langle v_k | e^{itA_3} | v_0 \rangle = C^{3-k}S^k.$$

一般の N に対しても同様に，$v_k \in V_k$ ($k = 0,1,2,\ldots,N$) とすると，

$$\langle v_k | e^{itA_N} | v_0 \rangle = \cos(t/N)^{N-k}(i\sin(t/N))^k.$$

ここで，$V_k = \{x \in W_N : ||x|| = k\}$，かつ $||x||$ は W_N での 0 から x へのパスの長さ．従って，時刻 t で場所 n に存在する確率は，以下で与えられる．

定理 11.5.3

$$P_N(n,t) = \cos(t/N)^{2(N-k)}\sin(t/N)^{2k}, \qquad 但し，n \in V_k \ (0 \le k \le N).$$

この結果は，Jafarizadeh and Salimi (2007) でも示されている．これより直ちに，

系 11.5.4 $k = 0,1,\ldots,N$ に対して，

$$P_N(V_k, t) = \binom{N}{k}\cos(t/N)^{2(N-k)}\sin(t/N)^{2k}.$$

即ち，$B(N; \sin^2(t/N))$ の 2 項分布になっている[*8)].

さらに，

[*8)] 2 項分布 $B(N;p)$ の確率分布 $\{P(k) : k = 0,1,\ldots,N\}$ は $P(k) = \binom{N}{k}p^k(1-p)^{N-k}$ で与えられる．

系 11.5.5

$$\bar{P}_N(n) = \frac{1}{2^{2N}} \binom{N}{k}^{-1} \binom{2k}{k} \binom{2(N-k)}{N-k}.$$

但し,$n \in V_k \, (0 \leq k \leq N)$.

例えば,$N = 4$ のときは,

$$\bar{P}_4(n) = \begin{cases} 35/128, & \text{但し,} \, n \in V_0 \cup V_4, \\ 5/128, & \text{但し,} \, n \in V_1 \cup V_3, \\ 3/128, & \text{但し,} \, n \in V_2. \end{cases}$$

上の結果より直ちに,

系 11.5.6

一般の N に対して,任意の $n = 0, 1, \ldots$ を固定したとき,

$$\lim_{N \to \infty} \bar{P}_N(n) = 0.$$

さらに,$k = 0, 1, \ldots, N$ のとき,

$$\bar{P}_N(V_k) = \sum_{n \in V_k} \bar{P}_N(n)$$

とおくと,$|V_k| = N!/(N-k)!k!$ より,以下を得る.

系 11.5.7

$$\bar{P}_N(V_k) = \frac{1}{2^{2N}} \binom{2k}{k} \binom{2(N-k)}{N-k}.$$

この確率はランダムウォークの場合の逆正弦法則 (arcsine law)[*9] に対応している.

以上より,C_N(サイクル),W_N(超立方体)で $N \to \infty$ の極限,また $\mathbb{Z}$ の 3 つの場合は,どんな場所でも局在化が起きないことが分かった.

11.5.4 完全グラフ

最後に,N 個の点からなる完全グラフ K_N について考える.ハミルトニアン H_N は,$H_N = I_N - NJ_N$ で定義し,時間発展を定義するユニタリ行列は $U(t) = e^{itH_N}$ とする.このとき,H_N の固有値は,$\eta_0 = 0, \eta_1 = \eta_2 = \cdots = \eta_{N-1} = -N$ で,その固有ベクトルは,ヴァンデルモンド行列で与えられる(例えば,Ahmadi et al. (2003) を参照のこと).固有値は,補題 9.2.1 を用いても確かめられる.

例えば,$N = 3$ の場合に計算を行う.ハミルトニアンは

[*9] 例えば,Durrett (2004) の 3.3 節を参照のこと.

$$H_3 = \begin{bmatrix} -2 & 1 & 1 \\ 1 & -2 & 1 \\ 1 & 1 & -2 \end{bmatrix}$$

で, この固有値は, $\eta_0 = 0, \eta_1 = \eta_2 = -3$. そして, 固有ベクトルは, $\omega = e^{2\pi i/3}$ として,

$$\begin{bmatrix} 1 \\ 1 \\ 1 \end{bmatrix}, \quad \begin{bmatrix} 1 \\ \omega \\ \omega^2 \end{bmatrix}, \quad \begin{bmatrix} 1 \\ \omega^2 \\ \omega^4 \end{bmatrix}$$

で与えられる. このとき, ヴァンデルモンド行列

$$V_3 = \begin{bmatrix} 1 & 1 & 1 \\ 1 & \omega & \omega^2 \\ 1 & \omega^2 & \omega^4 \end{bmatrix}$$

に対して, フーリエ行列は $F_3 = V_3/\sqrt{3}$ となる. $\Psi(0) = {}^T[1,0,0]$ を初期状態として, 時刻 t での波動関数 $\Psi(t)$ は,

$$\Psi(t) = e^{itH_3}\Psi(0) = F_3 \begin{bmatrix} 1 & 0 & 0 \\ 0 & e^{-3it} & 0 \\ 0 & 0 & e^{-3it} \end{bmatrix} F_3^* \Psi(0) = \frac{1}{3} \begin{bmatrix} 1 + 2e^{-3it} \\ 1 - e^{-3it} \\ 1 - e^{-3it} \end{bmatrix}$$

と計算される. 従って,

$$P_3(0,t) = \frac{1}{9}\{5 + 4\cos(3t)\}, \qquad P_3(1,t) = P_3(2,t) = \frac{1}{9}\{2 - 2\cos(3t)\}$$

が得られる. 一般の $N \geq 3$ の場合も同様にして, ヴァンデルモンド行列

$$V_N = \begin{bmatrix} 1 & 1 & \ldots & 1 \\ 1 & \omega & \ldots & \omega^{N-1} \\ \vdots & \vdots & \ddots & \vdots \\ 1 & \omega^{N-1} & \ldots & \omega^{(N-1)^2} \end{bmatrix}$$

を用いて, フーリエ行列 $F_N = V_N/\sqrt{N}$ を導入する. 但し, $\omega = e^{2\pi i/N}$. $\Psi(0) = {}^T[1,0,\ldots,0]$ を初期状態として, 時刻 t での波動関数 $\Psi(t)$ は,

$$\Psi(t) = e^{itH_N}\Psi(0) = F_N \begin{bmatrix} 1 & 0 & \ldots & 0 \\ 0 & e^{-iNt} & \ldots & 0 \\ \vdots & \vdots & \ddots & \vdots \\ 0 & 0 & \ldots & e^{-iNt} \end{bmatrix} F_N^* \Psi(0) = \frac{1}{N} \begin{bmatrix} 1 + (N-1)e^{-iNt} \\ 1 - e^{-iNt} \\ \vdots \\ 1 - e^{-iNt} \end{bmatrix}$$

と計算される. よって, 以下の結果を得る.

定理 11.5.8

$$P_N(n,t) = \begin{cases} \dfrac{(N-1)^2 + 1 + 2(N-1)\cos(Nt)}{N^2}, & \text{但し, } n = 0, \\ \dfrac{2(1-\cos(Nt))}{N^2}, & \text{但し, } n = 1,2,\ldots,N-1. \end{cases}$$

故に,

系 11.5.9

$$\bar{P}_N(n) = \begin{cases} \dfrac{(N-1)^2 + 1}{N^2}, & \text{但し, } n = 0, \\ \dfrac{2}{N^2}, & \text{但し, } n = 1,2,\ldots,N-1. \end{cases}$$

従って,

系 11.5.10
任意の $n = 0, 1, \ldots$ に対して,以下を得る.

$$\lim_{N \to \infty} \bar{P}_N(n) = \delta_0(n).$$

このことから,出発点 $n=0$ でのみ局在化が起こることが分かる.これは,$T_M^{(p)}$ で $p \to \infty$ とした場合に対応する.

11.6 結　論

この章では,$T_M^{(p)}$ 上の量子ウォークを考えた.これは,$M \to \infty$ の極限では,$\mathbb{Z}_p$ とみなせるので,その上の量子ウォークを扱っていることに対応する.主結果として,以下を得た.

$$\bar{P}_\infty^{(p)}(n) = \lim_{M \to \infty} \bar{P}_M^{(p)}(n) > 0 \quad (n = 0, 1, 2, \ldots).$$

但し,ϵ_k は次を満たす.

$$\epsilon_0 < 0 < \epsilon_M < \epsilon_{M-1} < \cdots < \epsilon_2 < \epsilon_1.$$

故に,どんな場所でも局在化が起こっている.それに対して,C_N(サイクル),W_N(超立方体)で $N \to \infty$ の極限,また $\mathbb{Z}$ の 3 つの場合は,どんな場所でも局在化は起きない.K_N(完全グラフ)の $N \to \infty$ の極限では,出発点だけで局在化が起きている.上記を表にまとめると以下のようになる.

表 11.1

	$\mathbb{Z}_p$	K_∞	C_∞	W_∞	$\mathbb{Z}$
局在化	全ての場所で起きる	出発点だけ起きる	起きない	起きない	起きない

第III部

補　遺

第12章 相関付ランダムウォーク

12.1 序

この章では，S 上の**相関付ランダムウォーク** (correlated random walk)[*1)]の極限定理と吸収問題について考える．但し，S として，$S = \mathbb{Z}$, $S = \mathbb{Z}_+$, $S = \{0, 1, \ldots, N\}$ を扱う．ここで，$\mathbb{Z}$ は整数全体の集合，$\mathbb{Z}_+ = \{0, 1, \ldots\}$ である．このモデルは，第 1 章で扱ったような，2 状態の量子ウォークと数学的に似た構造を持っているので，それに着目しつつ幾つかの結果を紹介したい．

さて，相関付ランダムウォークの基本的な時間発展は以下で与えられる．

$$P(\text{粒子が左に 1 単位だけ移動する}) = \begin{cases} p, & 1 \text{ ステップ前に左へ移動した場合,} \\ 1-q, & 1 \text{ ステップ前に右へ移動した場合,} \end{cases}$$

かつ，

$$P(\text{粒子が右に 1 単位だけ移動する}) = \begin{cases} 1-p, & 1 \text{ ステップ前に左へ移動した場合,} \\ q, & 1 \text{ ステップ前に右へ移動した場合.} \end{cases}$$

即ち，過去 1 ステップの状態に依存して（時間相関を持ち），次のステップの移動確率が変わるランダムウォークである．特に，$p = q$ の場合，粒子は先立つ移動と同じ方向に確率 p で 1 単位だけ動き，粒子は先立つ移動と逆の方向に確率 $1-p$ で 1 単位だけ動く．さらに，$p = q = 1/2$ の場合には，よく知られた通常の（過去の時間に相関の無い）対称なランダムウォークになる．

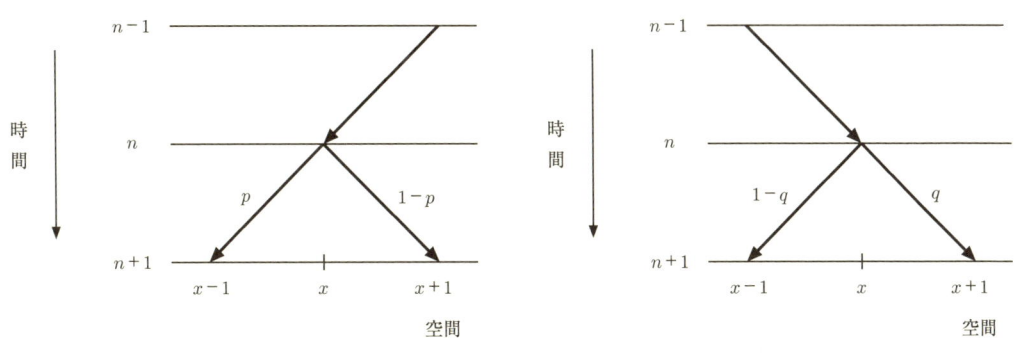

図 12.1.1 相関付ランダムウォークのダイナミクス

[*1)] 相関付ランダムウォークは，persistent random walk とも呼ばれる．

この相関付ランダムウォークの研究の歴史は古く，様々な研究が行われてきたが，ここでは比較的最近の文献だけを挙げることとする．例えば，Allaart (2001, 2004), Böhm (2000, 2002), Chen and Renshaw (1992, 1994), Lal and Bhat (1989), Mukherjea and Steele (1987), Renshaw and Henderson (1981), Zhang (1992) などがある．

Romanelli et al. (2004) は，量子ウォークをマルコフ性の項と干渉項の部分にそれぞれ分けることにより研究を行った．彼らは，干渉項を無視すると，残った部分は，相関付ランダムウォークの時空間連続極限としても得られる Telegraphist 方程式に収束することを示した．また，定義から分かるように，量子ウォークと相関付ランダムウォークの間に強い類似性があるので，それにもとづいてこの章では解析を行う．尚，本章の内容は，Konno (2003) にもとづいている．

12.2 定　義

相関付ランダムウォークの時間発展は，次の転置された推移確率行列 A で与えられる．

$$A = \begin{bmatrix} a & b \\ c & d \end{bmatrix}.$$

但し，

$$a = p, \quad b = 1-q, \quad c = 1-p, \quad d = q.$$

自明な場合を除くため，本章では $0 < a, d < 1$ を仮定する．2 状態の量子ウォークの場合には，A はユニタリ行列で，$a, b, c, d \in \mathbb{C}$ であった．但し，$\mathbb{C}$ は複素数全体の集合である．このときユニタリ性より，$|a|^2 + |c|^2 = |b|^2 + |d|^2 = 1$, $a\bar{c} + b\bar{d} = 0$, $c = -\triangle \bar{b}, d = \triangle \bar{a}$ などの関係式を満たす．ここで，$\bar{z}$ は $z \in \mathbb{C}$ の複素共役で，$\triangle = \det A = ad - bc$．

相関付ランダムウォークの場合も量子ウォークと同様に，L は粒子が左に動く状態，R は粒子が右に動く状態を表すとし，ここでも，それぞれ以下のようにおく．

$$L = \begin{bmatrix} 1 \\ 0 \end{bmatrix}, \quad R = \begin{bmatrix} 0 \\ 1 \end{bmatrix}.$$

従って，

$$AL = aL + cR,$$
$$AR = bL + dR.$$

量子ウォークとの類比を明らかにするために，以下のような記号を用いる．$\Psi_n(x) (\in \mathbb{R}^2)$ を時刻 n で場所 x に粒子が存在する確率（ベクトル）とする．

$$\Psi_n(x) = \begin{bmatrix} \Psi_n^L(x) \\ \Psi_n^R(x) \end{bmatrix}.$$

上の成分が左向きの，下の成分が右向きの確率を表す．このとき，$\Psi_n(x)$ の時間発展は，

$$\Psi_{n+1}(x) = P\Psi_n(x+1) + Q\Psi_n(x-1). \tag{12.2.1}$$

但し，
$$P = \begin{bmatrix} a & b \\ 0 & 0 \end{bmatrix}, \quad Q = \begin{bmatrix} 0 & 0 \\ c & d \end{bmatrix}.$$

ここで，$A = P + Q$ に注意．Romanelli et al. (2004) は同様の議論を行っているので，彼らとの関係を明らかにしたい．ここでの記号を用いると，彼らが扱っていたモデルは以下に対応する．

$$A = \begin{bmatrix} \cos^2\theta & \sin^2\theta \\ \sin^2\theta & \cos^2\theta \end{bmatrix}.$$

即ち，$a = d = \cos^2\theta$，$b = c = \sin^2\theta$．故に，式 (12.2.1) より，

$$\Psi^L_{n+1}(x) = \cos^2\theta\, \Psi^L_n(x+1) + \sin^2\theta\, \Psi^R_n(x+1),$$
$$\Psi^R_{n+1}(x) = \sin^2\theta\, \Psi^L_n(x-1) + \cos^2\theta\, \Psi^R_n(x-1).$$

上記の結果は，彼らの論文の式 (5) で干渉項を無視すると得ることができる．但し，$j = L, R$ としたとき，ここでの記号 $\Psi^j_n(x)$ は，彼らの記号では $P_{x,j}(n)$ であることに注意．

量子ウォークの場合と同様に，初期の確率測度の空間を以下で与える．

$$\Phi = \left\{ \varphi = \begin{bmatrix} \alpha \\ \beta \end{bmatrix} : \alpha + \beta = 1,\, \alpha, \beta \geq 0 \right\}.$$

ここで，$\widetilde{X}_n$ を初期確率測度 $\varphi \in \Phi$ で原点から出発した時刻 n での相関付ランダムウォークとする．そして，時刻 n と場所 x に対して，$n = l + m$，$x = -l + m$ の関係を満たす $l = (n-x)/2$ と $m = (n+x)/2$ に対して，$\widetilde{\Xi}_n(l, m)$ を原点から出発し，l 回左に，m 回右に移動するパスの可能な全ての和とする．例えば，

$$\widetilde{\Xi}_4(3, 1) = QPPP + PQPP + PPQP + PPPQ.$$

このとき，${}^T[x, y]$ のノルムを $\|{}^T[x, y]\|_p = (|x|^p + |y|^p)^{1/p}$ $(p \geq 1)$ と定めると，

$$P(\widetilde{X}_n = x) = {}^T\mathbf{1}\, \widetilde{\Xi}_n(l, m)\, \varphi = \|\widetilde{\Xi}_n(l, m)\, \varphi\|_1.$$

但し，$\mathbf{1} = {}^T[1, 1]$，かつ，$\varphi = {}^T[\alpha, \beta] \in \mathbb{R}^2$ は初期確率測度で，$\alpha + \beta = 1, \alpha, \beta \geq 0$ を満たす．また，T は転置作用素を表す．他方，量子ウォークの場合は，

$$P(X_n = x) = \|\Xi_n(l, m)\varphi\|_2^2.$$

ここで，$\varphi = {}^T[\alpha, \beta] \in \mathbb{C}^2$ は初期量子ビットで，$|\alpha|^2 + |\beta|^2 = 1$ を満たす．

相関付ランダムウォークも量子ウォークと同様に，以下の行列を導入する．

$$R = \begin{bmatrix} c & d \\ 0 & 0 \end{bmatrix}, \quad S = \begin{bmatrix} 0 & 0 \\ a & b \end{bmatrix}.$$

そして，$ad - bc\,(= a + d - 1) \neq 0$ の場合に，P, Q, R, S は，$M_2(\mathbb{R})$ の基底になっている．但し，$M_2(\mathbb{R})$ は実数を成分にもつ 2×2 行列全体の集合である．ここで，

とおく．

$$X = \begin{bmatrix} x & y \\ z & w \end{bmatrix}$$

とおく．$ad - bc\,(= a + d - 1) \neq 0$ ならば，

$$X = c_p P + c_q Q + c_r R + c_s S$$

と一意的に表せ，係数 c_p, c_q, c_r, c_s は以下で決まる．

$$\begin{bmatrix} c_p \\ c_r \\ c_s \\ c_q \end{bmatrix} = \frac{1}{ad-bc} \begin{bmatrix} d & -c & 0 & 0 \\ -b & a & 0 & 0 \\ 0 & 0 & d & -c \\ 0 & 0 & -b & a \end{bmatrix} \begin{bmatrix} x \\ y \\ z \\ w \end{bmatrix}.$$

[問題 12.2.1] 上の結果を確認せよ．

従って，任意の 2×2 行列 X は以下の形で表せる．

$$X = \frac{1}{ad-bc} \{(dx - cy)P + (-bz + aw)Q + (-bx + ay)R + (dz - cw)S\}. \quad (12.2.2)$$

上記のことを踏まえ，以下，$ad - bc \neq 0$ を仮定する．

さて，$n \times n$ 単位行列を I_n で，全ての成分が 0 の零行列を O_n とおく．例えば，$X = I_2$ のとき，式 (12.2.2) より，以下が得られる．

$$I_2 = \frac{1}{ad-bc}(dP + aQ - bR - cS). \quad (12.2.3)$$

量子ウォークの場合と同様に，下記の P, Q, R, S の積の関係に注意する．

表 12.1

	P	Q	R	S
P	aP	bR	aR	bP
Q	cS	dQ	cQ	dS
R	cP	dR	cR	dP
S	aS	bQ	aQ	bS

ここで，例えば，$PQ = bR$ のように表を読む．

後に，12.4 節で $\{0, 1, \ldots, N\}$ $(N \leq \infty)$ 上の 0 と N に吸収壁を持ち，場所 m から出発する相関付ランダムウォークの吸収問題を考える．具体的には，以下のような場合である．

最初に $N < \infty$ の場合を考える．$\widetilde{\Xi}_n^{(N,m)}$ を m から出発し，時刻 n で N に達する前にはじめて 0 に達する可能なパス全ての和とする．例として，

$$\widetilde{\Xi}_5^{(3,1)} = P^2 QPQ = ab^2 cR.$$

初期確率測度が $\varphi(\in \Phi)$ で，m から出発し，時刻 n で N に達する前にはじめて 0 に達する確率を以下で定める．

$$\widetilde{P}_n^{(N,m)}(\varphi) = \|\widetilde{\Xi}_n^{(N,m)}\varphi\|_1.$$

従って，初期確率測度が $\varphi(\in \Phi)$ で，m から出発し，N に達する前にはじめて 0 に達する確率を以下で定義する．

$$\widetilde{P}^{(N,m)}(\varphi) = \sum_{n=0}^{\infty} \widetilde{P}_n^{(N,m)}(\varphi).$$

次に，$N=\infty$ の場合を考える．$\widetilde{\Xi}_n^{(\infty,m)}$ を m から出発し，時刻 n ではじめて 0 に達する可能なパス全ての和とする．例として，

$$\widetilde{\Xi}_5^{(\infty,1)} = P^2QPQ + P^3Q^2 = (ab^2c + a^2bd)R.$$

同様にして，$\widetilde{P}_n^{(\infty,m)}(\varphi)$ と $\widetilde{P}^{(\infty,m)}(\varphi)$ を定義する．

ここで，相関付ランダムウォークの比較的最近の先行する結果についてふれる．Renshaw and Henderson (1981) では $S=\mathbb{Z}$ で $a=d$（即ち，$p=q$）の場合を扱い，$P(\widetilde{X}_n=x)$ の表現と $a\to 1$ としながら時刻 $n\to\infty$ としたときの極限分布を求めている．Zhang (1992) は吸収壁や反射壁などの様々なタイプの壁を持つ場合の吸収確率や吸収するまでの期間の期待値を計算している．Lal and Bhat (1989) は，$S=\mathbb{Z}$ の場合に $P(\widetilde{X}_n=x)$ を計算し，$S=\{0,1,\ldots\}$ と $S=\{0,1,\ldots,N\}$ の場合にはその極限分布を求めた．Böhm (2002) では，$S=\{0,1,\ldots\}$ で $a=b$（即ち，$p+q=1$）の場合に，吸収時刻の分布とその最大値の漸近挙動を解析している．また，Böhm (2000) では，$S=\mathbb{Z},\{0,1,\ldots\}$，と $\{0,1,\ldots,N\}$ の場合に，パスを数え上げる Krattenthaler の結果（Krattenthaler (1997)）を用いて，$P(\widetilde{X}_n=x)$ を計算し，$n\to\infty$ としたときの漸近挙動を解析した．Allaart and Monticino (2001) では，相関付ランダムウォークを一般化したモデルのクラスに対して，最適停止問題についての結果を与え，Allaart (2004) ではさらに精緻な結果を得ている．Chen and Renshaw (1992) では高次元の相関付ランダムウォークを扱い，Chen and Renshaw (1994) ではより一般の相関付ランダムウォークを考えている．Mukherjea and Steele (1987) では相関付ランダムウォークの破産問題を解析している．

12.3 特性関数と極限定理

本節では，相関付ランダムウォークに対する 2 種類の異なる極限定理について考える．そのために，$n+x$ が偶数の場合の $P(\widetilde{X}_n=x)$ を計算する必要がある．ここでは組合せ論的なアプローチを用いる．$l+m=n$ と $-l+m=x$ を満たす l と m をまず固定すると，下記のような表現が量子ウォークの場合と同様に得られる．

$$\widetilde{\Xi}_n(l,m) = \sum_{l_j,m_j} P^{l_1}Q^{m_1}P^{l_2}Q^{m_2}\cdots P^{l_n}Q^{m_n}.$$

但し，上式の和は $l_1+\cdots+l_n=l$, $m_1+\cdots+m_n=m$, $l_j+m_j=1$ を満たす全ての $l_j, m_j \geq 0$

に関する和とする．そして，以下の関係が成立していた．

$$P(\widetilde{X}_n = x) = {}^T\mathbf{1}\,\widetilde{\Xi}_n(l,m)\,\varphi.$$

P, Q, R, S は $M_2(\mathbb{R})$ の基底であることに注意すると，$\widetilde{\Xi}_n(l,m)$ は次のように表される．

$$\widetilde{\Xi}_n(l,m) = p_n(l,m)P + q_n(l,m)Q + r_n(l,m)R + s_n(l,m)S.$$

従って，$p_n(l,m), q_n(l,m), r_n(l,m), s_n(l,m)$ を求めればよい．このとき，量子ウォークの場合の補題 1.5.1 と同様の証明により，以下の補題が得られる．

補題 12.3.1 $abcd \neq 0$ を満たす相関付ランダムウォークを考える．ここで，

$$P = \begin{bmatrix} a & b \\ 0 & 0 \end{bmatrix}, \quad Q = \begin{bmatrix} 0 & 0 \\ c & d \end{bmatrix}, \quad R = \begin{bmatrix} c & d \\ 0 & 0 \end{bmatrix}, \quad S = \begin{bmatrix} 0 & 0 \\ a & b \end{bmatrix}.$$

但し，$A = P + Q$．$l, m \geq 0$ が $l + m = n$ を満たすとき，次が成立する．

(i) $l \wedge m(= \min\{l,m\}) \geq 1$ に対して，

$$\widetilde{\Xi}_n(l,m) = a^l d^m \sum_{\gamma=1}^{l \wedge m} \left(\frac{bc}{ad}\right)^{\gamma} \binom{l-1}{\gamma-1}\binom{m-1}{\gamma-1} \times \left[\frac{l-\gamma}{a\gamma}P + \frac{m-\gamma}{d\gamma}Q + \frac{1}{c}R + \frac{1}{b}S\right].$$

(ii) $l(=n) \geq 1, m = 0$ に対して，

$$\widetilde{\Xi}_n(l,0) = a^{l-1}P,$$

(iii) $l = 0, m(=n) \geq 1$ に対して，

$$\widetilde{\Xi}_n(0,m) = d^{m-1}Q.$$

証明のポイントは，量子ウォークの場合と同様にそれぞれに対応する次の 4 種類のパスを考えればよい．

$$\begin{aligned}
p_n(l,m): &\quad \overbrace{PP\cdots P}^{w_1}\overbrace{QQ\cdots Q}^{w_2}\overbrace{PP\cdots P}^{w_3}\cdots \overbrace{QQ\cdots Q}^{w_{2\gamma}}\overbrace{PP\cdots P}^{w_{2\gamma+1}}, \\
q_n(l,m): &\quad \overbrace{QQ\cdots Q}^{w_1}\overbrace{PP\cdots P}^{w_2}\overbrace{QQ\cdots Q}^{w_3}\cdots \overbrace{PP\cdots P}^{w_{2\gamma}}\overbrace{QQ\cdots Q}^{w_{2\gamma+1}}, \\
r_n(l,m): &\quad \overbrace{PP\cdots P}^{w_1}\overbrace{QQ\cdots Q}^{w_2}\overbrace{PP\cdots P}^{w_3}\cdots \overbrace{QQ\cdots Q}^{w_{2\gamma}}, \\
s_n(l,m): &\quad \overbrace{QQ\cdots Q}^{w_1}\overbrace{PP\cdots P}^{w_2}\overbrace{QQ\cdots Q}^{w_3}\cdots \overbrace{PP\cdots P}^{w_{2\gamma}}.
\end{aligned}$$

但し，$w_1, w_2, \ldots, w_{2\gamma+1} \geq 1$ かつ $\gamma \geq 1$．同様のアプローチは Böhm (2000) の定理 2.1 にも見られる．相関付ランダムウォークと量子ウォークの場合の大きな相違は (bc/ad) の符号にある．即ち，

第12章 相関付ランダムウォーク

$$\frac{bc}{ad} = \begin{cases} (1-a)(1-d)/ad > 0, & \text{相関付ランダムウォーク}, \\ -(1-|d|^2)/|a|^2 < 0, & \text{量子ウォーク}. \end{cases}$$

量子ウォークの場合に負になるが，これは干渉の効果に対応している．

相関付ランダムウォーク $\widetilde{X}_n$ の確率分布を求めるために，$k=1,2,\ldots,[n/2]$ に対して，以下の関係式を用いる．

$$\sum_{\gamma=1}^{k}\left(\frac{bc}{ad}\right)^{\gamma-1}\frac{1}{\gamma}\binom{k-1}{\gamma-1}\binom{n-k-1}{\gamma-1} = {}_2F_1(-(k-1),-\{(n-k)-1\};2;bc/ad),$$

$$\sum_{\gamma=1}^{k}\left(\frac{bc}{ad}\right)^{\gamma-1}\binom{k-1}{\gamma-1}\binom{n-k-1}{\gamma-1} = {}_2F_1(-(k-1),-\{(n-k)-1\};1;bc/ad).$$

ここで，$[x]$ は x の整数部分，${}_2F_1(a,b;c;z)$ は超幾何関数である．このとき，補題 12.3.1 より，

補題 12.3.2 $n \geq 2$ と $k=1,2,\ldots,[n/2]$ に対して，

$$P(\widetilde{X}_n = n-2k) = a^{k-2}d^{n-k-2}\bigg[bc\Big\{(dk+c(n-k))a\alpha + (bk+a(n-k))d\beta\Big\}F_2^{(n,k)}$$
$$+ (ac\alpha + bd\beta)\triangle F_1^{(n,k)}\bigg],$$

$$P(\widetilde{X}_n = -(n-2k)) = a^{k-2}d^{n-k-2}\bigg[bc\Big\{(ck+d(n-k))a\alpha + (ak+b(n-k))d\beta\Big\}F_2^{(n,k)}$$
$$+ (ac\alpha + bd\beta)\triangle F_1^{(n,k)}\bigg].$$

また，$n \geq 1$ に対して，

$$P(\widetilde{X}_n = n) = d^{n-1}(c\alpha + d\beta), \qquad P(\widetilde{X}_n = -n) = a^{n-1}(a\alpha + b\beta).$$

但し，$\triangle = ad - bc$，かつ，$F_i^{(n,k)} = {}_2F_1(-(k-1),-\{(n-k)-1\};i;bc/ad)$ $(i=1,2)$．

ここで，$\varphi = {}^T[0,1]$ と $\varphi = {}^T[1,0]$ に対する上記の結果は，Böhm (2002) の系 2.6 の式 (19) と式 (20) に対応している．この補題 12.3.2 を用いることにより，相関付ランダムウォークの特性関数が下記のように求まる．

定理 12.3.3 $abcd \neq 0$ を仮定する．このとき，

$$E(e^{i\xi\widetilde{X}_n}) = \bigg[a^{n-1}(a\alpha+b\beta) + d^{n-1}(c\alpha+d\beta)\bigg]\cos(n\xi)$$
$$+ i\bigg[-a^{n-1}(a\alpha+b\beta) + d^{n-1}(c\alpha+d\beta)\bigg]\sin(n\xi)$$

$$
\begin{aligned}
&+ \sum_{k=1}^{\left[\frac{n-1}{2}\right]} a^{k-2} d^{n-k-2} \Bigg[\bigg[bcn \Big\{ (c+d)a\alpha + (a+b)d\beta \Big\} F_2^{(n,k)} \\
&\hspace{6cm} + 2(ac\alpha + bd\beta) \triangle F_1^{(n,k)} \bigg] \cos((n-2k)\xi) \\
&\hspace{3cm} + ibc(n-2k) \Big\{ (c-d)a\alpha + (a-b)d\beta \Big\} F_2^{(n.k)} \sin((n-2k)\xi) \Bigg] \\
&+ I\left(\frac{n}{2} - \left[\frac{n}{2}\right], 0\right)(ad)^{n/2-2} \\
&\hspace{2cm} \times \left[\frac{bcn}{2} \Big\{ (c+d)a\alpha + (a+b)d\beta \Big\} F_2^{(n,k)} + (ac\alpha + bd\beta)\triangle F_1^{(n,k)} \right].
\end{aligned}
$$

但し，$x = 0$ のとき，$I(x,0) = 1$, $x \neq 0$ のとき，$I(x,0) = 0$.

この定理より，下記のような相関付ランダムウォークの m 次モーメントが得られる．

系 12.3.4 $abcd \neq 0$ を仮定する．
(i) m が奇数のとき，
$$
\begin{aligned}
E((\widetilde{X}_n)^m) &= \left[-a^{n-1}(a\alpha + b\beta) + d^{n-1}(c\alpha + d\beta) \right] n^m \\
&+ \sum_{k=1}^{\left[\frac{n-1}{2}\right]} a^{k-2} d^{n-k-2} bc(n-2k)^{m+1} \Big\{ (c-d)a\alpha + (a-b)d\beta \Big\} F_2^{(n,k)}.
\end{aligned}
$$

(ii) m が偶数のとき，
$$
\begin{aligned}
E((\widetilde{X}_n)^m) &= \left[a^{n-1}(a\alpha + b\beta) + d^{n-1}(c\alpha + d\beta) \right] n^m \\
&+ \sum_{k=1}^{\left[\frac{n-1}{2}\right]} a^{k-2} d^{n-k-2} (n-2k)^m \\
&\hspace{2cm} \times \left[bcn \Big\{ (c+d)a\alpha + (a+b)d\beta \Big\} F_2^{(n,k)} + 2(ac\alpha + bd\beta)\triangle F_1^{(n,k)} \right].
\end{aligned}
$$

補題 12.3.2 と系 12.3.4 (1) の $m = 1$ の場合を用いると，$a = d$（即ち，$p = q$）のときの相関付ランダムウォークの分布の対称性の必要充分条件を求めることができる．

命題 12.3.5 (i) $a = d \in (0,1)$ かつ $a \neq 1/2$ のとき，
$$\Phi_s = \Phi_0 = \{\varphi = {}^T[1/2, 1/2]\}.$$

(ii) $a = d = 1/2$ のとき，

第 12 章 相関付ランダムウォーク

$$\Phi_s = \Phi_0 = \Phi.$$

但し,

$$\Phi_s = \{\varphi \in \Phi : \text{任意の } n \in \mathbb{Z}_+ \text{ と } x \in \mathbb{Z} \text{ に対して, } P(\widetilde{X}_n = x) = P(\widetilde{X}_n = -x)\},$$
$$\Phi_0 = \left\{\varphi \in \Phi : \text{任意の } n \in \mathbb{Z}_+ \text{ に対して, } E(\widetilde{X}_n) = 0\right\}.$$

上記の結果に対応する量子ウォークの結果は定理 1.6.1 である．従って，相関付ランダムウォークと量子ウォークの分布の対称性に関する初期条件の依存性はかなり異なることが分かる．

本節の残りは，2 種類の異なるスケーリングによる相関付ランダムウォークに関する極限定理について説明する．最初の結果は $\widetilde{X}_n/\sqrt{n}$ の場合に，相関付ランダムウォークは通常の相関が無いランダムウォークと同様の中心極限定理が成立することを示す．尚，この結果は Böhm (2000) の定理 3.1 で $m, r, t \to 0, \alpha \to a, z \to (1-a)/a$ とすると得られる．

定理 12.3.6 以下で定まる相関付ランダムウォークを考える.

$$A = \begin{bmatrix} a & 1-a \\ 1-a & a \end{bmatrix}.$$

このとき, $n \to \infty$ とすると,

$$\frac{\widetilde{X}_n}{\sqrt{n}} \Rightarrow W.$$

ここで, W の分布は $N(0, a/(1-a))$ に従い, $N(m, \sigma^2)$ は平均 m で分散 σ^2 の正規分布である. また, $Y_n \Rightarrow Y$ は Y_n が Y に弱収束することを表す.

上記の極限の W は初期の確率測度 $\varphi \in \Phi$ に依存しないことに注意．また，この定理 12.3.6 は Romanelli et al. (2004) の式 (16) に対応している．何故なら，分散 $a/(1-a)$ は彼らの設定では $\cos^2\theta/(1-\cos^2\theta) = \cot^2\theta = D(\theta)$ となるからである．

次に, $a = a_n \to 1$ の場合，即ち，極限測度の分散が $a_n/(1-a_n) \to \infty$ のように発散してしまうときの極限定理を扱う．このときは先の極限定理とは異なるスケーリングをとる必要がある．尚，下記の結果は Konno (2003) の主結果の一つである．

定理 12.3.7 下記で定まる相関付ランダムウォークを考える.

$$A_n = \begin{bmatrix} a_n & 1-a_n \\ 1-a_n & a_n \end{bmatrix}.$$

但し,

$$a_n = 1 - \frac{\theta}{n}. \tag{12.3.4}$$

ここで, $\theta \in (0,1)$ を固定して, $n \to \infty$ とすると,

$$\frac{\widetilde{X}_n}{n} \Rightarrow Z.$$

ここで Z の確率測度は以下の μ_1 と μ_2 の和である.

$$\mu_1 = e^{-\theta}(\alpha \delta_{-1} + \beta \delta_1).$$

但し, δ_x はディラック測度で, 絶対連続な μ_2 の密度関数は, $x \in (-1,1)$ に対して,

$$f(x) = \theta e^{-\theta}\left[I_0(\theta\sqrt{1-x^2}) + \frac{1}{\sqrt{1-x^2}}I_1(\theta\sqrt{1-x^2})\right].$$

ここで, $I_\nu(z)$ は ν 次の変形ベッセル関数 (modified Bessel function) である. 即ち,

$$I_\nu(z) = \sum_{n=0}^{\infty} \frac{(z/2)^{\nu+2n}}{n!\,\Gamma(\nu+n+1)}.$$

但し, $\Gamma(z)$ はガンマ関数である.

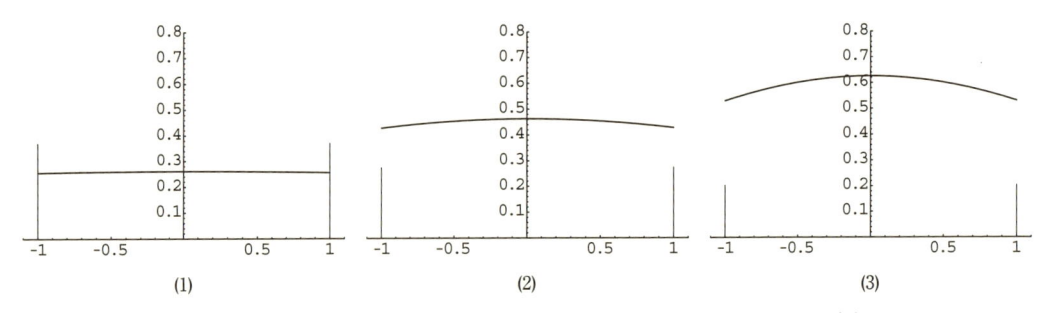

図 12.3.1 Z の確率測度. $\alpha = \beta = 1/2$ の場合. (1) $\theta = 0.3$, (2) $\theta = 0.6$, (3) $\theta = 0.9$

興味深いことに定理 12.3.7 の極限分布では, 量子的な部分と古典的な部分をあわせ持った結果になっている. 即ち, ディラック測度からなる μ_1 は量子ウォークの極限分布の端点での 2 つのピークに対応し, 絶対連続な μ_2 はランダムウォークの極限分布である正規分布に対応した中心で最大値をとる形をしている.

証明. 以下の超幾何関数の漸近挙動に関する結果を用いる.

補題 12.3.8 $0 < \theta < 1$ に対して, $a_n = 1 - (\theta/n)$ とおく. $k/n = x \in (0, 1/2)$ としつつ, $n \to \infty$ とするとき,

$$_2F_1(-(k-1), -\{(n-k)-1\}; 1; (1-a_n)^2/a_n^2) \to I_0(2\theta\sqrt{1-x^2}),$$
$$_2F_1(-(k-1), -\{(n-k)-1\}; 2; (1-a_n)^2/a_n^2) \to \frac{1}{\theta\sqrt{x(1-x)}}I_1(2\theta\sqrt{1-x^2}).$$

例えば, Renshaw and Henderson (1981) の 411 ページに上記の補題の導出がある. 定理 12.3.3

と補題 12.3.8 を用いることにより, $k/n = x \in (0, 1/2)$ の条件の下で, $n \to \infty$ とすると,

$$E(e^{i\xi \frac{\overline{X}_n}{n}}) \to e^{-\theta}\cos\xi + ie^{-\theta}(-\alpha+\beta)\sin\xi$$
$$+\theta e^{-\theta}\int_0^{1/2}\left[I_0(2\theta\sqrt{x(1-x)}) + \frac{1}{\sqrt{x(1-x)}}I_1(2\theta\sqrt{x(1-x)})\right]\cos((1-2x)\xi)dx.$$

従って,

$$\lim_{n\to\infty} E(e^{i\xi\frac{\overline{X}_n}{n}}) = e^{-\theta}\cos\xi + ie^{-\theta}(-\alpha+\beta)\sin\xi$$
$$+ \theta e^{-\theta}\int_{-1}^{1}\left[I_0(\theta\sqrt{1-x^2}) + \frac{1}{\sqrt{1-x^2}}I_1(\theta\sqrt{1-x^2})\right]\cos(x\xi)dx$$
$$= e^{-\theta}\int_{-1}^{1}\left[(\alpha\delta_{-1}(x) + \beta\delta_1(x)) + \theta\Big\{I_0(\theta\sqrt{1-x^2})\right.$$
$$\left.+ \frac{1}{\sqrt{1-x^2}}I_1(\theta\sqrt{1-x^2})\Big\}\right]e^{i\xi x}dx.$$

但し,

$$\int g(x)\delta_a(x)dx = g(a).$$

よって, 求めたかった結論が得られた. □

12.4 吸収問題

この節では, $\{0, 1, \ldots\}$ と $\{0, 1, \ldots, N\}$ の場合の相関付ランダムウォークの吸収問題について考える. ここで用いる議論は量子ウォークの場合の吸収問題を扱った, 特に 7.4 節に対応している.

以下, 出発点 m が $1 \leq m \leq N-1$ の場合の相関付ランダムウォークを考える. また, 時刻 n は $n \geq 1$ とする. $\{P, Q, R, S\}$ は $M_2(\mathbb{R})$ の基底なので, 以下のように一意的に表せる.

$$\widetilde{\Xi}_n^{(N,m)} = p_n^{(N,m)}P + q_n^{(N,m)}Q + r_n^{(N,m)}R + s_n^{(N,m)}S.$$

さらに, $\widetilde{\Xi}_n^{(N,m)}$ の定義から, $P\cdots P$ と $P\cdots Q$ の 2 種類のパスだけ考えれば充分であることが分かる. よって, $q_n^{(N,m)} = s_n^{(N,m)} = 0 \ (n \geq 1)$ であるので,

$$\widetilde{\Xi}_n^{(N,m)} = p_n^{(N,m)}P + r_n^{(N,m)}R. \tag{12.4.5}$$

ここで, $N \geq 3$ と仮定する. $\widetilde{\Xi}_n^{(N,m)}$ の定義より, 任意の $1 \leq m \leq N-1$ に対して,

$$\widetilde{\Xi}_n^{(N,m)} = \widetilde{\Xi}_{n-1}^{(N,m-1)}P + \widetilde{\Xi}_{n-1}^{(N,m+1)}Q. \tag{12.4.6}$$

同様のアプローチは Lal and Bhat (1989) でもとられている. このとき,

$$p_n^{(N,m)} = ap_{n-1}^{(N,m-1)} + cr_{n-1}^{(N,m-1)}, \tag{12.4.7}$$
$$r_n^{(N,m)} = bp_{n-1}^{(N,m+1)} + dr_{n-1}^{(N,m+1)}. \tag{12.4.8}$$

[問題 12.4.1] 式 (12.4.7)，式 (12.4.8) を示せ．

境界条件に対応するのは以下である．$m = 0$ のときは，任意の $\varphi \in \Phi$ に対して，
$$\widetilde{P}_0^{(N,0)}(\varphi) = {}^T\mathbf{1}\,\widetilde{\Xi}_0^{(N,0)}\,\varphi = 1.$$
このとき，$\widetilde{\Xi}_0^{(N,0)} = I_2$ とすると，式 (12.2.3) から，
$$p_0^{(N,0)} = \frac{d}{ad - bc},\ r_0^{(N,0)} = \frac{-b}{ad - bc}.$$
また，$m = N$ のときは，任意の $\varphi \in \Phi$ に対して，
$$\widetilde{P}_0^{(N,N)}(\varphi) = {}^T\mathbf{1}\,\widetilde{\Xi}_0^{(N,N)}\,\varphi = 0.$$
従って，$\widetilde{\Xi}_0^{(N,N)} = O_2$ とすると，式 (12.2.2) より，
$$p_0^{(N,N)} = r_0^{(N,N)} = 0.$$
ここで，
$$v_n^{(N,m)} = \begin{bmatrix} p_n^{(N,m)} \\ r_n^{(N,m)} \end{bmatrix}$$
とおくと，任意の $n \geq 1$ と $1 \leq m \leq N - 1$ に対して，以下が成立する．
$$v_n^{(N,m)} = \begin{bmatrix} a & c \\ 0 & 0 \end{bmatrix} v_{n-1}^{(N,m-1)} + \begin{bmatrix} 0 & 0 \\ b & d \end{bmatrix} v_{n-1}^{(N,m+1)}. \tag{12.4.9}$$
また，
$$v_0^{(N,0)} = \frac{1}{ad - bc}\begin{bmatrix} d \\ -b \end{bmatrix},\quad v_0^{(N,m)} = \begin{bmatrix} 0 \\ 0 \end{bmatrix} \quad (1 \leq m \leq N).$$
さらに，以下が成り立つ．
$$v_n^{(N,0)} = v_n^{(N,N)} = \begin{bmatrix} 0 \\ 0 \end{bmatrix} \quad (n \geq 1).$$
さて，$\widetilde{P}^{(N,m)}(\varphi)$ の定義より，
$$\widetilde{P}^{(N,m)}(\varphi) = \sum_{n=1}^{\infty} \widetilde{P}_n^{(N,m)}(\varphi). \tag{12.4.10}$$
但し，$\varphi = {}^T[\alpha, \beta] \in \Phi$，かつ
$$\widetilde{P}_n^{(N,m)}(\varphi) = (a\alpha + b\beta)\,p_n^{(N,m)} + (c\alpha + d\beta)\,r_n^{(N,m)}. \tag{12.4.11}$$

[問題 12.4.2] 式 (12.4.11) を確かめよ．

$\widetilde{P}^{(N,m)}(\varphi)$ を解くために，以下の母関数を導入する．

$$\widetilde{p}^{(N,m)}(z) = \sum_{n=1}^{\infty} p_n^{(N,m)} z^n, \qquad \widetilde{r}^{(N,m)}(z) = \sum_{n=1}^{\infty} r_n^{(N,m)} z^n.$$

式 (12.4.10) と式 (12.4.11) から，次が得られる．

補題 12.4.1 $0 < a, d < 1$ を仮定する．但し，$c = 1-a, b = 1-d, ad - bc \neq 0$．このとき，

$$\widetilde{P}^{(N,m)}(\varphi) = (a\alpha + b\beta)\widetilde{p}^{(N,m)}(1) + (c\alpha + d\beta)\widetilde{r}^{(N,m)}(1). \tag{12.4.12}$$

式 (12.4.9)（或いは，式 (12.4.7) と式 (12.4.8)）により，

$$\widetilde{p}^{(N,m)}(z) = az\,\widetilde{p}^{(N,m-1)}(z) + cz\,\widetilde{r}^{(N,m-1)}(z), \tag{12.4.13}$$

$$\widetilde{r}^{(N,m)}(z) = bz\,\widetilde{p}^{(N,m+1)}(z) + dz\,\widetilde{r}^{(N,m+1)}(z). \tag{12.4.14}$$

これらを解くために，$\widetilde{p}^{(N,m)}(z)$ と $\widetilde{r}^{(N,m)}(z)$ が以下の同じ漸化式を満たすことに注意．

$$d\,\widetilde{p}^{(N,m+2)}(z) - \left(\triangle z + \frac{1}{z}\right)\widetilde{p}^{(N,m+1)}(z) + a\,\widetilde{p}^{(N,m)}(z) = 0,$$

$$d\,\widetilde{r}^{(N,m+2)}(z) - \left(\triangle z + \frac{1}{z}\right)\widetilde{r}^{(N,m+1)}(z) + a\,\widetilde{r}^{(N,m)}(z) = 0.$$

但し，$\triangle = \det A = ad - bc$．上記の特性方程式は，$0 < a, d < 1$ のとき，以下の解を持つ．

$$\lambda_\pm = \lambda_\pm(z) = \frac{\triangle z^2 + 1 \mp \sqrt{\triangle^2 z^4 - 2(ad+bc)z^2 + 1}}{2dz}.$$

よって，

$$\widetilde{x}^{(N,m)}(z) = C_+(x,z)\lambda_+^m + C_-(x,z)\lambda_-^m \qquad (x = p, r). \tag{12.4.15}$$

今から $N = \infty$ で $a = d\,(\neq 1/2)$ の場合を考える．$\widetilde{\Xi}_n^{(\infty,1)}$ の定義より，$p_1^{(\infty,1)} = 1$, $p_n^{(\infty,1)} = 0\,(n \geq 2)$．従って，$\widetilde{p}^{(\infty,1)}(z) = z$．解を求めるために，$\lim_{m \to \infty}\widetilde{p}^{(\infty,m)}(z) < \infty$，また $0 < \lambda_+ < 1 < \lambda_-\,(0 < z < 1)$ に注意すると，式 (12.4.15) の右辺の第 2 項が無くなることが分かる．ここで，式 (12.4.13) を用いることにより，

$$\widetilde{p}^{(\infty,m)}(z) = z\lambda_+^{m-1}, \qquad \widetilde{r}^{(\infty,m)}(z) = \frac{\lambda_+ - az}{1-a}\lambda_+^{m-1}$$

が得られる．但し，

$$\lambda_\pm = \frac{1 + (2a-1)z^2 \mp \sqrt{(2a-1)^2 z^4 - 2\{a^2 + (1-a)^2\}z^2 + 1}}{2az}.$$

故に，$z = 1$ のとき，$\lambda_+ = 1$ に注意すると，$m \geq 0$ に対して，$\widetilde{p}^{(\infty,m)}(1) = \widetilde{r}^{(\infty,m)}(1) = 1$．これらの結果と補題 12.4.1 から，$a = d\,(\neq 1/2)$ の場合に，$\widetilde{P}^{(\infty,m)}(\varphi) = 1$ を得る．

他方，$a = d = 1/2$ の場合は，対称なランダムウォークの良く知られた結果より，同じ結論を得る．以上をまとめると，

命題 12.4.2 $a = d \in (0,1)$ を仮定する．このとき，任意の $m \geq 0$ かつ初期確率測度 $\varphi =$

$^T[\alpha,\beta] \in \Phi$ に対して,

$$\widetilde{P}^{(\infty,m)}(\varphi) = 1. \tag{12.4.16}$$

次に $N < \infty$ の場合を考える. まず, $a = d\,(\neq 1/2)$ より, $\lambda_+\lambda_- = 1$ に注意. 式 (12.4.15) より,

$$\widetilde{p}^{(N,m)}(z) = A_z\lambda_+^{m-1} + B_z\lambda_-^{m-1}, \quad \widetilde{r}^{(N,m)}(z) = C_z\lambda_+^{m-N+1} + D_z\lambda_-^{m-N+1} \tag{12.4.17}$$

とおく. 他方, 式 (12.4.17) と境界条件 $\widetilde{p}^{(N,1)}(z) = z$, $\widetilde{r}^{(N,N-1)}(z) = 0$ から,

$$\widetilde{p}^{(N,m)}(z) = \left(\frac{z}{2} + E_z\right)\lambda_+^{m-1} + \left(\frac{z}{2} - E_z\right)\lambda_-^{m-1}, \tag{12.4.18}$$

$$\widetilde{r}^{(N,m)}(z) = C_z(\lambda_+^{m-N+1} - \lambda_-^{m-N+1}) \tag{12.4.19}$$

と書き直せ, E_z と C_z を求める. また, 式 (12.4.14) と $\widetilde{r}^{(N,N-1)}(z) = 0$ より,

$$\widetilde{r}^{(N,1)}(z) = z\{(1-a)\widetilde{p}^{(N,2)}(z) + a\widetilde{r}^{(N,2)}(z)\},$$
$$\widetilde{r}^{(N,N-2)}(z) = (1-a)z\widetilde{p}^{(N,N-1)}(z). \tag{12.4.20}$$

式 (12.4.18) - (12.4.20) を用いると,

$$C_z = (1-a)z^2(\lambda_+^{N-3} - \lambda_-^{N-3}) \tag{12.4.21}$$
$$\times \left\{-(\lambda_+^{N-2} - \lambda_-^{N-2})^2 + az(\lambda_+^{N-2} - \lambda_-^{N-2})(\lambda_+^{N-3} - \lambda_-^{N-3}) + (\lambda_+ - \lambda_-)^2\right\}^{-1},$$

$$E_z = -\frac{z}{2(\lambda_+^{N-2} - \lambda_-^{N-2})}\Bigg[2(\lambda_+ - \lambda_-)(\lambda_+^{N-3} - \lambda_-^{N-3}) \tag{12.4.22}$$
$$\times \left\{-(\lambda_+^{N-2} - \lambda_-^{N-2})^2 + az(\lambda_+^{N-2} - \lambda_-^{N-2})(\lambda_+^{N-3} - \lambda_-^{N-3}) + (\lambda_+ - \lambda_-)^2\right\}^{-1}$$
$$+ (\lambda_+^{N-2} + \lambda_-^{N-2})\Bigg].$$

ここで,

$$\lim_{z \to 1}\frac{\lambda_+^n - \lambda_-^n}{\lambda_+ - \lambda_-} = n$$

と式 (12.4.18), (12.4.19), (12.4.21), (12.4.22) より, 任意の $1 \leq m \leq N-1$ に対して,

$$\lim_{z \to 1}\widetilde{p}^{(N,m)}(z) = 1 - \frac{(1-a)(m-1)}{(1-a)N + 2a - 1}, \tag{12.4.23}$$

$$\lim_{z \to 1}\widetilde{r}^{(N,m)}(z) = \frac{(1-a)\{N - (m+1)\}}{(1-a)N + 2a - 1}. \tag{12.4.24}$$

他方, 対称な $(a = d = 1/2)$ ランダムウォークの良く知られた結果から,

$$\widetilde{P}^{(N,m)}(\varphi) = 1 - \frac{m}{N}. \tag{12.4.25}$$

[問題 12.4.3] 式 (12.4.25) を求めよ.

第 12 章 相関付ランダムウォーク

従って, 式 (12.4.23), (12.4.24) と補題 12.4.1 ($a \neq 1/2$), 及び式 (12.4.25) ($a = 1/2$) を組合せることにより,

定理 12.4.3 $a = d$ かつ $a \in (0,1)$ の相関付ランダムウォークを考える. 任意の $1 \leq m \leq N-1$ と初期確率測度 $\varphi = {}^T[\alpha, \beta] \in \Phi$ に対して, 以下が成立する.

$$\widetilde{P}^{(N,m)}(\varphi) = \frac{(1-a)(N-m) + (2a-1)\alpha}{(1-a)N + 2a - 1}.$$

上記の定理 12.4.3 は, Zhang (1992) の定理 1 で $\alpha(= 1 - \beta) \to a$, $\delta_1 = \delta_2 \to 0$, $\rho_1 = \rho_2 \to 1$, $\gamma_1 \to 0$, $\gamma_2 \to (1-a)N + 2a - 1$, $c_1 \to \beta$, $c_2 \to \alpha$ のように変換すると得ることもできる.

第13章　練習問題の解答

第1章

1.3.1. 定義より明らか．

1.3.2. $b=0$ の場合は，$PQ=QP=O$ に注意すると，$P(X_n=-n)=|\alpha|^2$, $P(X_n=n)=|\beta|^2$, $P(X_n=k)=0 \,(-n<k<n)$ であることが導かれる．このことから，求めたい結論が得られる．具体的には，

$$U = \begin{bmatrix} e^{i\theta} & 0 \\ 0 & e^{i\xi} \end{bmatrix}$$

の場合を考える．但し，$\theta, \xi \in \mathbb{R}$ で $\mathbb{R}$ は実数全体の集合．このとき，

$$\Xi_n(n,0)\varphi = P^n\varphi = \begin{bmatrix} e^{in\theta}\alpha \\ 0 \end{bmatrix}, \quad \Xi_n(0,n)\varphi = Q^n\varphi = \begin{bmatrix} 0 \\ e^{in\xi}\beta \end{bmatrix}.$$

故に，

$$P(X_n=-n) = ||\Xi_n(n,0)\varphi||^2 = |\alpha|^2, \quad P(X_n=n) = ||\Xi_n(0,n)\varphi||^2 = |\beta|^2$$

を得る．

$a=0$ の場合は，$P^2=Q^2=O$ に注意すると，任意の時刻 n に対して，$-1 \leq X_n \leq 1$ が得られる．このことより，求めたい結論が従う．具体的には，

$$U = \begin{bmatrix} 0 & e^{i\theta} \\ e^{i\xi} & 0 \end{bmatrix}$$

の場合を考える．但し，$\theta, \xi \in \mathbb{R}$. このとき，任意の $m=0,1,2,\ldots,$ に対して，以下が成り立つ．

$$\Xi_{2m}(m,m)\varphi = ((PQ)^m + (QP)^m)\varphi = \begin{bmatrix} e^{im(\theta+\xi)}\alpha \\ e^{im(\theta+\xi)}\beta \end{bmatrix},$$

$$\Xi_{2m+1}(m+1,m)\varphi = P(QP)^m\varphi = \begin{bmatrix} e^{i((m+1)\theta+m\xi)}\beta \\ 0 \end{bmatrix},$$

$$\Xi_{2m+1}(m,m+1)\varphi = Q(PQ)^m\varphi = \begin{bmatrix} 0 \\ e^{i(m\theta+(m+1)\xi)}\alpha \end{bmatrix}.$$

故に，
$$P(X_{2m} = 0) = ||\Xi_{2m}(m,m)\varphi||^2 = |\alpha|^2 + |\beta|^2 = 1,$$
$$P(X_{2m+1} = -1) = ||\Xi_{2m+1}(m+1,m)\varphi||^2 = |\beta|^2,$$
$$P(X_{2m+1} = 1) = ||\Xi_{2m+1}(m,m+1)\varphi||^2 = |\alpha|^2$$

となるので，求めたい結論が得られる．

1.3.3. 以下，$n = 1, 2, 3, 4$ の場合に具体的に計算していく．まず，$n = 1$ の場合は，
$$\Xi_1(1,0)\varphi = P\varphi = \frac{1}{2}\begin{bmatrix} 1+i \\ 0 \end{bmatrix}, \quad \Xi_1(0,1)\varphi = Q\varphi = \frac{1}{2}\begin{bmatrix} 0 \\ 1-i \end{bmatrix}.$$

よって，$P(X_1 = -1) = ||\Xi_1(1,0)\varphi||^2 = 1/2$, $P(X_1 = 1) = ||\Xi_1(0,1)\varphi||^2 = 1/2$．次に，$n = 2$ の場合は，
$$\Xi_2(2,0)\varphi = P^2\varphi = \frac{1}{2\sqrt{2}}\begin{bmatrix} 1+i \\ 0 \end{bmatrix}, \quad \Xi_2(1,1)\varphi = (PQ+QP)\varphi = \frac{1}{2\sqrt{2}}\begin{bmatrix} 1-i \\ 1+i \end{bmatrix},$$
$$\Xi_2(0,2)\varphi = Q^2\varphi = \frac{1}{2\sqrt{2}}\begin{bmatrix} 0 \\ -1+i \end{bmatrix}.$$

故に，$P(X_2 = -2) = P(X_2 = 2) = 1/4$, $P(X_2 = 0) = 1/2$. $n = 3$ の場合も同様にして，
$$\Xi_3(3,0)\varphi = \frac{1}{4}\begin{bmatrix} 1+i \\ 0 \end{bmatrix}, \quad \Xi_3(2,1)\varphi = \frac{1}{4}\begin{bmatrix} 2 \\ 1+i \end{bmatrix},$$
$$\Xi_3(1,2)\varphi = \frac{1}{4}\begin{bmatrix} -1+i \\ -2i \end{bmatrix}, \quad \Xi_3(0,3)\varphi = \frac{1}{4}\begin{bmatrix} 0 \\ 1-i \end{bmatrix}.$$

従って，$P(X_3 = -3) = P(X_3 = 3) = 1/8$, $P(X_3 = -1) = P(X_3 = 1) = 3/8$. 最後に，$n = 4$ の場合も同様にして，
$$\Xi_4(4,0)\varphi = \frac{1}{4\sqrt{2}}\begin{bmatrix} 1+i \\ 0 \end{bmatrix}, \quad \Xi_4(3,1)\varphi = \frac{1}{4\sqrt{2}}\begin{bmatrix} 3+i \\ 1+i \end{bmatrix}, \quad \Xi_4(2,2)\varphi = \frac{1}{4\sqrt{2}}\begin{bmatrix} -1-i \\ 1-i \end{bmatrix},$$
$$\Xi_4(1,3)\varphi = \frac{1}{4\sqrt{2}}\begin{bmatrix} 1-i \\ -1+3i \end{bmatrix}, \quad \Xi_4(0,4)\varphi = \frac{1}{4\sqrt{2}}\begin{bmatrix} 0 \\ -1+i \end{bmatrix}.$$

よって，$P(X_4 = -4) = P(X_4 = 4) = 1/16$, $P(X_4 = -2) = P(X_4 = 2) = 6/16$, $P(X_4 = 0) = 2/16$．

また上の計算で，
$$\Xi_{n+1}(l,m)\varphi = P\,\Xi_n(l-1,m)\varphi + Q\,\Xi_n(l,m-1)$$

を順次用いても良い．

1.3.4. 対称な場合には，$(n-x)/2$ が整数のとき，

$$P(S_n = x) = \binom{n}{(n-x)/2}(1/2)^n$$

となることから直ちに得られる.

1.5.6. $P|P|\cdots|P|P$ のように仕切り $|$ が $l-1$ 個あって，その中から γ 個とる組合せと，$Q|Q|\cdots|Q|Q$ のように仕切り $|$ が $m-1$ 個あって，その中から $\gamma-1$ 個とる組合せを掛ければ良い．

1.7.1. $E(Z^{2n-1}) = 0$ は分布の対称性から明らか．従って，偶数次のモーメントの場合についてのみ計算する．まず，

$$E(Z^{2n}) = \int_{-1/\sqrt{2}}^{1/\sqrt{2}} \frac{x^{2n}}{\pi(1-x^2)\sqrt{1-2x^2}}dx = \frac{2^{(3-2n)/2}}{\pi} \times I_{2n}$$

となることに注意．但し，

$$I_n = \int_0^1 \frac{y^n}{(2-y^2)\sqrt{1-y^2}}dy = \int_0^{\pi/2} \frac{\sin^n\theta}{1+\cos^2\theta}d\theta.$$

このとき，

$$I_{2n+2} = \int_0^{\pi/2} \frac{\{2-(1+\cos^2\theta)\}\sin^{2n}\theta}{1+\cos^2\theta}d\theta$$
$$= 2I_{2n} - \frac{(2n-1)(2n-3)\cdots 1}{2n(2n-2)\cdots 2} \times \frac{\pi}{2}$$

が成立する．ここで，$J_n = I_{2n}/2^n$ とおくと，$n \geq 0$ に対して，

$$J_{n+1} - J_n = -\frac{\pi}{2^{3n+2}}\binom{2n}{n}$$

が導かれる．但し，

$$J_0 = \frac{\pi}{2\sqrt{2}}, \qquad J_1 = \frac{2-\sqrt{2}}{4\sqrt{2}}\pi.$$

従って，

$$I_{2n} = 2^n J_n = 2^n \left[\frac{1}{2\sqrt{2}} - \sum_{k=0}^{n-1}\frac{1}{2^{3k+2}}\binom{2k}{k}\right]\pi$$

が得られるので，$n \geq 1$ に対して，

$$E(Z^{2n}) = 1 - \frac{1}{\sqrt{2}}\sum_{k=0}^{n-1}\frac{1}{2^{3k}}\binom{2k}{k}$$

となり，証明が終わる．尚，他の導出法も考えられるであろう．

1.8.1. 式 (1.4.10) を用いると，

第III部 補遺

$$U(k)U(k)^* = (e^{ik}P + e^{-ik}Q)(e^{ik}P + e^{-ik}Q)^*$$
$$= (e^{ik}P + e^{-ik}Q)(e^{-ik}P^* + e^{ik}Q^*)$$
$$= (PP^* + QQ^*) + e^{-2ik}QP^* + e^{2ik}PQ^*$$
$$= \begin{bmatrix} 1 & 0 \\ 0 & 1 \end{bmatrix}.$$

第2章

2.2.2. 式 (2.2.1) と式 (2.2.2) を用いると,

$$\begin{aligned}\hat{\Psi}_{n+1}(k) &= \sum_{x \in \mathbb{Z}} e^{-ikx} \Psi_{n+1}(x) \\ &= \sum_{x \in \mathbb{Z}} e^{-ikx} \{U_L \Psi_n(x+1) + U_0 \Psi_n(x) + U_R \Psi_n(x-1)\} \\ &= e^{ik} U_L \sum_{x \in \mathbb{Z}} e^{-ik(x+1)} \Psi_n(x+1) + U_0 \sum_{x \in \mathbb{Z}} e^{-ikx} \Psi_n(x) \\ &\quad + e^{-ik} U_R \sum_{x \in \mathbb{Z}} e^{-ik(x-1)} \Psi_n(x-1) \\ &= (e^{ik} U_L + U_0 + e^{-ik} U_R)\hat{\Psi}_n(k) \\ &= U(k)\, \hat{\Psi}_n(k).\end{aligned}$$

第4章

4.2.2. 量子ウォークの定義から直ちに得られる.

第8章

8.3.1.
$$\widehat{\Psi}_s(-|x|) = \frac{q_-^{-|x|}}{s - iq_+} = \frac{q_+^{|x|}}{s - iq_+} = \frac{i^{|x|}(\sqrt{s^2+1} - s)^{|x|}}{\sqrt{s^2+1}} = L\{i^{|x|} J_{|x|}(t)\}.$$

第9章

9.2.1. $\omega = e^{2\pi i/3}$ とおくと,

$$V_3\, u = \begin{bmatrix} 1 & 1 & 1 \\ 1 & \omega & \omega^2 \\ 1 & \omega^2 & \omega^4 \end{bmatrix} \begin{bmatrix} a \\ c \\ b \end{bmatrix} = \begin{bmatrix} a+b+c \\ a+\omega c + \omega^2 b \\ a + \omega^2 c + \omega^4 b \end{bmatrix}.$$

よって, C の固有値は,

$$a+b+c, \quad a+\omega b + \omega^2 c, \quad a+\omega^2 b + \omega c$$

で与えられる.

9.2.2. $z = -ie^{i\xi}$ とおけば良い.

第 10 章

10.2.1.

$$H_1^{(3)} = \begin{bmatrix} 0 & 1 & 1 & 1 \\ 1 & 0 & 0 & 0 \\ 1 & 0 & 0 & 0 \\ 1 & 0 & 0 & 0 \end{bmatrix}, \quad H_2^{(3)} = \begin{bmatrix} 0 & 1 & 1 & 1 & 0 & 0 & 0 & 0 & 0 & 0 \\ 1 & 0 & 0 & 0 & 1 & 1 & 0 & 0 & 0 & 0 \\ 1 & 0 & 0 & 0 & 0 & 0 & 1 & 1 & 0 & 0 \\ 1 & 0 & 0 & 0 & 0 & 0 & 0 & 0 & 1 & 1 \\ 0 & 1 & 0 & 0 & 0 & 0 & 0 & 0 & 0 & 0 \\ 0 & 1 & 0 & 0 & 0 & 0 & 0 & 0 & 0 & 0 \\ 0 & 0 & 1 & 0 & 0 & 0 & 0 & 0 & 0 & 0 \\ 0 & 0 & 1 & 0 & 0 & 0 & 0 & 0 & 0 & 0 \\ 0 & 0 & 0 & 1 & 0 & 0 & 0 & 0 & 0 & 0 \\ 0 & 0 & 0 & 1 & 0 & 0 & 0 & 0 & 0 & 0 \end{bmatrix}.$$

10.3.1. スチルチェス変換の定義より明らか.

第 11 章

11.2.1.

$$H_1^{(2)} = \begin{bmatrix} \epsilon_0 & \epsilon_1 \\ \epsilon_1 & \epsilon_0 \end{bmatrix}, \quad H_2^{(2)} = \begin{bmatrix} \epsilon_0 & \epsilon_1 & \epsilon_2 & \epsilon_2 \\ \epsilon_1 & \epsilon_0 & \epsilon_2 & \epsilon_2 \\ \epsilon_2 & \epsilon_2 & \epsilon_0 & \epsilon_1 \\ \epsilon_2 & \epsilon_2 & \epsilon_1 & \epsilon_0 \end{bmatrix}, \quad H_3^{(2)} = \begin{bmatrix} \epsilon_0 & \epsilon_1 & \epsilon_2 & \epsilon_2 & \epsilon_3 & \epsilon_3 & \epsilon_3 & \epsilon_3 \\ \epsilon_1 & \epsilon_0 & \epsilon_2 & \epsilon_2 & \epsilon_3 & \epsilon_3 & \epsilon_3 & \epsilon_3 \\ \epsilon_2 & \epsilon_2 & \epsilon_0 & \epsilon_1 & \epsilon_3 & \epsilon_3 & \epsilon_3 & \epsilon_3 \\ \epsilon_2 & \epsilon_2 & \epsilon_1 & \epsilon_0 & \epsilon_3 & \epsilon_3 & \epsilon_3 & \epsilon_3 \\ \epsilon_3 & \epsilon_3 & \epsilon_3 & \epsilon_3 & \epsilon_0 & \epsilon_1 & \epsilon_2 & \epsilon_2 \\ \epsilon_3 & \epsilon_3 & \epsilon_3 & \epsilon_3 & \epsilon_1 & \epsilon_0 & \epsilon_2 & \epsilon_2 \\ \epsilon_3 & \epsilon_3 & \epsilon_3 & \epsilon_3 & \epsilon_2 & \epsilon_2 & \epsilon_0 & \epsilon_1 \\ \epsilon_3 & \epsilon_3 & \epsilon_3 & \epsilon_3 & \epsilon_2 & \epsilon_2 & \epsilon_1 & \epsilon_0 \end{bmatrix}.$$

11.3.1. 固有値 $\eta_0 = \epsilon_0 - \epsilon_1$ に対する $4 = 2^2$ 個の固有ベクトルは,

$$\frac{1}{\sqrt{2}}\begin{bmatrix} 1 \\ -1 \\ 0 \\ 0 \\ 0 \\ 0 \\ 0 \\ 0 \end{bmatrix}, \quad \frac{1}{\sqrt{2}}\begin{bmatrix} 0 \\ 0 \\ 1 \\ -1 \\ 0 \\ 0 \\ 0 \\ 0 \end{bmatrix}, \quad \frac{1}{\sqrt{2}}\begin{bmatrix} 0 \\ 0 \\ 0 \\ 0 \\ 1 \\ -1 \\ 0 \\ 0 \end{bmatrix}, \quad \frac{1}{\sqrt{2}}\begin{bmatrix} 0 \\ 0 \\ 0 \\ 0 \\ 0 \\ 0 \\ 1 \\ -1 \end{bmatrix}.$$

固有値 $\eta_1 = \epsilon_0 + \epsilon_1 - 2\epsilon_2$ に対する $2 = 2^1$ 個の固有ベクトルは,

$$\left(\frac{1}{\sqrt{2}}\right)^2 \begin{bmatrix} 1 \\ 1 \\ -1 \\ -1 \\ 0 \\ 0 \\ 0 \\ 0 \end{bmatrix}, \quad \left(\frac{1}{\sqrt{2}}\right)^2 \begin{bmatrix} 0 \\ 0 \\ 0 \\ 0 \\ 1 \\ 1 \\ -1 \\ -1 \end{bmatrix}.$$

固有値 $\eta_2 = \epsilon_0 + \epsilon_1 + 2\epsilon_2 - 2^2 \epsilon_3$ に対する $1 = 2^0$ 個の固有ベクトルは,

$$\left(\frac{1}{\sqrt{2}}\right)^3 \begin{bmatrix} 1 \\ 1 \\ 1 \\ 1 \\ -1 \\ -1 \\ -1 \\ -1 \end{bmatrix}.$$

固有値 $\eta_3 = 0$ に対する固有ベクトルは,

$$\left(\frac{1}{\sqrt{2}}\right)^3 \begin{bmatrix} 1 \\ 1 \\ 1 \\ 1 \\ 1 \\ 1 \\ 1 \\ 1 \end{bmatrix}.$$

11.5.1.

$$A_3 = \frac{1}{3}\left(\sigma_x \otimes I_2 \otimes I_2 + I_2 \otimes \sigma_x \otimes I_2 + I_2 \otimes I_2 \otimes \sigma_x\right)$$

$$= \frac{1}{3}\begin{bmatrix} 0 & 1 & 1 & 0 & 1 & 0 & 0 & 0 \\ 1 & 0 & 0 & 1 & 0 & 1 & 0 & 0 \\ 1 & 0 & 0 & 1 & 0 & 0 & 1 & 0 \\ 0 & 1 & 1 & 0 & 0 & 0 & 0 & 1 \\ 1 & 0 & 0 & 0 & 0 & 1 & 1 & 0 \\ 0 & 1 & 0 & 0 & 1 & 0 & 0 & 1 \\ 0 & 0 & 1 & 0 & 1 & 0 & 0 & 1 \\ 0 & 0 & 0 & 1 & 0 & 1 & 1 & 0 \end{bmatrix}.$$

第 12 章

12.4.1. 式 (12.4.5) より，式 (12.4.6) の左辺は，$p_n^{(N,m)}P + r_n^{(N,m)}R$ であり，同様に，式 (12.4.5) より，式 (12.4.6) の右辺は，$(p_{n-1}^{(N,m-1)}P + r_{n-1}^{(N,m-1)}R)P + (p_{n-1}^{(N,m+1)}P + r_{n-1}^{(N,m+1)}R)Q = (ap_{n-1}^{(N,m-1)} + cr_{n-1}^{(N,m-1)})P + (bp_{n-1}^{(N,m+1)} + dr_{n-1}^{(N,m+1)})R$．両辺を比べることにより，式 (12.4.7) と式 (12.4.8) が同時に得られる．

12.4.2. 式 (12.4.5) より，与式の左辺 $= {}^T\mathbf{1}\widetilde{\Xi}_n^{(N,m)}\varphi = {}^T\mathbf{1}(p_n^{(N,m)}P + r_n^{(N,m)}R)\varphi = $ 与式の右辺．

12.4.3. 定義より，任意の $1 \leq m \leq N-1$ に対して，

$$\widetilde{P}^{(N,m)}(\varphi) = \frac{1}{2}\widetilde{P}^{(N,m-1)}(\varphi) + \frac{1}{2}\widetilde{P}^{(N,m+1)}(\varphi).$$

これより，境界条件から決まる定数 A, B が存在して，

$$\widetilde{P}^{(N,m)}(\varphi) = Am + B \quad (0 \leq m \leq N)$$

と一般解が求まる．境界条件

$$\widetilde{P}^{(N,0)}(\varphi) = 1, \quad \widetilde{P}^{(N,N)}(\varphi) = 0$$

を用いると，$A = -1/N$, $B = 1$ となり，求めたい式が得られる．

第 14 章 公式，定理等

本章で用いた主な公式や定理等を以下簡略にまとめておく．本文中に個別にも参考文献を示したが，14.1 節に関しては，Andrews, Askey and Roy (1999), 時弘 (2006), Watson (1944) などを参照のこと．また，14.2 節に関しては，その背景なども含め，Durrett (2004), Grimmett and Stirzaker (2001) などを参考にして頂きたい．

14.1 特殊関数の性質

$\Gamma(z)$ はガンマ関数，${}_2F_1(a,b;c;z)$ は超幾何関数，$J_n(z)$ は n 次のベッセル関数とする．特に断わらない限り，$z, a, b, c \in \mathbb{R}, n \in \mathbb{Z}$ とする．

(1) $\Gamma(1) = \Gamma(2) = 1, \quad \Gamma(n+1) = n! \ (n = 0, 1, 2, \ldots), \quad \Gamma(1/2) = \sqrt{\pi}, \quad \Gamma(3/2) = \sqrt{\pi}/2.$

(2) $$\,_2F_1(a,b;c;1) = \frac{\Gamma(c)\,\Gamma(c-a-b)}{\Gamma(c-a)\,\Gamma(c-b)} \qquad (a+b-c < 0).$$

(3) $$\,_2F_1(a,b;c;z) = (1-z)^{-a}{}_2F_1(a, c-b; c; z/(z-1)).$$

(4) $$\frac{d}{dz}\left({}_2F_1(a,b;c;g(z))\right) = \left(\frac{ab}{c}\right){}_2F_1(a+1, b+1; c+1; g(z)) g'(z).$$

(5) $$J_{-n}(z) = (-1)^n J_n(z).$$

(6) $$|J_n(z)| \leq 1.$$

(7) $$\sum_{n \in \mathbb{Z}} J_n^2(z) = 1.$$

(8) $$\sum_{n=1}^{\infty} n^2 J_n^2(z) = \frac{z^2}{4}.$$

(9) $$J_{n-1}(z) - J_{n+1}(z) = 2J_n'(z).$$

(10) ノイマンの加法定理．即ち，a, b, c はある三角形の各辺の長さを表し，$c^2 = a^2 + b^2 - 2ab\cos\xi$

が成り立っていると仮定すると，
$$J_0(c) = \sum_{n=-\infty}^{\infty} J_n(a) J_n(b) e^{in\xi}.$$

(11) $$J_0(z) = \frac{1}{\pi} \int_0^{\pi} \cos(z \sin\theta) \, d\theta.$$

(12) ベッセル関数の母関数．
$$\exp\left[\frac{z}{2}\left(s - \frac{1}{s}\right)\right] = \sum_{n \in \mathbb{Z}} s^n J_n(z).$$

(13) $$J_n(z) = \left(\frac{z}{2}\right)^n \sum_{m=0}^{\infty} \frac{\left(\frac{iz}{2}\right)^{2m}}{(n+2m)!} \binom{n+2m}{m} \qquad (n = 0, 1, 2, \ldots).$$

(14) $$\int_{-1}^{1} \exp(izx)\, (1-x^2)^{n-1/2}\, dx = \frac{\Gamma(1/2)\, \Gamma(n+1/2)}{(z/2)^n}\, J_n(z).$$

(15) $$J_n(z) = \sqrt{\frac{2}{\pi z}} \left(\cos(z - \theta(n)) - \sin(z - \theta(n)) \frac{4n^2 - 1}{8z} + O(z^{-2}) \right), \quad z \to \infty.$$

ここで，$\theta(n) = (2n+1)\pi/4$．

14.2 基本的な定理等

補題 14.2.1 リーマン-ルベーグの補題（Riemann-Lebesgue lemma）．
$$\int_{\mathbb{R}} |f(x)|\, dx < \infty,$$
即ち，$f \in L^1(\mathbb{R})$ ならば，以下が成り立つ．
$$\lim_{n \to \infty} \int_{\mathbb{R}} f(x)\, \cos(nx)\, dx = \lim_{n \to \infty} \int_{\mathbb{R}} f(x)\, \sin(nx)\, dx = 0.$$

定理 14.2.2 連続性定理（continuity theorem）．ϕ_n は確率測度 μ_n の特性関数とする．但し，$1 \leq n < \infty$．また，ϕ は確率測度 μ の特性関数とする．
(i) μ_n が μ に弱収束するならば，$\phi_n(\xi)$ が $\phi(\xi)$ に各点収束する．即ち，任意の $\xi \in \mathbb{R}$ に対して，$\lim_{n \to \infty} \phi_n(\xi) = \phi(\xi)$．
(ii) 逆に，$\phi_n(\xi)$ が $\phi_*(\xi)$ に各点収束し，$\phi_*(\xi)$ が $\xi = 0$ で連続とする．このとき，μ_n は特性関数 $\phi_*(\xi)$ をもつ確率測度 μ_* に弱収束する．

定理 14.2.3 有界収束定理 (bounded convergence theorem). μ を $\mathbb{R}$ 上の測度とし, $E \subset \mathbb{R}$ を $\mu(E) < \infty$ を満たす集合とする. $\{f_n; n = 1, 2, \ldots\}$ と f は, $f_n(x) = 0 \, (x \in E^c = \mathbb{R} \setminus E)$, ある定数 $M > 0$ が存在して, $|f_n(x)| \leq M \, (x \in \mathbb{R}, \, n \geq 1)$, かつ f_n は f に測度収束すると仮定する[*1]. このとき,

$$\lim_{n \to \infty} \int_{\mathbb{R}} f_n(x) \, d\mu = \int_{\mathbb{R}} f(x) \, d\mu$$

が成り立つ.

[*1] 即ち, 任意の $\varepsilon > 0$ に対して, $\lim_{n \to \infty} \mu(\{x : |f_n(x) - f(x)| \geq \varepsilon\}) = 0$. 尚, f_n が f に各点収束するならば, f_n は f に測度収束する.

第15章　今後の研究課題

　この章では，はしがき及び各章でふれた，或いはそれに関連する今後の研究テーマとなりえる問題等についてまとめてみた．尚，問題の番号は本文とは独立にあらためてつけた．今後の研究の一助となれば幸いである．

はしがき

- Biane (1991) で研究されているランダムウォークの量子化と本書で扱った離散時間，或いは連続時間量子ウォークとの関係を明確にする．(問題 1)

第1章

- ランダムウォークからブラウン運動への導出プロセスに対応するプロセスを何らかの意味で厳密に定式化する．(問題 2)

第2章

- 任意の $M \times M$ のユニタリ行列から決まる M 状態離散時間量子ウォークに対して，その弱収束極限定理の極限測度を具体的に全て求める．(問題 3)

第3章

- 時間ごとに，周期的，或いは非周期的に異なる場合の弱収束極限定理を得る．また，場所ごとに，周期的，或いは非周期的に異なる場合の弱収束極限定理を得る．(問題 4)
- ランダムな環境の下での離散時間，及び連続時間の量子ウォークの研究．(問題 5)

第5章

- より一般的な枠組みでの，量子セルオートマトンと離散時間量子ウォークとの関係を明らかにする．さらには，確率セルオートマトンを含めた3者の関係を明らかにする．(問題 6)

第8章

- $\mathbb{Z}$ 上の M 状態連続時間量子ウォークに対して，その弱収束極限定理の極限測度を具体的に求める．(問題 7)

第 9 章

- 任意の $N \geq 7$ に対して,サイクル C_N 上の連続時間量子ウォークは,瞬間的一様混合性をもたないことを示す.(問題 8)

第 10 章

- 正則なツリー上の連続時間に対応する,"離散時間" の量子ウォークの極限定理を得る.(問題 9)

- さらに,一般の複雑ネットワーク上の離散時間,及び連続時間の量子ウォークの研究.(問題 10)

参 考 文 献

Abal, G., Donangelo, R., and Fort, H. (2006). Conditional quantum walk and iterated quantum games, in Annais do 1st Workshop-Escola de Computacao e Informacao Cuántica, WECIQ06, PPGINF-UCPel, 2006, quant-ph/0607143.

Abal, G., Donangelo, R., and Fort, H. (2007). Asymptotic entanglement in the discrete-time quantum walk, in Annals of the 1st Workshop on Quantum Computation and Information, pp. 189–200, UCPel, 9–11 october 2006, Pelotas, RS, Brazil, arXiv:0709.3279.

Abal, G., Donangelo, R., Romanelli, A., and Siri, R. (2006). Effects of non-local initial conditions in the quantum walk on the line, *Physica A*, **371**, 1–4, quant-ph/0602188.

Abal, G., Donangelo, R., and Siri, R. (2007). Decoherent quantum walks driven by a generic coin operation, arXiv:0708.1297.

Abal, G., Siri, R., Romanelli, A., and Donangelo, R. (2006). Quantum walk on the line: Entanglement and non-local initial conditions, *Phys. Rev. A*, **73**, 042302, quant-ph/0507264. Erratum, *Phys. Rev. A*, **73**, 069905 (2006).

Accardi, L., and Bożejko, M. (1998). Interacting Fock spaces and Gaussianization of probability measures, *Infinite Dimensional Analysis, Quantum Probability and Related Topics*, **1**, 663–670.

明出伊類似, 尾畑伸明. (2003). 量子確率論の基礎, 牧野書店.

Acevedo, O. L., and Gobron, T. (2006). Quantum walks on Cayley graphs, *J. Phys. A: Math. Gen.*, **39**, 585–599, quant-ph/0503078.

Acevedo, O. L., Roland, J., and Cerf, N. J. (2006). Exploring scalar quantum walks on Cayley graphs, quant-ph/0609234.

Adamczak, W., Andrew, K., Bergen, L., Ethier, D., Hernberg, P., Lin, J., and Tamon, C. (2007). Non-uniform mixing of quantum walk on cycles, arXiv:0708.2096.

Adamczak, W., Andrew, K., Hernberg, P., and Tamon, C. (2003). A note on graphs resistant to quantum uniform mixing, quant-ph/0308073.

Agarwal, G. S., and Pathak, P. K. (2005). Quantum random walk of the field in an externally driven cavity *Phys. Rev. A*, **72**, 033815, quant-ph/0504135.

Aharonov, D., Ambainis, A., Kempe, J., and Vazirani, U. V. (2001). Quantum walks on graphs, Proc. of the 33rd Annual ACM Symposium on Theory of Computing, 50–59, quant-ph/0012090.

Aharonov, Y., Davidovich, L., and Zagury, N. (1993). Quantum random walks, *Phys. Rev. A*, **48**, 1687–1690.

Ahmadi, A., Belk, R., Tamon, C., and Wendler, C. (2003). On mixing in continuous-time quantum walks on some circulant graphs, *Quantum Information and Computation*, **3**, 611–618, quant-ph/0209106.

Alagic, G., and Russell, A. (2005). Decoherence in quantum walks on the hypercube, *Phys. Rev. A*, **72**, 062304, quant-ph/0501169.

Allaart, P. C. (2004). Optimal stopping rules for correlated random walks with a discount, *J. Appl. Prob.*, **41**, 483–496.

Allaart, P. C., and Monticino, M. G. (2001). Optimal stopping rules for directionally reinforced processes, *Adv. Appl. Prob.*, **33**, 483–504.

Ambainis, A. (2003). Quantum walks and their algorithmic applications, *International Journal of Quantum Information*, **1**, 507–518, quant-ph/0403120.

Ambainis, A. (2004a). Quantum walk algorithm for element distinctness, Proceedings of the 45th Symposium on Foundations of Computer Science, 22–31, quant-ph/0311001.

Ambainis, A. (2004b). Quantum search algorithms, *SIGACT News*, **35**, 22–35.

Ambainis, A., Bach, E., Nayak, A., Vishwanath, A., and Watrous, J. (2001). One-dimensional quantum walks, Proc. of the 33rd Annual ACM Symposium on Theory of Computing, 37–49.

Ambainis, A., Childs, A. M., Reichardt, B. W., Spalek, R., and Zhang, S. (2007). Any AND-OR formula of size N can be evaluated in time $N^{1/2+o(1)}$ on a quantum computer, Proc. of the 48th Annual Symposium on Foundations of Computer Science.

Ambainis, A., Kempe, J., and Rivosh, A. (2005). Coins make quantum walks faster, Proceedings of the 16th Annual ACM-SIAM Symposium on Discrete Algorithms, 1099–1108, quant-ph/0402107.

Andrews, G. E., Askey, R., and Roy, R. (1999). *Special Functions*, Cambridge University Press.

Aoun, B., and Tarifi, M. (2004). Introduction to quantum cellular automata, quant-ph/0401123.

Aslangul, C. (2004). Quantum dynamics of a particle with a spin-dependent velocity, quant-ph/0406057.

Avetisov, V. A., Bikulov, A. H., Kozyrev, S. V., and Osipov, V. A. (2002). *p*-adic models of ultrametric diffusion constrained by hierarchical energy landscapes, *J. Phys. A : Math. Gen.*, **35**, 177–189.

Avetisov, V. A., Bikulov, A. Kh., and Osipov, V. Al. (2003). *p*-adic description of characteristic relaxation in complex systems, *J. Phys. A : Math. Gen.*, **36**, 4239–7246.

ben-Avraham, D., Bollt, E., and Tamon, C. (2004). One-dimensional continuous-time quantum walks, *Quantum Information Processing*, **3**, 295–308, cond-mat/0409514.

Bach, E., Coppersmith, S., Goldschen, M. P., Joynt, R., and Watrous, J. (2004). One-dimensional quantum walks with absorption boundaries, *Journal of Computer and System Sciences*, **69**, 562–592, quant-ph/0207008.

Banuls, M. C., Navarrete, C., Perez, A,. Roldan, E., and Soriano, J. C. (2006). Quantum walk with a time-dependent coin, *Phys. Rev. A*, **73**, 062304, quant-ph/0510046.

Bartlett, S. D., Rudolph, T., Sanders, B. C., and Turner, P. S. (2006). Degradation of a quantum directional reference frame as a random walk, quant-ph/0607107.

Bednarska, M., Grudka, A., Kurzyński, P., Luczak, T., and Wójcik, A. (2003). Quantum walks on cycles, *Phys. Lett. A*, **317**, 21–25, quant-ph/0304113.

Bednarska, M., Grudka, A., Kurzyński, P., Luczak, T., and Wójcik, A. (2004). Examples of nonuniform limiting distributions for the quantum walk on even cycles, *International Journal of Quantum Information*, **2**, 453–459, quant-ph/0403154.

Bessen, A. J. (2006). Distributions of continuous-time quantum walks, quant-ph/0609128.

Biane, P. (1991). Quantum random walk on the dual of $SU(n)$, *Probab. Theory Related Fields*, **89**, 117–129.

Blanchard, Ph., and Hongler, M.-O. (2004). Quantum random walks and piecewise deterministic evolutions, *Phys. Rev. Lett.*, **92**, 120601.

Blumen, A., Bierbaum, V., and Muelken, O. (2006). Coherent dynamics on hierarchical systems, *Physica A*, **371**, 10–15, cond-mat/0610686.

Böhm, W. (2000). The correlated random walk with boundaries: a combinatorial solution, *J. Appl. Prob.*, **37**, 470–479.

Böhm, W. (2002). Multivariate Lagrange inversion and the maximum of a persistent random walk, *J. Stat. Plann. Inference*, **101**, 23–31.

Bracken, A. J., Ellinas, D., and Smyrnakis, I. (2006). Free Dirac evolution as a quantum random walk, quant-ph/0605195.

Bracken, A. J., Ellinas, D., and Tsohantjis, I. (2004). Pseudo memory effects, majorization and entropy in quantum random walks, *J. Phys. A : Math. Gen.*, **37**, L91–L97, quant-ph/0402187.

Bressler, A., and Pemantle, R. (2007). Quantum random walks in one dimension via generating functions.

Brun, T. A., Carteret, H. A., and Ambainis, A. (2003a). Quantum to classical transition for random walks, *Phys. Rev. Lett.*, **91**, 130602, quant-ph/0208195.

Brun, T. A., Carteret, H. A., and Ambainis, A. (2003b). Quantum walks driven by many coins, *Phys. Rev. A*, **67**, 052317, quant-ph/0210161.

Brun, T. A., Carteret, H. A., and Ambainis, A. (2003c). Quantum random walks with decoherent coins, *Phys. Rev. A*, **67**, 032304, quant-ph/0210180.

Buerschaper, O., and Burnett, K. (2004). Stroboscopic quantum walks, quant-ph/0406039.

Carlson, W., Ford, A., Harris, E., Rosen, J., Tamon, C., and Wrobel, K. (2006). Universal mixing of quantum walk on graphs, quant-ph/0608044.

Carneiro, I., Loo, M., Xu, X., Girerd, M., Kendon V., and Knight, P. L. (2005). Entanglement in coined quantum walks on regular graphs, *New J. Phys.*, **7**, 156, quant-ph/0504042.

Carteret, H. A., Ismail, M. E. H., and Richmond, B. (2003). Three routes to the exact asymptotics for the one-dimensional quantum walk, *J. Phys. A: Math. Gen.*, **36**, 8775–8795, quant-ph/0303105.

Carteret, H. A., Richmond, B., and Temme, N. (2005). Evanescence in coined quantum walks, *J. Phys. A: Math. Gen.*, **38**, 8641–8665, quant-ph/0506048.

Chandrashekar, C. M. (2006a). Implementing the one-dimensional quantum (Hadamard) walk using a Bose-Einstein condensate, *Phys. Rev. A*, **74**, 032307, quant-ph/0603156.

Chandrashekar, C. M. (2006b). Discrete time quantum walk model for single and entangled particles to retain entanglement in coin space, quant-ph/0609113.

Chandrashekar, C. M., and Laflamme, R. (2007). Quantum walk and quantum phase transition in optical lattice, arXiv:0709.1986.

Chandrashekar, C. M., Srikanth, R., and Banerjee, S. (2007). Symmetries and noise in quantum walk, *Phys. Rev. A*, **76**, 022316, quant-ph/0607188.

Chen, A. Y., and Renshaw, E. (1992). The Gillis-Domb-Fisher correlated random walk, *J. Appl. Prob.*, **29**, 792–813.

Chen, A. Y., and Renshaw, E. (1994). The general correlated random walk, *J. Appl. Prob.*, **31**, 869–884.

Childs, A. M., Cleve, R., Deotto, E., Farhi, E., Gutmann, S., and Spielman, D. A. (2003). Exponential algorithmic speedup by quantum walk, Proc. of the 35th Annual ACM Symposium on Theory of Computing, 59–68, quant-ph/0209131.

Childs, A. M., and Eisenberg, J. M. (2005). Quantum algorithms for subset finding, *Quantum Information and Computation*, **5**, 593–604, quant-ph/0311038.

Childs, A. M., Farhi, E., and Gutmann, S. (2002). An example of the difference between quantum and classical random walks, *Quantum Information Processing*, **1**, 35–43, quant-ph/0103020.

Childs, A. M., and Goldstone, J. (2004a). Spatial search by quantum walk, *Phys. Rev. A*, **70**, 022314, quant-ph/0306054.

Childs, A. M., and Goldstone, J. (2004b). Spatial search and the Dirac equation, *Phys. Rev. A*, **70**, 042312, quant-ph/0405120.

Childs, A. M., and Lee, T. (2007). Optimal quantum adversary lower bounds for ordered search, arXiv:0708.3396.

D'Alessandro, D., Parlangeli, G., and Albertini, F. (2007). Non-stationary quantum walks on the cycle, arXiv:0708.0184.

de Falco, D., and Tamascelli, D. (2006). Speed and entropy of an interacting continuous time quantum walk, *J. Phys. A: Math. Gen.*, **39**, 5873–5895, quant-ph/0604067.

Di, T., Hillery, M., and Zubairy, M. S. (2004). Cavity QED-based quantum walk, *Phys. Rev. A*, **70**, 032304.

Dodds, P. S., Watts, D. J., and Sabel, C. F. (2003). Information exchange and the robustness of organizational networks, *Proc. Natl. Acad. Sci. USA*, **100**, 12516–12521.

Doern, S. (2005). Quantum complexity bounds for independent set problems, quant-ph/0510084.

Doern, S., and Thierauf, T. (2007). The quantum query complexity of algebraic properties, arXiv:0705.1446.

Douglas, B. L., and Wang, J. B. (2007a). Classically efficient graph isomorphism algorithm using quantum walks, arXiv:0705.2531.

Douglas, B. L., and Wang, J. B. (2007b). Can quantum walks provide exponential speedups?, arXiv:0706.0304.

Du, J., Li, H., Xu, X., Shi, M., Wu, J., Zhou, X., and Han, R. (2003). Experimental implementation of the quantum random-walk algorithm, *Phys. Rev. A*, **67**, 042316, quant-ph/0203120.

Dür, W., Raussendorf, R., Kendon, V. M., and Briegel, H.-J. (2002). Quantum random walks in optical lattices, *Phys. Rev. A*, **66**, 052319, quant-ph/0207137.

Durrett, R. (2004). *Probability: Theory and Examples*, 3rd ed., Brooks-Cole, Belmont, CA.

Eckert, K., Mompart, J., Birkl, G., and Lewenstein, M. (2005). One- and two-dimensional quantum walks in arrays of optical traps, *Phys. Rev. A*, **72**, 012327, quant-ph/0503084.

Ellinas, D. (2005). On algebraic and quantum random walks, Quantum Probability and Infinite Dimensional Analysis: From Foundations to Applications, QP-PQ Vol.18, eds. M. Schurmann and U. Franz, (World Scientific, 2005), 174–200, quant-ph/0510128.

Ellinas, D., and Smyrnakis, I. (2005). Asymptotics of quantum random walk driven by optical cavity, *Journal of Optics B: Quantum Semiclass. Opt.*, **7**, S152–S157, quant-ph/0510112.

Ellinas, D., and Smyrnakis, I. (2006a). Quantization and asymptotic behaviour of ϵ_{V^k} quantum random walk on integers, *Physica A*, **365**, 222–228, quant-ph/0510098.

Ellinas, D., and Smyrnakis, I. (2006b). Quantum optical random walk: quantization rules and quantum simulation of asymptotics, quant-ph/0611265.

Endrejat, J., and Buettner, H. (2005). Entanglement measurement with discrete multiple coin quantum walks, *J. Phys. A: Math. Gen.*, **38**, 9289–9296, quant-ph/0507184.

Farhi, E., Goldstone, J., and Gutmann, S. (2007). A quantum algorithm for the Hamiltonian NAND tree, quant-ph/0702144.

Farhi, E., and Gutmann, S. (1998). Quantum computation and decision trees, *Phys. Rev. A*, **58**, 915–928.

Fedichkin, L., Solenov, D., and Tamon, C. (2006). Mixing and decoherence in continuous-time quantum walks on cycles, *Quantum Information and Computation*, **6**, 263–276, quant-ph/0509163.

Feldman, E., and Hillery, M. (2004a). Quantum walks on graphs and quantum scattering theory, Proceedings of Conference on Coding Theory and Quantum Computing, quant-ph/0403066.

Feldman, E., and Hillery, M. (2004b). Scattering theory and discrete-time quantum walks, *Phys. Lett. A*, **324**, 277–281, quant-ph/0312062.

Feldman, E., and Hillery, M. (2007).Modifying quantum walks: A scattering theory approach, arXiv:0705.4612.

Fenner, S. A., and Zhang, Y. (2003). A note on the classical lower bound for a quantum walk algorithm, quant-ph/0312230.

Flitney, A. P., Abbott, D., and Johnson, N. F. (2004). Quantum random walks with history dependence, *J. Phys. A: Math. Gen.*, **37**, 7581–7591, quant-ph/0311009.

Francisco, D., Iemmi, C., Paz, J. P., and Ledesma, S. (2006). Simulating a quantum walk with classical optics, *Phys. Rev. A*, **74**, 052327.

藤崎源二郎. (1991). 体とガロア理論, 岩波書店.

Fuss, I., White, L. B., Sherman, P. J., and Naguleswaran, S. (2006). Momentum dynamics of one dimensional quantum walks, quant-ph/0604197.

Fuss, I., White, L. B., Sherman, P. J., and Naguleswaran, S. (2007). An analytic solution for one-dimensional quantum walks, arXiv:0705.0077.

Gabris, A., Kiss, T., and Jex, I. (2007). Scattering quantum random-walk search with errors, quant-ph/0701150.

Gerhardt, H., and Watrous, J. (2003). Continuous-time quantum walks on the symmetric group, in Proceedings of the 7th International Workshop on Randomization and Approximation Techniques in Computer Science, quant-ph/0305182.

Gottlieb, A. D. (2003). Two examples of discrete-time quantum walks taking continuous steps, quant-ph/0310026.

Gottlieb, A. D. (2005). Convergence of continuous-time quantum walks on the line, *Phys. Rev. E*, **72**, 047102, quant-ph/0409042.

Gottlieb, A. D., Janson, S., and Scudo, P. F. (2005). Convergence of coined quantum walks on d-dimensional Euclidean space, *Infinite Dimensional Analysis, Quantum Probability and Related Topics*, **8**, 129–140, quant-ph/0406072.

Grimmett, G., Janson, S., and Scudo, P. F. (2004). Weak limits for quantum random walks, *Phys. Rev. E*, **69**, 026119, quant-ph/0309135.

Grimmett, G. R., and Stirzaker, D. R. (2001). *Probability and Random Processes*. 3rd ed., Oxford University Press Inc., New York.

Grössing, G., and Zeilinger, A. (1988a). Quantum cellular automata, *Complex Systems*, **2**, 197–208.

Grössing, G., and Zeilinger, A. (1988b). A conservation law in quantum cellular automata, *Physica D*, **31**, 70–77.

Grover, L. (1996). A fast quantum mechanical algorithm for database search, Proc. of the 28th Annual ACM Symposium on Theory of Computing, 212–219, quant-ph/9605043.

Gudder, S. P. (1988). *Qunatum Probability*, Academic Press Inc., CA.

Hamada, M., Konno, N., and Segawa, E. (2005). Relation between coined quantum walks and quantum cellular automata, RIMS Kokyuroku, No.1422, 1–11, quant-ph/0408100.

Haselgrove, H. L. (2005). Optimal state encoding for quantum walks and quantum communication over spin systems, *Phys. Rev. A*, **72**, 062326, quant-ph/0404152.

Hashimoto, Y. (2001). Quantum decomposition in discrete groups and interacting Fock spaces, *Infinite Dimensional Analysis, Quantum Probability and Related Topics*, **4**, 277–287.

Hillery, M., Bergou, J., and Feldman, E. (2003). Quantum walks based on an interferometric analogy, *Phys. Rev. A*, **68**, 032314, quant-ph/0302161.

Hines, A. P., and Stamp, P. C. E. (2007). Quantum walks, quantum gates, and quantum computers, quant-ph/0701088.

Inokuchi, S., and Mizoguchi, Y. (2005). Generalized partitioned quantum cellular automata and quantization of classical CA, *International Journal of Unconventional Computing*, **1**, 149–160, quant-ph/0312102.

Inui, N., Inokuchi, S., Mizoguchi, Y., and Konno, N. (2005). Statistical properties for a quantum cellular automaton, *Phys. Rev. A*, **72**, 032323, quant-ph/0504104.

Inui, N., Kasahara, K., Konishi, Y., and Konno, N. (2005). Evolution of continuous-time quantum random walks on circles, *Fluctuation and Noise Letters*, **5**, L73–L83, quant-ph/0402062.

Inui, N., Konishi, Y., and Konno, N. (2004). Localization of two-dimensional quantum walks, *Phys. Rev. A*, **69**, 052323, quant-ph/0311118.

Inui, N., Konishi, Y., Konno, N., and Soshi, T. (2005). Fluctuations of quantum random walks on circles, *International Journal of Quantum Information*, **3**, 535–550, quant-ph/0309204.

Inui, N., and Konno, N. (2005). Localization of multi-state quantum walk in one dimension, *Physica A*, **353**, 133–144, quant-ph/0403153.

Inui, N., Konno, N., and Segawa, E. (2005). One-dimensional three-state quantum walk, *Phys. Rev. E*, **72**, 056112, quant-ph/0507207.

Inui, N., Nakamura, K., Ide, Y., and Konno, N. (2007). Effect of successive observation on quantum cellular automaton, *Journal of the Physical Society of Japan*, **76**, 084001.

Jafarizadeh, M. A., and Salimi, S. (2006). Investigation of continuous-time quantum walk via modules of Bose-Mesner and Terwilliger algebras, *J. Phys. A: Math. Gen.*, **39**, 13295–13323, quant-ph/0603139.

Jafarizadeh, M. A., and Salimi, S. (2007). Investigation of continuous-time quantum walk via spectral distribution associated with adjacency matrix, *Annals of Physics*, **322**, 1005–1033, quant-ph/0510174.

Jafarizadeh, M. A., Salimi, S., and Sufiani, R. (2006). Investigation of continuous-time quantum walk by using Krylov subspace-Lanczos algorithm, quant-ph/0606241.

Jafarizadeh, M. A., and Sufiani, R. (2006). Investigation of continuous-time quantum walk on root lattice A_n and honeycomb lattice, math-ph/0608067.

Jafarizadeh, M. A., and Sufiani, R. (2007). Investigation of continuous-time quantum walks via spectral analysis and Laplace transform, arXiv:0704.2602.

Jeong, H., Paternostro, M., and Kim, M. S. (2004). Simulation of quantum random walks using interference of classical field, *Phys. Rev. A*, **69**, 012310, quant-ph/0305008.

Joo, J., Knight, P. L., and Pachos, J. K. (2006). Single atom quantum walk with 1D optical superlattices, quant-ph/0606087.

Katori, M., Fujino, S., and Konno, N. (2005). Quantum walks and orbital states of a Weyl particle, *Phys. Rev. A*, **72**, 012316, quant-ph/0503142.

Keating, J. P., Linden, N., Matthews, J. C. F., and Winter, A. (2006). Localization and its consequences for quantum walk algorithms and quantum communication, quant-ph/0606205.

Kempe, J. (2002). Quantum random walks hit exponentially faster, Proc. of 7th Intern. Workshop on Randomization and Approximation Techniques in Comp. Sc. (RANDOM'03), 354–369, quant-ph/0205083.

Kempe, J. (2003). Quantum random walks - an introductory overview, *Contemporary Physics*, **44**, 307–327, quant-ph/0303081.

Kempe, J. (2005). Discrete quantum walks hit exponentially faster, *Probab. Theory Related Fields*, **133**, 215–235.

Kendon, V. (2006a). Quantum walks on general graphs, *International Journal of Quantum Information*, **4**, 791–805, quant-ph/0306140.

Kendon, V. (2006b). A random walk approach to quantum algorithms, *2006 Triennial Issue of Phil. Trans. R. Soc. A*, **364**, 3407–3422, quant-ph/0609035.

Kendon, V. (2007). Decoherence in quantum walks - a review, *Math. Struct. in Comp. Sci.*, **17**, 1169–1220, quant-ph/0606016.

Kendon, V., and Maloyer, O. (2006). Optimal computation with non-unitary quantum walks, quant-ph/0610240.

Kendon, V., and Sanders, B. C. (2005). Complementarity and quantum walks, *Phys. Rev. A*, **71**, 022307, quant-ph/0404043.

Kendon, V., and Tregenna, B. (2003a). Decoherence can be useful in quantum walks, *Phys. Rev. A*, **67**, 042315, quant-ph/0209005.

Kendon, V., and Tregenna, B. (2003b). Decoherence in a quantum walk on the line, in Proceedings of the 6th International Conference on Quantum Communication, Measurement and Computing, eds. J. H. Shapiro and O. Hirota (Rinton Press, Princeton, NJ, 2003), quant-ph/0210047.

Kendon, V., and Tregenna, B. (2003c). Decoherence in discrete quantum walks, in Quantum Decoherence and Entropy in Complex Systems, ed. H.-T. Elze (Springer, Berlin, 2003), quant-ph/0301182.

Kesten, H. (1959). Symmetric random walks on groups, *Transactions of the American Mathematical Society*, **92**, 336–354.

Khrennikov, A. Yu., and Nilsson, M. (2004). *P-adic Deterministic and Random Dynamics*, Kluwer Academic Publishers.

Knight, P. L., Roldán, E., and Sipe, J. E. (2003a). Quantum walk on the line as an interference phenomenon, *Phys. Rev. A*, **68**, 020301, quant-ph/0304201.

Knight, P. L., Roldán, E., and Sipe, J. E. (2003b). Optical cavity implementations of the quantum walk, *Optics Communications*, **227**, 147–157, quant-ph/0305165.

Knight, P. L., Roldán, E., and Sipe, J. E. (2004). Propagating quantum walks: the origin of interference structures, *J. Mod. Opt.*, **51**, 1761–1777, quant-ph/0312133.

Konno, N. (2002a). Quantum random walks in one dimension, *Quantum Information Processing*, **1**, 345–354, quant-ph/0206053.

Konno, N. (2002b). Limit theorems and absorption problems for quantum random walks in one dimension, *Quantum Information and Computation*, **2**, 578–595, quant-ph/0210011.

Konno, N. (2003). Limit theorems and absorption problems for one-dimensional correlated random walks, quant-ph/0310191.

今野紀雄. (2004). 量子ウォークの極限定理，数理科学，No.492, 37–44.

Konno, N. (2005a). A new type of limit theorems for the one-dimensional quantum random walk, *Journal of the Mathematical Society of Japan*, **57**, 1179–1195, quant-ph/0206103.

Konno, N. (2005b). A path integral approach for disordered quantum walks in one dimension, *Fluctuation and Noise Letters*, **5**, L529–L537, quant-ph/0406233.

Konno, N. (2005c). Limit theorem for continuous-time quantum walk on the line, *Phys. Rev. E*, **72**, 026113, quant-ph/0408140.

Konno, N. (2006a). Continuous-time quantum walks on trees in quantum probability theory, *Infinite Dimensional Analysis, Quantum Probability and Related Topics*, **9**, 287–297, quant-ph/0602213.

Konno, N. (2006b). Continuous-time quantum walks on ultrametric spaces, *International Journal of Quantum Information*, **4**, 1023–1035, quant-ph/0602070.

今野紀雄. (2006c). 量子ウォークの局在と非局在，日本物理学会誌，**61**, No.7, 491–498.

今野紀雄. (2006d). 無限粒子系，複雑ネットワーク，そして量子ウォーク，*InterCommunication*, No.58, 74–83.

Konno, N. (2007). Quantum Walks, Lecture at the School, Quantum Potential Theory: Structure and Applications to Physics, held at the Alfreid Krupp Wissenschaftskolleg, Greifswald, 26 Feb. - 9. Mar. 2007 (Reihe Mathematik, Ernst-Moritz-Arndt-Universitat Greifswald, Preprint, No.2, 2007). http://www.math-inf.uni-greifswald.de/algebra/qpt/.

Konno, N., Mitsuda, K., Soshi, T., and Yoo, H. J. (2004). Quantum walks and reversible cellular automata, *Phys. Lett. A*, **330**, 408–417, quant-ph/0403107.

Konno, N., Namiki, T., and Soshi, T. (2004). Symmetry of distribution for the one-dimensional Hadamard walk, *Interdisciplinary Information Sciences*, **10**, 11–22, quant-ph/0205065.

Konno, N., Namiki, T., Soshi, T., and Sudbury, A. (2003). Absorption problems for quantum walks in one dimension, *J. Phys. A: Math. Gen.*, **36**, 241–253, quant-ph/0208122.

Kosik, J., and Buzek, V. (2005). Scattering model for quantum random walks on a hypercube, *Phys. Rev. A.*, **71**, 012306, quant-ph/0410154.

Kosik, J., Buzek, V., and Hillery, M. (2006). Quantum walks with random phase shifts, *Phys. Rev. A.*, **74**, 022310, quant-ph/0607092.

Kosik, J., Miszczak, J. A., and Buzek, V. (2007). Quantum Parrondo's game with random strategies, arXiv:0704.2937.

Krattenthaler, C. (1997). The enumeration of lattice paths with respect to their number of turns. In *Advances in Combinatorial Methods and Applications to Probability and Statistics*, Balakrishnan, N., Ed., Birkhäuser, Boston, 29–58.

Krovi, H., and Brun, T. A. (2006a). Hitting time for quantum walks on the hypercube, *Phys. Rev. A*, **73**, 032341, quant-ph/0510136.

Krovi, H., and Brun, T. A. (2006b). Quantum walks with infinite hitting times, *Phys. Rev. A*, **74**, 042334, quant-ph/0606094.

Krovi, H., and Brun, T. A. (2007). Quantum walks on quotient graphs, *Phys. Rev. A*, **75**, 062332, quant-ph/0701173.

Kurzynski, P. (2006). Relativistic effects in quantum walks: Klein's paradox and Zitterbewegung, quant-ph/0606171.

Lakshminarayan, A. (2003). What is random about a quantum random walk?, quant-ph/0305026.

Lal, R., and Bhat, U. N. (1989). Some explicit results for correlated random walks, *J. Appl. Prob.*, **27**, 757–766.

Leroux, P. (2005). Coassociative grammar, periodic orbits and quantum random walk over $\mathbf{Z}^1$, *International Journal of Mathematics and Mathematical Sciences*, **2005**, 3979–3996, quant-ph/0209100.

Lo, P., Rajaram, S., Schepens, D., Sullivan, D., Tamon, C., and Ward, J. (2006). Mixing of quantum walk on circulant bunkbeds, *Quantum Information and Computation*, **6**, 370–381, quant-ph/0509059.

Lopez, C. C., and Paz, J. P. (2003). Phase-space approach to the study of decoherence in quantum walks, *Phys. Rev. A*, **68**, 052305, quant-ph/0308104.

Love, P. J., and Boghosian, B. M. (2005). From Dirac to diffusion: decoherence in quantum lattice gases, *Quantum Information Processing*, **4**, 335–354, quant-ph/0507022.

Ma, Z.-Y., Burnett, K., d'Arcy, M. B., and Gardiner, S. A. (2006). Quantum random walks using quantum accelerator modes, *Phys. Rev. A*, **73**, 013401, physics/0508182.

Mackay, T. D., Bartlett, S. D., Stephanson, L. T., and Sanders, B. C. (2002). Quantum walks in higher dimensions, *J. Phys. A: Math. Gen.*, **35**, 2745–2753, quant-ph/0108004.

Macucci., M. (ed.) (2006). *Quantum Cellular Automata*, Imperial College Press.

Magniez, F., Nayak, A., Roland, J., and Santha, M. (2006). Search via quantum walk, quant-ph/0608026.

Magniez, F., Santha, M., and Szegedy, M. (2005). Quantum algorithm for the triangle problem, Proceedings of the sixteenth annual ACM-SIAM symposium on Discrete algorithms, January 23–25, 2005, Vancouver, British Columbia, quant-ph/0310134.

Maloyer, O., and Kendon, V. (2007). Decoherence vs entanglement in coined quantum walks, *New J. Phys.*, **9**, 87, quant-ph/0612229.

Manouchehri, K., and Wang, J. B. (2006a). Physical implementation of quantum random walks, quant-ph/0609088.

Manouchehri, K., and Wang, J. B. (2006b). Continuous-time quantum random walks require discrete space, quant-ph/0611129.

Martin, X., O'Connor, D., and Sorkin, R. D. (2005). Random walk in generalized quantum theory, *Phys. Rev. D*, **71**, 024029, gr-qc/0403085.

McGuigan, M. (2003). Quantum cellular automata from lattice field theories, quant-ph/0307176.

Meyer, D. A. (1996). From quantum cellular automata to quantum lattice gases, *J. Statist. Phys.*, **85**, 551–574, quant-ph/9604003.

Meyer, D. A. (1997). Qunatum mechanics of lattice gas automata: one particle plane waves and potentials, *Phys. Rev. E*, **55**, 5261–5269, quant-ph/9611005.

Meyer, D. A. (1998). Qunatum mechanics of lattice gas automata: boundary conditions and other inhomogeneties, *J. Phys. A: Math. Gen.*, **31**, 2321–2340, quant-ph/9712052.

Meyer, D. A., and Blumer, H. (2002). Parrondo games as lattice gas automata, *J. Statist. Phys.*, **107**, 225–239, quant-ph/0110028.

Miyazaki, T., Katori, M., and Konno, N. (2007). Wigner formula of rotation matrices and quantum walks, *Phys. Rev. A*, **76**, 012332, quant-ph/0611022.

Montanaro, A. (2007). Quantum walks on directed graphs, *Quantum Information and Computation*, **7**, 93–102, quant-ph/0504116.

Moore, C., and Russell, A. (2001). Quantum walks on the hypercubes, quant-ph/0104137.

Mukherjea, A., and Steele, D. (1987). Occupation probability of a correlated random walk and a correlated ruin problem, *Statist. Prob. Lett.*, **5**, 105–111.

Mülken, O., Bierbaum, V., and Blumen, A. (2006). Coherent exciton transport in dendrimers and continuous-time quantum walks, *J. Chem. Phys.*, **124**, 124905, cond-mat/0602040.

Mülken, O., Bierbaum, V., and Blumen, A. (2007). Localization of coherent exciton transport in phase space, *Phys. Rev. E*, **75**, 031121, quant-ph/0701034.

Mülken, O., and Blumen, A. (2005a). Slow transport by continuous time quantum walks, *Phys. Rev. E*, **71**, 016101, quant-ph/0410243.

Mülken, O., and Blumen, A. (2005b). Spacetime structures of continuous time quantum walks, *Phys. Rev. E*, **71**, 036128, quant-ph/0502004.

Mülken, O., and Blumen, A. (2006a). Continuous time quantum walks in phase space, *Phys. Rev. A*, **73**, 012105, quant-ph/0509141.

Mülken, O., and Blumen, A. (2006b). Efficiency of quantum and classical transport on graphs, *Phys. Rev. E*, **73**, 066117, quant-ph/0602120.

Mülken, O., Blumen, A., Amthor, T., Giese, C., Reetz-Lamour, M., and Weidemueller, M. (2007). Survival probabilities in coherent exciton transfer with trapping, *Phys. Rev. Lett.*, **99**, 090601, arXiv:0705.3700.

Mülken, O., Pernice, V., and Blumen, A. (2007). Quantum transport on small-world networks: A continuous-time quantum walk approach, arXiv:0705.1608.

Mülken, O., Volta, A., and Blumen, A. (2005). Asymmetries in symmetric quantum walks on two-dimensional networks, *Phys. Rev. A*, **72**, 042334, quant-ph/0507198.

Navarrete, C., Perez, A., and Roldan, E. (2007). Nonlinear optical Galton board, *Phys. Rev. A*, **75**, 062333, quant-ph/0604084.

Nayak, A., and Vishwanath, A. (2000). Quantum walk on the line, quant-ph/0010117.

Nielsen, M. A., and Chuang, I. L. (2000). *Qunatum Computation and Quantum Information*, Cambridge University Press.

Obata, N. (2004). Quantum probabilistic approach to spectral analysis of star graphs, *Interdisciplinary Information Sciences*, **10** 41–52.

Obata, N. (2006). A note on Konno's paper on quantum walk, *Infinite Dimensional Analysis, Quantum Probability and Related Topics*, **9**, 299–304.

Ogielski, A. T., and Stein, D. L. (1985). Dynamics on ultrametric spaces, *Phys. Rev. Lett.*, **55**, 1634–1637.

Oka, T., Konno, N., Arita, R., and Aoki, H. (2005). Breakdown of an electric-field driven system: a mapping to a quantum walk, *Phys. Lev. Lett.*, **94**, 100602, quant-ph/0407013.

Oliveira, A. C., Portugal, R., and Donangelo, R. (2006). Decoherence in two-dimensional quantum walks, *Phys. Rev. A*, **74**, 012312.

Oliveira, A. C., Portugal, R., and Donangelo, R. (2007). Simulation of the single- and double-slit experiments with quantum walkers, arXiv:0706.3181.

Omar, Y., Paunković, N., Sheridan, L., and Bose, S. (2006). Quantum walk on a line with two entangled particles, *Phys. Rev. A*, **74**, 042304, quant-ph/0411065.

Osborne, T. J. (2006). Approximate locality for quantum systems on graphs, quant-ph/0611231.

Osborne, T. J., and Severini, S. (2004). Quantum algorithms and covering spaces, quant-ph/0403127.

Parashar, P. (2007). Equal superposition transformations and quantum random walks, arXiv:0709.3406.

Patel, A., Raghunathan, K. S., and Rungta, P. (2005a). Quantum random walks do not need coin toss, *Phys. Rev. A*, **71**, 032347, quant-ph/0405128.

Patel, A., Raghunathan, K. S., and Rungta, P. (2005b). Quantum random walks without a coin toss, Invited lecture at the Workshop on Quantum Information, Computation and Communication (QICC-2005), IIT Kharagpur, India, February 2005, quant-ph/0506221.

Pathak, P. K., and Agarwal, G. S. (2006). Quantum random walk of two photons in separable and entangled state, quant-ph/0604138.

Perets, H. B., Lahini, Y., Pozzi, F., Sorel, M., Morandotti, R., and Silberberg, Y. (2007). Realization of quantum walks with negligible decoherence in waveguide lattices, arXiv:0707.0741.

Prokofev, N. V., and Stamp, P. C. E. (2006). Decoherence and quantum walks: Anomalous diffusion and ballistic tails, *Phys. Rev. A*, **74**, 020102, cond-mat/0605097.

Renshaw, E., and Henderson, R. (1981). The correlated random walk, *J. Appl. Prob.*, **18**, 403–414.

Ribeiro, P., Milman, P., and Mosseri, R. (2004). Aperiodic quantum random walks, *Phys. Rev. Lett.*, **93**, 190503, quant-ph/0406071.

Richter, P. C. (2006). Quantum speedup of classical mixing processes, quant-ph/0609204.

Richter, P. C. (2007). Almost uniform sampling via quantum walks, *New J. Phys.*, **9**, 72, quant-ph/0606202.

Roland, J., and Cerf, N. J. (2005). Noise resistance of adiabatic quantum computation using random matrix theory, *Phys. Rev. A*, **71**, 032330.

Roldan, E., and Soriano, J. C. (2005). Optical implementability of the two-dimensional quantum walk, *Journal of Modern Optics*, **52**, 2649–2657, quant-ph/0503069.

Romanelli, A., Auyuanet, A., Siri, R., Abal, G., and Donangelo, R. (2005). Generalized quantum walk in momentum space, *Physica A*, **352**, 409–418, quant-ph/0408183.

Romanelli, A., Sicardi Schifino, A. C., Abal, G., Siri, R., and Donangelo, R. (2003). Markovian behaviour and constrained maximization of the entropy in chaotic quantum systems, *Phys. Lett. A*, **313**, 325–329, quant-ph/0204135.

Romanelli, A., Sicardi Schifino, A. C., Siri, R., Abal, G., Auyuanet, A., and Donangelo, R. (2004). Quantum random walk on the line as a Markovian process, *Physica A*, **338**, 395–405, quant-ph/0310171.

Romanelli, A., Siri, R., Abal, G., Auyuanet, A., and Donangelo, R. (2005). Decoherence in the quantum walk on the line, *Physica A*, **347**, 137–152, quant-ph/0403192.

Romanelli, A., Siri, R., and Micenmacher, V. (2007). Sub-ballistic behavior in quantum systems with Lévy noise, arXiv:0705.0370.

Ryan, C. A., Laforest, M., Boileau, J. C., and Laflamme, R. (2005). Experimental implementation of discrete time quantum random walk on an NMR quantum information processor, *Phys. Rev. A*, **72**, 062317, quant-ph/0507267.

Schinazi, R. B. (1999). *Classical and Spatial Stochastic Processes*, Birkhäuser. シナジ著. 今野紀雄, 林俊一 訳. (2001). マルコフ連鎖から格子確率モデルへ, シュプリンガー・ジャパン.

Schumacher, B., and Werner, R. F. (2004). Reversible quantum cellular automata, quant-ph/0405174.

Severini, S. (2002). The underlying digraph of a coined quantum random walk, Erato Conference in Quantum Information Science, 2003, quant-ph/0210055.

Severini, S. (2003). On the digraph of a unitary matrix, *SIAM Journal on Matrix Analysis and Applications*, **25**, 295–300, math.CO/0205187.

Severini, S. (2006). On the structure of the adjacency matrix of the line digraph of a regular digraph, *Discrete Appl. Math.*, **154**, 1663–1665.

Severini, S., and Tanner, G. (2004). Regular quantum graphs, *J. Phys. A: Math. Gen.*, **37**, 6675–6686, nlin.CD/0312031.

Shafee, F. (2005). Quantum measurement as first passage random walks in Hilbert space, quant-ph/0502111.

Shapira, D., Biham, O., Bracken, A. J., and Hackett, M. (2003). One dimensional quantum walk with unitary noise, *Phys. Rev. A*, **68**, 062315, quant-ph/0309063.

Shenvi, N., Kempe, J., and Whaley, K. B. (2003). Quantum random-walk search algorithm, *Phys. Rev. A*, **67**, 052307, quant-ph/0210064.

Sicardi Shifino, A. C., Abal, G., Siri, R., Romanelli, A., and Donangelo, R. (2003). Intrinsic decoherence and irreversibility in the quasiperiodic kicked rotor, quant-ph/0308162.

Solenov, D., and Fedichkin, L. (2006a). Non-unitary quantum walks on hyper-cycles, *Phys. Rev. A*, **73**, 012308, quant-ph/0509078.

Solenov, D., and Fedichkin, L. (2006b). Continuous-time quantum walks on a cycle graph, *Phys. Rev. A*, **73**, 012313, quant-ph/0506096.

Spitzer, F. (1976). *Principles of Random Walk*, 2nd ed., Springer-Verlag, New York.

Stefanak, M., Jex, I., and Kiss, T. (2007). Recurrence and Pólya number of quantum walks, arXiv:0705.1991.

Stefanak, M., Kiss, T., Jex, I., and Mohring, B. (2006). The meeting problem in the quantum random walk, *J. Phys. A: Math. Gen.*, **39**, 14965–14983, arXiv:0705.1985.

Strauch, F. W. (2006a). Relativistic quantum walks, *Phys. Rev. A*, **73**, 054302, quant-ph/0508096. Erratum, *Phys. Rev. A*, **73**, 069908 (2006).

Strauch, F. W. (2006b). Connecting the discrete and continuous-time quantum walks, *Phys. Rev. A*, **74**, 030301, quant-ph/0606050.

Szegedy, M. (2004). Spectra of quantized walks and a $\sqrt{\delta\epsilon}$ rule, quant-ph/0401053.

Tani, S. (2007). An improved claw finding algorithm using quantum walk, arXiv:0708.2584.

Tanner, G. (2005). From quantum graphs to quantum random walks, Non-Linear Dynamics and Fundamental Interactions. Proceedings of the NATO Advanced Research Workshop held October 10–16, 2004, in Tashkent, Uzbekistan. Edited by F. Khanna and D. Matrasulov, Published by Springer, Dordrecht, The Netherlands, 2006, p.69, quant-ph/0504224.

Taylor, J. M. (2007). A quantum dot implementation of the quantum NAND algorithm, arXiv:0708.1484.

時弘哲治. (2006). 工学における特殊関数, 共立出版.

Travaglione, B. C., and Milburn, G. J. (2002). Implementing the quantum random walk, *Phys. Rev. A*, **65**, 032310, quant-ph/0109076.

Tregenna, B., Flanagan, W., Maile, R., and Kendon, V. (2003). Controlling discrete quantum walks: coins and initial states, *New J. Phys.*, **5**, 83, quant-ph/0304204.

Tucci, R. R. (2007). How to compile some NAND formula evaluators, arXiv:0706.0479.

Venegas-Andraca, S. E., Ball, J. L., Burnett, K., and Bose, S. (2005). Quantum walks with entangled coins, *New J. Phys.*, **7**, 221, quant-ph/0411151.

Vlasov, A. Y. (2004). On quantum cellular automata, quant-ph/0406119.

Vlasov, A. Y. (2007). Programmable quantum state transfer, arXiv:0708.0145.

Volta, A., Muelken, O., and Blumen, A. (2006). Quantum transport on two-dimensional regular graphs, *J. Phys. A: Math. Gen.*, **39**, 14997–15012, quant-ph/0610212.

Wang, J. B., and Douglas, B. L. (2007). Graph identification by quantum walks, quant-ph/0701033.

Watrous, J. (2001). Quantum simulations of classical random walks and undirected graph connectivity, *Journal of Computer and System Sciences*, **62**, 376–391, cs.CC/9812012.

Watson, G. N. (1944). *A Treatise on the Theory of Bessel Functions*, 2nd ed., Cambridge University Press, Cambridge.

Watts, D. J., Dodds, P. S., and Newman, M. E. J. (2002). Identity and search in social networks, *Science*, **296**, 1302–1305.

Watts, D. J., Muhamad, R., Medina, D. C., and Dodds, P. S. (2005). Multiscale, resurgent epidemics in a hierarchical metapopulation model, *Proc. Natl. Acad. Sci. USA*, **102**, 11157–11162.

Wocjan, P. (2004). Estimating mixing properties of local Hamiltonian dynamics and continuous quantum random walks is PSPACE-hard, quant-ph/0401184.

Wojcik, A., Luczak, T., Kurzynski, P., Grudka, A., and Bednarska, M. (2004). Quasiperiodic dynamics of a quantum walk on the line, *Phys. Rev. Lett.*, **93**, 180601, quant-ph/0407128.

Wójcik, D. K., and Dorfman, J. R. (2003). Diffusive-ballistic crossover in 1D quantum walks, *Phys. Rev. Lett.*, **90**, 230602, quant-ph/0209036.

Wójcik, D. K., and Dorfman, J. R. (2004). Crossover from diffusive to ballistic transport in periodic quantum maps, *Physica D*, **187**, 223–243, nlin.CD/0212036.

Wolfram, S. (2002). *A New Kind of Science*, Wolfram Media Inc.

Yamasaki, T., Kobayashi, H., and Imai, H. (2003). Analysis of absorbing times of quantum walks, *Phys. Rev. A*, **68**, 012302, quant-ph/0205045.

Yin, Y., Katsanos, D. E., and Evangelou, S. N. (2007). Quantum walks on a random environment, arXiv:0708.1137.

Zhang, Y. L. (1992). Some problems on a one-dimensional correlated random walk with various types of barrier, *J. Appl. Prob.*, **29**, 196–201.

Zhao, Z., Du, J., Li, H., Yang, T., Chen, Z., and Pan, J. (2002). Implement quantum random walks with linear optics elements, quant-ph/0212149.

索　引

A
A 型量子ウォーク　73

B
B 型量子ウォーク　73

E
element distinctness の問題　12

L
Landau-Zener 遷移　3

N
No-Go 補題　111

P
p 進数　141
p 進体　141
p 進付値　141

T
Telegraphist 方程式　160

あ 行

アダマールウォーク　10, 32, 46, 58, 59, 68, 82, 91, 113, 117, 122
アダマールゲート　10

一様分布　8, 57, 81, 84, 123, 124, 126
一般化 A 型量子ウォーク　75
一般化 B 型量子ウォーク　76
移動作用素　15

ウルトラ距離　141
ウルトラ距離空間　141

枝　131

か 行

カイラリティ　5
可逆セルオートマトン　59, 60
確率振幅　14, 71
完全グラフ　153

ガンマ関数　27, 98, 135, 168, 183

逆正弦法則　153
吸収問題　91, 169
強相関電子系　3
共役転置　7
局在化　35, 39, 148, 155

グローヴァーウォーク　35, 36

経路積分　12, 52
ゲーゲンバウエルの積分公式　138

コイン空間　15, 71, 107, 112
固有値　32, 82, 144, 153
固有ベクトル　32, 82, 144, 153

さ 行

サイクル　82, 119, 149

時間平均標準偏差　84, 126

次数　131
弱収束　8, 43, 167
周期的　85
シュレディンガー方程式　108
巡回行列　119
巡回グラフ　120
瞬間的一様混合性　123, 125, 188
初期量子ビット　6

推移確率行列　160
随伴作用素　7
スチルチェス変換　133
スペクトル分布　133
スモールワールド　123

正規直交基底　17
正規分布　11, 167
生成作用素　106
正則　131
セゲー - ヤコビ数列　133
全変動距離　123

相関付ランダムウォーク　5, 159

た 行

探索問題　12

チェビシェフ多項式　138
中心極限定理　11, 105, 167
超幾何関数　27, 97, 165, 168, 183
超立方体　150
直交多項式　27, 133

ツリー　131, 142

ディラック測度　9, 168
点測度　9
転置作用素　8

特性関数　8, 165
独立同分布　6, 51, 57
ド・モアブル-ラプラスの定理　11
トレース内積　17

ノイマンの加法定理　115, 139, 183

は 行

破産問題　91, 163
波数空間　30, 34
波動関数　107
ハミルトニアン　108, 143, 150, 153
半群　106
ヴァンデルモンド行列　120, 153, 154

非周期的　84

フーリエ解析　29
フーリエ行列　120, 154
フーリエ変換　30
フェルミオン的量子セルオートマトン　60
複雑ネットワーク　188
分布　61

ベッセル関数　107, 115, 121, 135, 139, 150, 168, 183
ベルヌイ・ランダムウォーク　3

母関数　13, 97, 121, 170, 184
保存量　59, 63

や 行

ヤコビアン　34
ヤコビ多項式　26

有界収束定理　116, 185

ら 行

ラプラス変換　109
乱雑な量子ウォーク　52
ランダムウォーク　3, 55, 93, 159
ランダム行列　52
ランダムな環境　187

リーマン-ルベーグの補題　28, 184
離散フーリエ変換　48
量子確率論　132
量子格子ガスオートマトン　77

量子セルオートマトン　60, 71
量子中心極限定理　136
量子ビット　5
隣接行列　106, 119, 131, 144, 149

連続性定理　28, 184

わ 行

ワイル方程式　34

〈著者略歴〉

今 野 紀 雄　（こんの・のりお）

1982年　東京大学理学部数学科卒
1987年　東京工業大学大学院理工学研究科博士課程単位取得
室蘭工業大学数理科学共通講座助教授、コーネル大学数理科学研究所客員研究員を経て、現在、横浜国立大学大学院工学研究院教授。博士（理学）。
　専門分野は、無限粒子系、量子ウォーク、複雑ネットワーク。著書・訳書に『Phase Transitions of Interacting Particle Systems』(World Scientific)、『確率モデルって何だろう』（ダイヤモンド社）、『図解雑学 確率』『図解雑学 統計』『図解雑学 確率モデル』『図解雑学 複雑系』（以上ナツメ社）、『カオスと偶然の数学』（監訳、白揚社）、『マルコフ連鎖から格子確率モデルへ』（共訳、シュプリンガー・ジャパン）、『コンタクト・プロセスの相転移現象』（横浜図書）、『複雑ネットワークの科学』（共著、産業図書）など多数。

量子ウォークの数理

2008年2月25日　　初　版

　著　者　今野紀雄

　発行者　飯塚尚彦

　発行所　産業図書株式会社

〒102-0072　東京都千代田区飯田橋2-11-3
電話　03(3261)7821(代)
FAX　03(3239)2178
http://www.san-to.co.jp

　装　幀　菅　雅彦

ⓒNorio Konno 2008　　　　　　　　　東京書籍印刷・山崎製本
ISBN978-4-7828-0508-4 C3041